水产行业标准汇编

(2024)

标准质量出版分社　编

中国农业出版社

农村读物出版社

北　京

图书在版编目（CIP）数据

水产行业标准汇编 . 2024 / 标准质量出版分社编
. —北京：中国农业出版社，2024.3
ISBN 978-7-109-31815-1

Ⅰ. ①水… Ⅱ. ①标… Ⅲ. ①渔业－行业标准－汇编
－中国－2024 Ⅳ. ①S9-65

中国国家版本馆 CIP 数据核字（2024）第 053823 号

水产行业标准汇编（2024）

SHUICHAN HANGYE BIAOZHUN HUIBIAN（2024）

中国农业出版社出版

地址：北京市朝阳区麦子店街 18 号楼

邮编：100125

责任编辑：刘 伟 廖 宁

版式设计：王 晨 责任校对：周丽芳

印刷：北京印刷一厂

版次：2024 年 3 月第 1 版

印次：2024 年 3 月北京第 1 次印刷

发行：新华书店北京发行所

开本：880mm×1230mm 1/16

印张：31

字数：1004 千字

定价：310.00 元

主 编：刘 伟

副 主 编：冀 刚

编写人员（按姓氏笔画排序）：

    冯英华　刘 伟　牟芳荣

    杨桂华　胡烨芳　廖 宁

    冀 刚

出 版 说 明

 近年来，我们陆续出版了多部中国农业标准汇编，已将2004—2021年由我社出版的5 000多项标准单行本汇编成册，得到了广大读者的一致好评。无论从阅读方式还是从参考使用上，都给读者带来了很大方便。

 为了加大农业标准的宣贯力度，扩大标准汇编本的影响，满足和方便读者的需要，我们在总结以往出版经验的基础上策划了《水产行业标准汇编（2024）》。本书收录了2022年发布的配合饲料、稻渔综合种养技术规范、亲鱼和苗种、水产新品种生长性能测试、陆基推水集装箱式水产养殖技术规程、良种选育技术规范、人工繁育技术规范、水产品加工技术规程、鱼病监测技术规范、鱼病诊断方法、海草床建设技术规范、人工鱼礁投放质量评价技术规范等方面的农业标准53项，并在书后附有2022年发布的6个标准公告供参考。

 特别声明：

 1. 汇编本着尊重原著的原则，除明显差错外，对标准中所涉及的有关量、符号、单位和编写体例均未做统一改动。

 2. 从印制工艺的角度考虑，原标准中的彩色部分在此只给出黑白图片。

 本书可供农业生产人员、标准管理干部和科研人员使用，也可供有关农业院校师生参考。

标准质量出版分社

2023年12月

目　　录

出版说明

NY/T 4126—2022　对虾幼体配合饲料 ……………………………………………………………… 1

NY/T 4127—2022　克氏原螯虾配合饲料 …………………………………………………………… 11

NY/T 4128—2022　渔用膨化颗粒饲料通用技术规范 ……………………………………………… 21

SC/T 1074—2022　团头鲂配合饲料 ………………………………………………………………… 33

SC/T 1078—2022　中华绒螯蟹配合饲料 …………………………………………………………… 43

SC/T 1135.7—2022　稻渔综合种养技术规范 第7部分：稻鲤（山丘型） ……………………… 53

SC/T 1157—2022　胭脂鱼 …………………………………………………………………………… 59

SC/T 1158—2022　香鱼 ……………………………………………………………………………… 69

SC/T 1159—2022　兰州鲇 …………………………………………………………………………… 77

SC/T 1160—2022　黑尾近红鲌 ……………………………………………………………………… 85

SC/T 1161—2022　黑尾近红鲌　亲鱼和苗种 ……………………………………………………… 93

SC/T 1162—2022　斑鳢　亲鱼和苗种 ……………………………………………………………… 101

SC/T 1163—2022　水产新品种生长性能测试　龟鳖类 …………………………………………… 109

SC/T 1164—2022　陆基推水集装箱式水产养殖技术规程　罗非鱼 ……………………………… 117

SC/T 1165—2022　陆基推水集装箱式水产养殖技术规程　草鱼 ………………………………… 127

SC/T 1166—2022　陆基推水集装箱式水产养殖技术规程　大口黑鲈 …………………………… 137

SC/T 1167—2022　陆基推水集装箱式水产养殖技术规程　乌鳢 ………………………………… 147

SC/T 2049—2022　大黄鱼　亲鱼和苗种 …………………………………………………………… 157

SC/T 2110—2022　中国对虾良种选育技术规范 …………………………………………………… 165

SC/T 2113—2022　长蛸 ……………………………………………………………………………… 171

SC/T 2114—2022　近江牡蛎 ………………………………………………………………………… 181

SC/T 2115—2022　日本白姑鱼 ……………………………………………………………………… 191

SC/T 2116—2022　条石鲷 …………………………………………………………………………… 199

SC/T 2117—2022　三疣梭子蟹良种选育技术规范 ………………………………………………… 207

SC/T 2118—2022　浅海筏式贝类养殖容量评估方法 ……………………………………………… 213

SC/T 2119—2022　坛紫菜苗种繁育技术规范 ……………………………………………………… 229

SC/T 2120—2022　半滑舌鳎人工繁育技术规范 …………………………………………………… 237

SC/T 3003—2022　渔获物装卸技术规范 …………………………………………………………… 245

SC/T 3013—2022　贝类净化技术规范 ……………………………………………………………… 251

SC/T 3014—2022　干条斑紫菜加工技术规程 ……………………………………………………… 259

SC/T 3055—2022　藻类产品分类与名称 …………………………………………………………… 265

SC/T 3056—2022　鲟鱼子酱加工技术规程 ………………………………………………………… 271

SC/T 3057—2022　水产品及其制品中磷脂含量的测定　液相色谱法 …………………………… 277

SC/T 3115—2022　冻章鱼 …………………………………………………………………………… 285

SC/T 3122—2022　鱿鱼等级规格 …………………………………………………………………… 291

SC/T 3123—2022　养殖大黄鱼质量等级评定规则 ………………………………………………… 299

SC/T 3407—2022　食用琼胶 ………………………………………………………………………… 305

SC/T 3503—2022　多烯鱼油制品 ··· 313

SC/T 3507—2022　南极磷虾粉 ··· 319

SC/T 5109—2022　观赏性水生动物养殖场条件　海洋甲壳动物 ·· 325

SC/T 5713—2022　金鱼分级　虎头类 ··· 331

SC/T 6104—2022　工厂化鱼菜共生设施设计规范 ··· 337

SC/T 6105—2022　沿海渔港污染防治设施设备配备总体要求 ·· 347

SC/T 7015—2022　病死水生动物及病害水生动物产品无害化处理规范 ··· 355

SC/T 7018—2022　水生动物疫病流行病学调查规范 ·· 363

SC/T 7025—2022　鲤春病毒血症（SVC）监测技术规范 ··· 375

SC/T 7026—2022　白斑综合征（WSD）监测技术规范 ··· 387

SC/T 7027—2022　急性肝胰腺坏死病（AHPND）监测技术规范 ·· 399

SC/T 7028—2022　水产养殖动物细菌耐药性调查规范　通则 ·· 411

SC/T 7216—2022　鱼类病毒性神经坏死病诊断方法 ·· 421

SC/T 7242—2022　罗氏沼虾白尾病诊断方法 ··· 437

SC/T 9440—2022　海草床建设技术规范 ·· 449

SC/T 9442—2022　人工鱼礁投放质量评价技术规范 ·· 463

附录

中华人民共和国农业农村部公告　第 576 号 ·· 471

农业农村部　国家卫生健康委员会　国家市场监督管理总局公告　第 594 号 ································· 476

国家卫生健康委员会　农业农村部　国家市场监督管理总局公告　2022 年　第 6 号 ····················· 478

中华人民共和国农业农村部公告　第 618 号 ·· 479

中华人民共和国农业农村部公告　第 627 号 ·· 485

中华人民共和国农业农村部公告　第 628 号 ·· 487

ICS 65.120
CCS B 54

中华人民共和国农业行业标准

NY/T 4126—2022

对虾幼体配合饲料

Formula feed for shrimp larvae

2022-07-11 发布

2022-10-01 实施

中华人民共和国农业农村部 发布

前　言

本文件按照 GB/T 1.1—2020《标准化工作导则　第 1 部分:标准化文件的结构和起草规则》的规定起草。

请注意本文件的某些内容可能涉及专利。本文件的发布机构不承担识别专利的责任。

本文件由农业农村部畜牧兽医局提出。

本文件由全国饲料工业标准化技术委员会(SAC/TC 76)归口。

本文件起草单位:广东越群生物科技股份有限公司、中国海洋大学。

本文件主要起草人:洪越群、艾庆辉、洪宇聪、吴灶和、洪宇建、孙凯辉、赵书燕、李庆飞、王晓珊。

对虾幼体配合饲料

1 范围

本文件界定了对虾幼体配合饲料的术语与定义,给出了产品分类,规定了对虾幼体配合饲料生产的技术要求,描述了相应的取样、试验方法、检验规则、标签、包装、运输、储存和保质期等。

本文件适用于对虾幼体配合饲料生产者声明产品符合性,或作为生产者与采购方签署贸易合同的依据,也可作为市场监管或认证机构认证的依据。

2 规范性引用文件

下列文件中的内容通过文中的规范性引用而构成本文件必不可少的条款。其中,注日期的引用文件,仅该日期对应的版本适用于本文件;不注日期的引用文件,其最新版本(包括所有的修改单)适用于本文件。

GB/T 5918 饲料产品混合均匀度的测定

GB/T 6432 饲料中粗蛋白的测定 凯氏定氮法

GB/T 6433—2006 饲料中粗脂肪的测定

GB/T 6434 饲料中粗纤维的含量测定 过滤法

GB/T 6435—2014 饲料中水分的测定

GB/T 6437 饲料中总磷的测定 分光光度法

GB/T 6438 饲料中粗灰分的测定

GB/T 8170 数值修约规则与极限数值的表示和判定

GB/T 10647 饲料工业术语

GB 10648 饲料标签

GB 13078 饲料卫生标准

GB/T 14699.1 饲料 采样

GB/T 18246 饲料中氨基酸的测定

GB/T 18823 饲料检测结果判定的允许误差

GB/T 18868 饲料中水分、粗蛋白质、粗纤维、粗脂肪、赖氨酸、蛋氨酸快速测定 近红外光谱法

3 术语与定义

GB/T 10647 界定的以及下列术语和定义适用于本文件。

3.1

溞状幼体 zoea

从无节幼体发育而成,身体分节,出现复眼和附肢;营浮游生活,前期为滤食性,后期始具捕食能力。

3.2

糠虾幼体 mysis

形态上初具虾形,腹部发达,出现腹肢,胸肢双肢型;营浮游生活,捕食能力强。

3.3

后期幼体 post larvae

具有全部体节与附肢,外形基本与成体相似;前期营浮游生活并摄食浮游生物,后期转为底栖生活并摄食底栖生物。

3.4

微粒配合饲料 formula micro-diet

根据水产动物幼体特殊的摄食行为、消化生理以及营养需要,生产粒径为 500 μm 以下的配合饲料。

3.5

虾片配合饲料 **formula shrimp-flake**

俗称虾片,将经过超微细粉碎处理的原料混合调制成黏稠液状后,以滚筒干燥工艺制作而成的薄片状虾类幼体配合饲料。

4 产品分类

产品按对虾幼体发育阶段分为溞状幼体配合饲料、糠虾幼体配合饲料和后期幼体配合饲料。产品分类与饲喂阶段应符合表 1 的规定。

表 1 产品分类与饲喂阶段

产品分类	饲喂阶段
溞状幼体配合饲料	溞状幼体
糠虾幼体配合饲料	糠虾幼体
后期幼体配合饲料	后期幼体

5 技术要求

5.1 外观与性状

产品应色泽一致、微粒配合饲料形状规则;无发霉、变质、结块、异味、异臭和虫类滋生。

5.2 加工质量

加工质量指标应符合表 2 的规定。

表 2 加工质量指标

项目	微粒配合饲料			虾片配合饲料		
	溞状幼体配合饲料	糠虾幼体配合饲料	后期幼体配合饲料	溞状幼体配合饲料	糠虾幼体配合饲料	后期幼体配合饲料
产品粒径,μm	≤100.0	≤200.0	≤500.0	—		
混合均匀度变异系数(CV),%	≤7.0					
水中稳定性(溶失率)(浸泡 20 min),%	—	≤15.0		—		
水分,%	≤10.0					

5.3 营养成分指标

营养成分指标应符合表 3 的规定。

表 3 营养成分指标

单位为百分号

指标项目	微粒配合饲料			虾片配合饲料		
	溞状幼体配合饲料	糠虾幼体配合饲料	后期幼体配合饲料	溞状幼体配合饲料	糠虾幼体配合饲料	后期幼体配合饲料
粗蛋白质	48.0~58.0	45.0~56.0	45.0~56.0	46.0~58.0	45.0~55.0	40.0~50.0
粗脂肪	≥7.0			≥4.0		
粗纤维	≤4.0					
总磷	1.0~2.4					1.0~2.0
粗灰分	≤18.0					
赖氨酸	≥2.9		≥2.5	≥2.4		2.2
赖氨酸/粗蛋白	≥5.0					

5.4 卫生指标

应符合 GB 13078 的规定。

6 取样

按 GB/T 14699.1 的规定执行。

7 试验方法

7.1 外观与性状

取适量样品置于清洁、干燥的白瓷盘中,在正常光照、通风良好、无异味的环境下,通过感官进行评定。

7.2 产品粒径

按附录 A 的规定执行。

7.3 混合均匀度

称取 10 g 样品,置于 250 mL 烧杯中,准确加入 100 mL 水,磁力搅拌 10 min,静置澄清,用干燥的中速定性滤纸过滤,滤液作为试液备用,然后按 GB/T 5918 的规定执行。

7.4 水中稳定性(溶失率)

水中稳定性以溶失率表示,按附录 B 的规定执行。

7.5 水分

按 GB/T 6435—2014 中的 8.2 减压干燥或按 GB/T 18868 的规定执行,其中 GB/T 6435 为仲裁方法。

7.6 粗蛋白质

按 GB/T 6432 或 GB/T 18868 的规定执行,其中 GB/T 6432 为仲裁方法。

7.7 粗脂肪

按 GB/T 6433—2006 或 GB/T 18868 的规定执行,其中 GB/T 6433—2006 为仲裁方法。

注:配合饲料中粗脂肪测定按 GB/T 6433—2006 中 9.2~9.5 的规定执行。

7.8 粗纤维

按 GB/T 6434 或 GB/T 18868 的规定执行,其中 GB/T 6434 为仲裁方法。

7.9 总磷

按 GB/T 6437 的规定执行。

7.10 粗灰分

按 GB/T 6438 的规定执行。

7.11 赖氨酸

按 GB/T 18246 的规定执行。

7.12 赖氨酸/粗蛋白质

按附录 C 的规定执行。

7.13 卫生指标

按 GB 13078 的规定执行。

8 检验规则

8.1 组批

以相同原料、相同的生产配方、相同的生产工艺和生产条件,连续生产或同一班次生产的规格的产品为一批,每批产品不超过 2 t。

8.2 出厂检验

出厂检验项目为外观与性状、粒径、水分和粗蛋白质。

8.3 型式检验

型式检验项目为第 5 章规定的所有项目;在正常生产情况下,每年至少进行一次型式检验。在有下列

情况之一时,亦应进行型式检验:

a) 产品定型投产时;

b) 生产工艺、配方或主要原料来源有较大改变,可能影响产品质量时;

c) 停产3个月或以上,恢复生产时;

d) 出厂检验结果与上次型式检验结果有较大差异时;

e) 饲料行政管理部门提出检验要求时。

8.4 判定规则

8.4.1 所检项目全部合格,判定为该批次产品合格。

8.4.2 检验项目中有任何指标不符合本文件规定时,可自同批产品中重新加倍取样进行复检。复检结果有任何一项指标不符合本文件规定,判定该批产品为不合格。微生物指标不得复检。

8.4.3 各项目指标的极限数值判定按GB/T 8170中的修约值比较法的规定执行。

8.4.4 水分、营养成分指标和卫生指标检验结果判定的允许误差按GB/T 18823的规定执行(GB/T 18823未规定的项目除外)。

8.4.5 水中稳定性(溶失率)检验结果判定的允许误差按附录B的规定执行。

9 标签、包装、运输、储存和保质期

9.1 标签

按GB 10648的规定执行。

9.2 包装

包装材料应清洁卫生、无毒、无污染,并具有防潮、防漏、抗拉等性能。

9.3 运输

运输工具应清洁、干燥,不应与有毒有害物品混装混运。运输过程中应注意防潮、防日晒雨淋。

9.4 储存

应储存在通风、干燥处,防止日晒、雨淋、鼠害、虫蛀,不应与有毒有害物品混储。

9.5 保质期

未开启包装的产品,符合上述规定的包装、运输、储存条件下,产品保质期与标签中标明的保质期一致。

附　录　A

（规范性）

微粒配合饲料粒径测定

A.1　仪器和设备

激光粒度分析仪。

A.2　试验步骤

取试样将微粒均匀地置于激光粒度分析仪进样槽上，采用干法测定法，得到粒径分布曲线。

A.3　试验数据分析

依据检测结果粒径分布范围，以累积百分数 D(90) 作为试样粒径。

测定结果以平行测定的算术平均值表示，粒径数值保留小数点后 1 位，累计值保留小数点后 1 位。

A.4　精密度

在重复性条件下，2 次独立测定累积百分数 D(90) 与其算术平均值的偏差不大于该算术平均值的 5%。

附　录　B

（规范性）

微粒配合饲料水中稳定性（溶失率）测定

B.1　仪器设备

仪器设备如下：

a)　恒温烘干箱,温度能保持在(105±2)℃；

b)　天平:感量为 0.01 g；

c)　自制圆筒形筛网:网筛框高 15 cm,直径为 10 cm,筛网网孔尺寸 25 μm；

d)　温度计,精度 0.1 ℃；

e)　计时器；

f)　盐度计；

g)　量筒:精度 0.1 mL。

B.2　试验试剂

盐度为(28±2)‰:称取 2.80 g(精确至 0.01 g)氯化钠置于 97.2 mL 蒸馏水中,搅拌均匀。

B.3　试验步骤

准确称取 10.00 g 样品(准确至 0.01 g)放入已准备好的圆筒形网筛中(25 μm),置于盛有水深为 5.5 cm、水温为(26±2)℃、盐度为(28±2)‰的容器中浸泡。然后把筛网从水中缓慢提升至水面,再缓慢沉入水中,使饲料离开筛底,在 5.2 中规定的浸泡时间内反复操作 3 次,每次间隔时间一致。取出网筛,斜放沥干附水,把网筛和样品置于 105 ℃恒温干燥箱内烘干至恒重,称重后计算浸泡样品质量。另称取一份未浸水等量试样(对照样品),置于 105 ℃恒温干燥箱内烘干至恒重,称重后计算对照样品质量。

B.4　试验数据处理

试样的溶失率以质量分数 w_1 计,数值以百分含量(%)表示,按公式(B.1)计算。

$$w_1 = \frac{m_1}{m_2} \times 100 \quad\cdots\cdots\cdots\cdots\cdots\cdots\cdots\cdots\cdots\cdots\cdots\cdots\cdots\cdots\cdots\cdots\text{(B.1)}$$

式中:

m_1——浸泡样品烘干后质量的数值,单位为克(g)；

m_2——对照样品烘干后质量的数值,单位为克(g)。

测定结果以平行测定的算术平均值表示,保留小数点后 1 位。

B.5　精密度

在重复性条件下,2 次独立测定结果与其算术平均值的绝对差值不大于该算术平均值的 5%。

附　录　C
（规范性）
赖氨酸/粗蛋白质的结果计算

试样中赖氨酸/粗蛋白质以质量分数 w_2 计，数值以百分含量（％）表示，按公式（C.1）计算。

$$w_2 = \frac{m_4}{m_3} \times 100 \quad \cdots\cdots\cdots\cdots\cdots\cdots\cdots\cdots\cdots\cdots\cdots\cdots\cdots\cdots\cdots \quad (C.1)$$

式中：

m_3——试样中粗蛋白质含量的数值（详见 7.6），单位为百分号（％）；

m_4——试样中赖氨酸含量的数值（详见 7.11），单位为百分号（％）。

测定结果以平行测定的算术平均值表示，保留小数点后 1 位。

ICS 65.120
CCS B 54

中华人民共和国农业行业标准

NY/T 4127—2022

克氏原螯虾配合饲料

Formula feed for crayfish(*Procambarus clarkii*)

2022-07-11 发布

2022-10-01 实施

中华人民共和国农业农村部 发布

前　言

　　本文件按照 GB/T 1.1—2020《标准化工作导则　第 1 部分:标准化文件的结构和起草规则》的规定起草。

　　请注意本文件的某些内容可能涉及专利。本文件的发布机构不承担识别专利的责任。

　　本文件由农业农村部畜牧兽医局提出。

　　本文件由全国饲料工业标准化技术委员会(SAC/TC 76)归口。

　　本文件起草单位:华中农业大学、通威股份有限公司。

　　本文件主要起草人:张璐、齐德生、张凤枰、陈效儒、王用黎、吴强强、李淑云、张妮娅、王帅、龚杨帆。

克氏原螯虾配合饲料

1 范围

本文件界定了克氏原螯虾（*Procambarus clarkii*）配合饲料的术语和定义，给出了产品分类，规定了饲料生产的技术要求，描述了相应的取样、试验方法、检验规则、标签、包装、运输、储存和保质期等。

本文件适用于克氏原螯虾配合饲料生产者声明产品符合性，或作为生产者与采购方签署贸易合同的依据，也可作为市场监管或认证机构认证的依据。

2 规范性引用文

下列文件中的内容通过文中的规范性引用而构成本文件必不可少的条款。其中，注日期的引用文件，仅该日期对应的版本适用于本文件；不注日期的引用文件，其最新版本（包括所有的修改单）适用于本文件。

GB/T 5918　饲料产品混合均匀度的测定

GB/T 6003.1　试验筛　技术要求和检验　第 1 部分：金属丝编织网试验筛

GB/T 6432　饲料中粗蛋白的测定　凯氏定氮法

GB/T 6433—2006　饲料中粗脂肪的测定

GB/T 6434　饲料中粗纤维的含量测定　过滤法

GB/T 6435　饲料中水分的测定

GB/T 6437　饲料中总磷的测定　分光光度法

GB/T 6438　饲料中粗灰分的测定

GB/T 8170　数值修约规则与极限数值的表示和判定

GB/T 10647　饲料工业术语

GB 10648　饲料标签

GB 13078　饲料卫生标准

GB/T 14699.1　饲料　采样

GB/T 18246　饲料中氨基酸的测定

GB/T 18823　饲料检测结果判定的允许误差

GB/T 18868　饲料中水分、粗蛋白质、粗纤维、粗脂肪、赖氨酸、蛋氨酸快速测定　近红外光谱法

3 术语和定义

GB/T 10647 界定的以及下列术语和定义适用于本文件。

3.1

沉性膨化颗粒饲料　sinking extruded-feed

能快速沉降至水底的膨化颗粒饲料。

4 产品分类

产品按克氏原螯虾的生长阶段分为幼虾配合饲料、中虾配合饲料和成虾配合饲料。产品分类及饲喂阶段见表1。

表 1　产品分类及饲喂阶段

产品分类	饲喂阶段（适用喂养虾体重），g/尾
幼虾配合饲料	＜5

表 1（续）

产品分类	饲喂阶段（适用喂养虾体重），g/尾
中虾配合饲料	5～<20
成虾配合饲料	≥20

5 技术要求

5.1 外观与性状

产品应色泽一致、形状规则、大小均匀；无发霉、结块、异味、异臭和虫类滋生。

5.2 加工质量

加工质量指标应符合表2的规定。

表 2 加工质量指标

单位为百分号

项目	硬颗粒饲料	沉性膨化颗粒饲料
混合均匀度变异系数（CV）	≤7.0	
含粉率	≤1.0	≤0.5
溶失率	≤10.0	
水分	≤12.0	≤11.0

5.3 营养成分指标

营养成分指标应符合表3的规定。

表 3 营养成分指标

单位为百分号

项目	幼虾配合饲料	中虾配合饲料	成虾配合饲料
粗蛋白质	30.0～36.0	28.0～34.0	26.0～32.0
粗脂肪	≥4.0	≥4.0	≥4.0
粗纤维	≤10.0	≤10.0	≤12.0
粗灰分	≤17.0	≤17.0	≤17.0
总磷	0.8～1.8	0.8～1.8	0.8～1.8
赖氨酸	≥1.4	≥1.4	≥1.2
赖氨酸/粗蛋白质	≥4.5	≥4.5	≥4.0

5.4 卫生指标

应符合 GB 13078 的规定。

6 取样

取样按 GB/T 14699.1 的规定执行。

7 试验方法

7.1 外观与性状

取适量样品置于清洁、干燥的白瓷盘中，在正常光照、通风良好、无异味的环境下，通过感官进行评定。

7.2 混合均匀度变异系数

按 GB/T 5918 的规定执行。

7.3 含粉率

按附录 A 的规定执行。

7.4 水中稳定性（溶失率）

水中稳定性以溶失率表示，按附录 B 的规定执行。

7.5 水分

按 GB/T 6435 或 GB/T 18868 的规定执行,其中 GB/T 6435 为仲裁方法。

7.6 粗蛋白质

按 GB/T 6432 或 GB/T 18868 的规定执行,其中 GB/T 6432 为仲裁方法。

7.7 粗脂肪

按 GB/T 6433—2006 或 GB/T 18868 的规定执行,其中 GB/T 6433—2006 为仲裁方法,具体操作按 GB/T 6433—2006 中 9.5 的规定执行。

注:沉性膨化颗粒饲料中粗脂肪测定按 GB/T 6433—2006 中 9.2～9.5 的规定执行。

7.8 粗纤维

按 GB/T 6434 或 GB/T 18868 的规定执行,其中 GB/T 6434 为仲裁方法。

7.9 粗灰分

按 GB/T 6438 的规定执行。

7.10 总磷

按 GB/T 6437 的规定执行。

7.11 赖氨酸

按 GB/T 18246 的规定执行。

7.12 赖氨酸/粗蛋白质

按附录 C 的规定执行。

7.13 卫生指标

按 GB 13078 的规定执行。

8 检验规则

8.1 组批

以相同的原料、相同的生产配方、相同的生产工艺和生产条件,连续生产或同一班次生产的同一规格产品为一批,每批产品不超过 100 t。

8.2 出厂检验

出厂检验项目为外观与性状、水分和粗蛋白质。

8.3 型式检验

型式检验项目为第 5 章规定的所有项目,若检验项目涉及两种试验方法,采用仲裁方法。在正常生产情况下,每半年至少进行一次型式检验。在有下列情况之一时,亦应进行型式检验:

　　a）　产品定型投产时;

　　b）　生产工艺、配方或主要原料来源有较大改变,可能影响产品质量时;

　　c）　停产 3 个月或以上,恢复生产时;

　　d）　出厂检验结果与上次型式检验结果有较大差异时;

　　e）　饲料行政管理部门提出检验要求时。

8.4 判定规则

8.4.1 所检项目全部合格,判定为该批次产品合格。

8.4.2 检验项目中有任何指标不符合本文件规定时,可自同批产品中重新加倍取样进行复检。复检结果有任何一项指标不符合本文件规定,判定该批产品为不合格。微生物指标不得复检。

8.4.3 各项目指标的极限数值判定按 GB/T 8170 中的全数值比较法的规定执行。

8.4.4 水分、营养成分指标和卫生指标检验结果判定的允许误差按 GB/T 18823 的规定执行(GB/T 18823 未规定的项目除外)。

8.4.5 含粉率、水中稳定性(溶失率)检验结果判定的允许误差分别按附录 A 和附录 B 的规定执行。

9 标签、包装、运输、储存和保质期

9.1 标签

按 GB 10648 的规定执行。

9.2 包装

包装材料应清洁卫生、无毒、无污染,并具有防潮、防漏、抗拉等性能。

9.3 运输

运输工具应清洁卫生,不得与有毒有害物品混装混运,运输中应防止曝晒、雨淋与破损。

9.4 储存

产品应储存在通风、干燥处,防止鼠害、虫蛀,不得与有毒有害物品混储。

9.5 保质期

未开启包装的产品,符合上述规定的包装、运输、储存条件下,产品保质期与标签标识的保质期一致。

附 录 A

（规范性）

含粉率测定方法

A.1 仪器设备

仪器设备如下：

a) 试验筛：应符合 GB/T 6003.1 的规定；

b) 顶击式标准筛振筛机：频率 220 次/min，行程 25 mm；

c) 天平：感量 0.1 g。

A.2 试验步骤

取试样约 1.5 kg，选用筛孔直径为颗粒直径的 0.6 倍～0.8 倍的试验筛，分数次筛理，每次 5 min，将筛下物称重。适用的筛孔尺寸见表 A.1。

表 A.1 不同颗粒直径采用的筛孔尺寸

单位为毫米

颗粒直径	1.0	1.50	2.00	2.50	3.00	3.50	4.00
筛孔尺寸	0.63	1	1.4	2	2.24	2.8	2.8

A.3 试验数据处理

试样的含粉率以质量分数 w_1 计，数值以百分含量（%）表示，按公式（A.1）计算。

$$w_1 = \frac{m_1}{m_2} \times 100 \quad \cdots\cdots\cdots\cdots\cdots\cdots\cdots\cdots\cdots\cdots\cdots\cdots\cdots\cdots\cdots\cdots\cdots\cdots\cdots\cdots \quad (A.1)$$

式中：

m_1——筛下物质量的数值，单位为克（g）；

m_2——样品质量的数值，单位为克（g）。

测定结果以平行测定的算术平均值表示，保留小数点后 1 位。

A.4 精密度

在重复性条件下，2 次独立测定结果与其算术平均值的绝对差值不大于该算术平均值的 20%。

附　录　B

（规范性）

溶失率测定方法

B.1　仪器设备

仪器设备如下：

a)　恒温干燥箱：温度能保持在(105±2)℃；

b)　天平：感量 0.01 g；

c)　温度计：精度 0.1 ℃；

d)　计时器；

e)　自制圆筒形网筛：网筛框高 6.5 cm，直径为 10 cm。饲料颗粒直径 1.0 mm 以上时采用 0.85 mm 筛孔尺寸，饲料颗粒直径 1.0 mm 以下时采用 0.425 mm 筛孔尺寸。

B.2　试验步骤

称取 10 g 样品（精确至 0.1 g）放入已称重的圆筒形网筛内（根据颗粒直径选择网筛），置于盛有水深为 5.5 cm、水温为(26±2)℃的容器中浸泡。然后把网筛从水中缓慢提升至水面，再缓慢沉入水中，使饲料离开筛底，浸泡 30 min 内反复操作 3 次，每次间隔时间一致。取出网筛，斜放沥干附水，把网筛和样品置于 105 ℃恒温干燥箱内烘干至恒重，称重后计算浸泡样品质量。另称取一份未浸水等量试样（对照样品），置于 105 ℃恒温干燥箱内烘干至恒重，称重后计算对照样品质量。

B.3　试验数据处理

试样的溶失率以质量分数 w_2 计，数值以百分含量(%)表示，按公式(B.1)计算。

$$w_2 = \frac{m_3 - m_4}{m_3} \times 100 \quad \cdots\cdots\cdots\cdots\cdots\cdots\cdots\cdots\cdots\cdots\cdots (B.1)$$

式中：

m_3——对照样品烘干后质量的数值，单位为克(g)；

m_4——浸泡样品烘干后质量的数值，单位为克(g)。

测定结果以平行测定的算术平均值表示，保留小数点后 1 位。

B.4　精密度

在重复性条件下，2 次独立测定结果与其算术平均值的绝对差值不大于该算术平均值的 5%。

附　录　C
（规范性）
赖氨酸/粗蛋白质的结果计算

试样中赖氨酸/粗蛋白质以质量分数 w_3 计,数值以百分含量(%)表示,按公式(C.1)计算。

$$w_3 = \frac{m_5}{m_6} \times 100 \qquad\qquad\qquad (C.1)$$

式中:

m_5——试样中赖氨酸含量的数值,单位为百分号(%);

m_6——试样中粗蛋白质含量的数值,单位为百分号(%)。

测定结果以平行测定的算术平均值表示,保留小数点后 1 位。

_____

ICS 65.120
CCS B 54

中华人民共和国农业行业标准

NY/T 4128—2022

渔用膨化颗粒饲料通用技术规范

General specification for extruded aquatic feed

2022-07-11 发布

2022-10-01 实施

中华人民共和国农业农村部 发布

前　　言

本文件按照 GB/T 1.1—2020《标准化工作导则　第 1 部分：标准化文件的结构和起草规则》的规定起草。

请注意本文件的某些内容可能涉及专利。本文件的发布机构不承担识别专利的责任。

本文件由农业农村部畜牧兽医局提出。

本文件由全国饲料工业标准化技术委员会(SAC/TC 76)归口。

本文件起草单位：中国农业科学院饲料研究所。

本文件主要起草人：薛敏、杨洁、李军国、吴秀峰、梁晓芳。

渔用膨化颗粒饲料通用技术规范

1 范围

本文件界定了渔用膨化颗粒饲料的术语和定义,给出了产品分类,规定了渔用膨化饲料生产技术要求,描述了相应的取样,试验方法、检验与判定规则。

本文件适用于渔用膨化颗粒饲料生产者声明产品符合性,或作为生产者与采购方签署贸易合同的依据,也可作为市场监管或认证机构认证的依据。

本文件不适用于经破碎的渔用膨化颗粒饲料。

2 规范性引用文件

下列文件中的内容通过文中的规范性引用而构成本文件必不可少的条款。其中,注日期的引用文件,仅该日期对应的版本适用于本文件;不注日期的引用文件,其最新版本(包括所有的修改单)适用于本文件。

GB/T 5918　饲料产品混合均匀度的测定

GB/T 6003.1　试验筛　技术要求和检验　第 1 部分:金属丝编织网试验筛

GB/T 6435　饲料中水分的测定

GB/T 8170　数值修约规则与极限数值的表示和判定

GB/T 10647　饲料工业术语

GB/T 14699.1　饲料　采样

GB/T 18823　饲料检测结果判定的允许误差

JB/T 11686　双螺杆水产饲料膨化机

JB/T 11687　单螺杆水产饲料膨化机

3 术语和定义

GB/T 10647、JB/T 11686 和 JB/T 11687 界定的以及下列术语和定义适用于本文件。

3.1

浮性膨化颗粒饲料　floating extruded-feed

在一定时间内能漂浮在水面的膨化颗粒饲料。

3.2

沉性膨化颗粒饲料　sinking extruded-feed

能快速沉降至水底的膨化颗粒饲料。

3.3

缓沉性膨化颗粒饲料　slow-sinking extruded-feed

沉降速度大于 0 mm/s,小于或等于 80 mm/s 的膨化颗粒饲料。

3.4

含粉率　percentage of fines

膨化颗粒饲料中所含粉料(筛下物)质量占试样总质量的百分比。

3.5

颗粒耐久度　pellet durability index

在特定测试条件下,膨化颗粒饲料在输送和搬运过程中抗破碎的能力。

3.6

溶失率　percentage of mass-loss in water

在特定测试条件下,膨化颗粒饲料在水中浸泡一定时间,溶解、散失于水中饲料的质量占试样总质量百分比。

3.7

水中稳定性 water stability

在特定测试条件下,膨化颗粒饲料在水中抗溶蚀的能力,以溶失率表示。

3.8

漂浮率 percentage of floating pellet

在特定测试条件下,膨化颗粒饲料漂浮在水面的颗粒数占试样总颗粒数的百分比。

3.9

沉水率 percentage of sinking pellet

在特定测试条件下,膨化颗粒饲料沉入水底的颗粒数占试样总颗粒数的百分比。

3.10

沉降速度 sinking velocity

在特定测试条件下,膨化颗粒饲料在水中下沉的平均速度。

4 产品分类

渔用膨化颗粒饲料产品分为:浮性膨化颗粒饲料,沉性膨化颗粒饲料,缓沉性膨化颗粒饲料。

5 技术要求

5.1 外观与性状

产品应色泽一致、形状规则、大小均匀;无发霉、结块、异味和虫类滋生。

5.2 混合均匀度

膨化颗粒饲料的混合均匀度变异系数(CV)应不大于7.0%。

5.3 水分

膨化颗粒饲料的水分含量应不大于11.0%。

5.4 含粉率

膨化颗粒饲料的含粉率应不大于0.5%。

5.5 颗粒耐久度

膨化颗粒饲料的颗粒耐久度应不小于98.0%。

5.6 溶失率

各类渔用膨化颗粒饲料的溶失率应符合表1的规定。

表 1 膨化颗粒饲料溶失率

饲料类别	溶失率 %	浸泡时间 min
鱼类饲料	≤10.0	20
其他渔用饲料		30

5.7 漂浮率

浮性膨化颗粒饲料的漂浮率按颗粒直径(d_1)大小应符合表2的规定。

表 2 浮性膨化颗粒饲料漂浮率

颗粒直径(d_1) mm	漂浮率 %
$1.0 \leqslant d_1 \leqslant 1.5$	≥95.0
$d_1 > 1.5$	≥98.0

5.8 沉水率

沉性膨化颗粒饲料的沉水率按颗粒直径(d_2)大小应符合表3的规定。

表3 沉性膨化颗粒饲料沉水率

颗粒直径(d_2) mm	沉水率 %
$1.0 \leqslant d_2 \leqslant 3.0$	$\geqslant 96.0$
$3.0 < d_2 \leqslant 4.5$	$\geqslant 97.0$
$4.5 < d_2 \leqslant 7.5$	$\geqslant 98.0$
$d_2 > 7.5$	$\geqslant 99.0$

5.9 沉降速度

缓沉性膨化颗粒饲料的沉降速度应大于 0 mm/s,小于或等于 80 mm/s。

6 取样

取样按 GB/T 14699.1 的规定执行。

7 试验方法

7.1 外观与性状

取适量样品置于洁净、干燥的白瓷盘中,在正常光照、通风良好、无异味的环境下,通过感官进行评定。

7.2 混合均匀度

按 GB/T 5918 的规定执行。

7.3 水分

按 GB/T 6435 的规定执行。

7.4 含粉率

按附录 A 的规定执行。

7.5 颗粒耐久度

按附录 B 的规定执行。

7.6 溶失率

按附录 C 的规定执行。

7.7 漂浮率

按附录 D 的规定执行。

7.8 沉水率

按附录 E 的规定执行。

7.9 沉降速度

按附录 F 的规定执行。

8 检验与判定规则

8.1 组批

组批是以相同原料、相同的生产配方、相同的生产工艺和生产条件,连续生产或同一班次生产的同一规格的产品为一批,每批产品不超过 120 t。

8.2 出厂检验

出厂检验项目为外观与性状、水分、含粉率。

8.3 型式检验

型式检验项目为第 5 章规定的所有项目。在正常生产情况下,每半年至少进行一次型式检验。在有下列情况之一时,亦应进行型式检验:

a) 产品定型投产时；

b) 生产工艺、配方或主要原料来源有较大改变,可能影响产品质量时；

c) 停产 3 个月或以上,恢复生产时；

d) 出厂检验结果与上次型式检验结果有较大差异时；

e) 饲料行政管理部门提出检验要求时。

8.4 判定规则

8.4.1 所检项目的检验结果全部符合本文件规定时,判定为该批次产品合格。

8.4.2 检验项目中有任何指标不符合本文件规定时,可自同批产品中重新加倍取样进行复检。若复检结果仍不符合本文件规定,则判定该批产品为不合格。

8.4.3 各项目指标的极限值判定按 GB/T 8170 中的修约值比较法的规定执行。

8.4.4 水分检测结果判定的允许误差按 GB/T 18823 的规定执行。

8.4.5 含粉率、颗粒耐久度、溶失率、漂浮率、沉水率和沉降速度检测结果判定的允许误差按附录的规定执行。

附　录　A
（规范性）
含粉率测定方法

A.1　仪器设备

仪器设备如下：

a)　试验筛：应符合 GB/T 6003.1 的规定；

b)　顶击式标准筛振筛机：频率 220 次/min，行程 25 mm；

c)　天平：感量 0.1 g。

A.2　试验步骤

取样约 1.5 kg，选用筛孔直径为颗粒直径的 0.6 倍～0.8 倍的试验筛，分数次筛理，每次 5 min，将筛下物称重。适用的筛孔尺寸见表 A.1。

表 A.1　不同颗粒直径采用的筛孔尺寸

单位为毫米

颗粒直径	1.0	1.5	2.0	2.5	3.0	3.5	4.0
筛孔尺寸	0.63	1	1.4	2	2.24	2.8	2.8
颗粒直径	4.5	5.0	6.0	8.0	10.0	12.0	15.0
筛孔尺寸	3.55	4	4	5.8	7.2	7.2	9.2

A.3　试验数据处理

试样的含粉率以质量分数 w_1 计，数值以百分含量（%）表示，按公式（A.1）计算。

$$w_1 = \frac{m_1}{m_2} \times 100 \quad \cdots\cdots\cdots\cdots\cdots\cdots\cdots\cdots\cdots\cdots\cdots\cdots\cdots\cdots\cdots (\text{A.1})$$

式中：

m_1——筛下物质量的数值，单位为克（g）；

m_2——样品质量的数值，单位为克（g）。

测定结果以平行测定的算术平均值表示，保留小数点后 1 位。

A.4　精密度

在重复性条件下，2 次独立测定结果与其算术平均值的绝对差值不大于该算术平均值的 20%。

附 录 B

（规范性）

颗粒耐久度测定方法

B.1 仪器设备

仪器设备如下：

a) 试验筛（GB/T 6003.1）；

b) 颗粒粉化度测定仪（双箱体式）；

c) 顶击式标准筛振筛机：频率 220 次/min，行程 25 mm；

d) 天平：感量 0.1 g。

B.2 试验步骤

取附录 A.2 得到的筛上物 2 份，每份约 500 g，分别置于颗粒粉化度测定仪内，50 r/min 运转 10 min。停止后转移样品至规定筛孔的试验筛，在振筛机上筛理 5 min，将筛上物称重。筛孔直径为颗粒直径的 0.6 倍～0.8 倍，适用的筛孔尺寸见表 A.1。

B.3 试验数据处理

试样的颗粒耐久度以质量分数 w_2 计，数值以百分含量（%）表示，按公式（B.1）计算。

$$w_2 = \frac{m_4}{m_3} \times 100 \quad\cdots\cdots\cdots\cdots\cdots\cdots\cdots\cdots\cdots\cdots\cdots\cdots\cdots\cdots\cdots\text{(B.1)}$$

式中：

m_3——样品质量的数值，单位为克（g）；

m_4——筛上物质量的数值，单位为克（g）。

测定结果以平行测定的算术平均值表示，保留小数点后 1 位。

B.4 精密度

在重复性条件下，2 次独立测定结果与其算术平均值的绝对差值不大于该算术平均值的 2%。

附 录 C
（规范性）
溶失率测定方法

C.1 仪器和设备

仪器设备如下：

a) 恒温干燥箱：温度能保持在（105±2）℃；

b) 天平：感量 0.01 g；

c) 温度计：精度 0.1 ℃；

d) 计时器；

e) 自制圆筒形网筛：网筛框高 6.5 cm，直径为 10 cm。饲料颗粒直径 1.0 mm 以上时采用 0.85 mm 筛孔尺寸，饲料颗粒直径 1.0 mm 以下时采用 0.425 mm 筛孔尺寸。

C.2 试验步骤

称取 10 g 样品（精确至 0.1 g）放入已称重的圆筒形网筛内（根据颗粒直径选择网筛），置于盛有水深为 5.5 cm、水温为（26±2）℃的容器中浸泡。然后把网筛从水中缓慢提升至水面，再缓慢沉入水中，使饲料离开筛底，按 5.6 中规定的浸泡时间内反复操作 3 次，每次间隔时间一致。取出网筛，斜放沥干附水，把网筛和样品置于 105 ℃恒温干燥箱内烘干至恒重，称重后计算浸泡样品质量。另称取一份未浸水等量试样（对照样品），置于 105 ℃恒温干燥箱内烘干至恒重，称重后计算对照样品质量。

C.3 试验数据处理

试样的溶失率以质量分数 w_3 计，数值以百分含量（%）表示，按公式（C.1）计算。

$$w_3 = \frac{m_5 - m_6}{m_5} \times 100 \quad\cdots\cdots\cdots\cdots\cdots\cdots\cdots\cdots\cdots\cdots\cdots\cdots\cdots (C.1)$$

式中：

m_5——对照样品烘干后质量的数值，单位为克（g）；

m_6——浸泡样品烘干后质量的数值，单位为克（g）。

测定结果以平行测定的算术平均值表示，保留小数点后 1 位。

C.4 精密度

在重复性条件下，2 次独立测定结果与其算术平均值的绝对差值不大于该算术平均值的 5%。

附　录　D
（规范性）
漂浮率测定方法

D.1　仪器和设备

仪器设备如下：
a)　烧杯:≥1 L；
b)　计时器；
c)　温度计:精度 0.1 ℃；
d)　计数器。

D.2　试验步骤

随机取不少于 150 粒饲料样品,置于(26±2)℃水中浸泡 30 min(按照被测饲料的使用水域,选择淡水或海水,海水选择 3.5%的 NaCl 溶液),搅拌数下,待静止后计数漂浮颗粒数。

D.3　试验数据处理

试样的漂浮率以 F 计,数值以百分数(%)表示,按公式(D.1)计算。

$$F = \frac{J_1}{J} \times 100 \qquad\qquad (D.1)$$

式中：
J_1——试样中漂浮颗粒数的数值,单位为粒；
J ——试样总颗粒数的数值,单位为粒。
测定结果以平行测定 3 次的算术平均值表示,保留小数点后 1 位。

D.4　精密度

在重复性条件下,2 次独立测定结果与其算术平均值的绝对差值不大于该算术平均值的 0.5%。

附 录 E

（规范性）

沉水率测定方法

E.1 仪器和设备

仪器设备如下：

a) 烧杯：≥1 L；

b) 计时器；

c) 温度计：精度 0.1 ℃；

d) 计数器。

E.2 试验步骤

随机取不少于 150 粒饲料样品，置于（26±2）℃水中浸泡 1 min（按照被测饲料的使用水域，选择淡水或海水，海水选择 3.5％的 NaCl 溶液），搅拌数下，待静止后计数漂浮颗粒数。

E.3 试验数据处理

试样的沉水率以 S 计，数值以百分数（％）表示，按公式（E.1）计算。

$$S = \frac{J_3 - J_2}{J_3} \times 100 \quad \cdots\cdots\cdots\cdots\cdots\cdots\cdots\cdots\cdots\cdots\cdots\cdots\cdots\cdots\cdots \quad (E.1)$$

式中：

J_2——试样中漂浮颗粒数的数值，单位为粒；

J_3——试样总颗粒数的数值，单位为粒。

测定结果以平行测定 3 次的算术平均值表示，保留小数点后 1 位。

E.4 精密度

在重复性条件下，2 次独立测定结果与其算术平均值的绝对差值不大于该算术平均值的 0.5％。

附 录 F

（规范性）

沉降速度测定方法

F.1 仪器和设备

仪器设备如下：
a) 透明管：直径 60 mm、高度 1 020 mm；
b) 计时器；
c) 温度计：精度 0.1 ℃。

F.2 试验步骤

随机取 5 粒饲料样品，在温度为（26±2）℃时，将该组样品从水面释放到透明管中，水面高度 1 000 mm（按照被测饲料的使用水域，选择淡水或海水，海水选择 3.5％的 NaCl 溶液），测量该组样品颗粒降落到管底所用的平均时间。

F.3 试验数据处理

试样的沉降速度以 V 计，数值以毫米每秒（mm/s）表示，按公式（F.1）计算。

$$V = \frac{H}{T} \quad\cdots\cdots\cdots\cdots\cdots\cdots\cdots\cdots\cdots\cdots\cdots\cdots\cdots\cdots\cdots\cdots\cdots\cdots\cdots\cdots \text{(F.1)}$$

式中：
H ——水面高度的数值，单位为毫米（mm）；
T ——平均时间的数值，单位为秒（s）；
测定结果以平行测定 3 次的算术平均值表示，保留小数点后 1 位。

F.4 精密度

在重复性条件下，2 次独立测定结果与其算术平均值的绝对差值不大于该算术平均值的 5％。

ICS 65.120
CCS B 54

中华人民共和国水产行业标准

SC/T 1074—2022
代替 SC/T 1074—2004

团头鲂配合饲料

Formula feed for blunt snout bream(*Megalobrama amblycephala*)

2022-07-11 发布　　　　　　　　　　2022-10-01 实施

中华人民共和国农业农村部 发布

前　言

本文件按照 GB/T 1.1—2020《标准化工作导则　第 1 部分：标准化文件的结构和起草规则》的规定起草。

本文件代替 SC/T 1074—2004《团头鲂配合饲料》，与 SC/T 1074—2004 相比，除结构调整和编辑性改动外，主要技术变化如下：

——增加了饲料含粉率指标及要求（见 5.2、7.3）；

——删除了原料要求、粉碎粒度、粉化率、蛋氨酸的要求（见 2004 年版的 5.3）；

——修改了水中稳定性（溶失率）、混合均匀度、粗蛋白质、粗脂肪、粗纤维、粗灰分、总磷和赖氨酸指标要求（见 5.2、5.3，2004 年版的 5.3、5.4）；

——增加了赖氨酸/粗蛋白质指标及要求（见 5.4）；

——增加 GB/T 18868 为水分、粗蛋白质、粗脂肪、粗纤维和赖氨酸的试验方法（见 7.5、7.6、7.7、7.9、7.11）；

——修改了检验规则（见第 8 章，2004 年版的第 7 章）；

——附录 A 修改为含粉率测定方法，增加附录 B 和附录 C（见附录 A、附录 B、附录 C，2004 年版的附录 A）。

请注意本文件的某些内容可能涉及专利。本文件的发布机构不承担识别专利的责任。

本文件由农业农村部畜牧兽医局提出。

本文件由全国饲料工业标准化技术委员会（SAC/TC 76）归口。

本文件起草单位：全国畜牧总站、通威股份有限公司、中国水产科学研究院淡水渔业研究中心。

本文件主要起草人：张璐、戈贤平、米海峰、粟胜兰、任鸣春、张凤枰、王用黎、张雅惠、刘波、吴业阳、缪凌鸿。

本文件及其所代替文件的历次版本发布情况为：

——2004 年首次发布为 SC/T 1074—2004；

——本次为第一次修订。

团头鲂配合饲料

1 范围

本文件界定了团头鲂(*Megalobrama amblycephala*)配合饲料的术语和定义,给出了产品分类,规定了饲料生产的技术要求,描述了相应的取样、试验方法、检验规则、标签、包装、运输、储存和保质期等。

本文件适用于团头鲂配合饲料生产者声明产品符合性,或作为生产者与采购方签署贸易合同的依据,也可作为市场监管或认证机构认证的依据。

2 规范性引用文件

下列文件中的内容通过文中的规范性引用而构成本文件必不可少的条款。其中,注日期的引用文件,仅该日期对应的版本适用于本文件;不注日期的引用文件,其最新版本(包括所有的修改单)适用于本文件。

GB/T 5918 饲料产品混合均匀度的测定

GB/T 6003.1 试验筛 技术要求和检验 第1部分:金属丝编织网试验筛

GB/T 6432 饲料中粗蛋白的测定 凯氏定氮法

GB/T 6433 饲料中粗脂肪的测定

GB/T 6434 饲料中粗纤维的含量测定 过滤法

GB/T 6435 饲料中水分的测定

GB/T 6437 饲料中总磷的测定 分光光度法

GB/T 6438 饲料中粗灰分的测定

GB/T 8170 数值修约规则与极限数值的表示和判定

GB/T 10647 饲料工业术语

GB 10648 饲料标签

GB 13078 饲料卫生标准

GB/T 14699.1 饲料 采样

GB/T 18246 饲料中氨基酸的测定

GB/T 18823 饲料检测结果判定的允许误差

GB/T 18868 饲料中水分、粗蛋白质、粗纤维、粗脂肪、赖氨酸、蛋氨酸快速测定 近红外光谱法

3 术语和定义

GB/T 10647界定的术语和定义适用于本文件。

4 产品分类

产品按团头鲂的生长阶段分为鱼苗配合饲料、鱼种配合饲料和成鱼配合饲料。产品分类与饲喂阶段见表1。

表1 产品分类及饲喂阶段

产品类别	饲喂阶段(适用喂养对象体重),g/尾
鱼苗配合饲料	＜10.0
鱼种配合饲料	10.0～＜100.0
成鱼配合饲料	≥100.0

5 技术要求

5.1 外观与性状

产品应色泽一致、形状规则、大小均匀;无发霉、结块、异味、异臭和虫类滋生。

5.2 加工质量

加工质量指标应符合表 2 的规定。

表 2 加工质量指标

单位为百分号

项目	碎粒饲料	颗粒饲料
混合均匀度变异系数(CV)	≤7.0	
含粉率	—	≤1.0
溶失率	≤30.0	≤20.0
水分	≤12.0	

5.3 营养成分指标

营养成分指标应符合表 3 的规定。

表 3 营养成分指标

单位为百分号

项目	鱼苗配合饲料	鱼种配合饲料	成鱼配合饲料
粗蛋白质	29.0~35.0	28.0~34.0	28.0~33.0
粗脂肪	≥6.0	≥5.0	≥5.0
粗纤维	≤11.0	≤11.0	≤11.0
粗灰分	≤13.0	≤13.0	≤13.0
总磷	0.9~1.8	0.8~1.8	0.8~1.8
赖氨酸	≥1.6	≥1.5	≥1.4
赖氨酸/粗蛋白质	≥5.0	≥5.0	≥5.0

5.4 卫生指标

应符合 GB 13078 的规定。

6 取样

按 GB/T 14699.1 的规定执行。

7 试验方法

7.1 外观与性状

取适量样品置于清洁、干燥的白瓷盘中,在正常光照、通风良好、无异味的环境下,通过感官进行评定。

7.2 混合均匀度

按 GB/T 5918 的规定执行。

7.3 含粉率

按附录 A 的规定执行。

7.4 水中稳定性(溶失率)

水中稳定性以溶失率表示,按附录 B 的规定执行。

7.5 水分

按 GB/T 6435 或 GB/T 18868 的规定执行,其中 GB/T 6435 为仲裁方法。

7.6 粗蛋白质

按 GB/T 6432 或 GB/T 18868 的规定执行,其中 GB/T 6432 为仲裁方法。

7.7 粗脂肪

按 GB/T 6433 或 GB/T 18868 的规定执行,其中 GB/T 6433 为仲裁方法。

7.8　粗纤维

按 GB/T 6434 或 GB/T 18868 的规定执行,其中 GB/T 6434 为仲裁方法。

7.9　粗灰分

按 GB/T 6438 的规定执行。

7.10　总磷

按 GB/T 6437 的规定执行。

7.11　赖氨酸

按 GB/T 18246 的规定执行。

7.12　赖氨酸/粗蛋白质

按附录 C 的规定执行。

7.13　卫生指标

按 GB 13078 的规定执行。

8　检验规则

8.1　组批

以相同的原料、相同的生产配方、相同的生产工艺和生产条件,连续生产或同一班次生产的同一规格产品为一批,每批产品不超过 120 t。

8.2　出厂检验

出厂检验项目为外观与性状、水分和粗蛋白质。

8.3　型式检验

型式检验项目为第 5 章规定的所有项目;若检验项目涉及 2 种试验方法,采用仲裁方法。在正常生产情况下,每半年至少进行一次型式检验。在有下列情况之一时,亦应进行型式检验:

a)　产品定型投产时;

b)　生产工艺、配方或主要原料来源有较大改变,可能影响产品质量时;

c)　停产 3 个月或以上,恢复生产时;

d)　出厂检验结果与上次型式检验结果有较大差异时;

e)　饲料行政管理部门提出检验要求时。

8.4　判定规则

8.4.1　所检项目全部合格,判定为该批次产品合格。

8.4.2　检验项目中有任何指标不符合本文件规定时,可自同批产品中重新加倍取样进行复检。复检结果有任何一项指标不符合本文件规定,判定该批产品为不合格。微生物指标不得复检。

8.4.3　各项目指标的极限数值判定按 GB/T 8170 中的全数值比较法的规定执行。

8.4.4　水分、营养成分指标和卫生指标检验结果判定的允许误差按 GB/T 18823 的规定执行(GB/T 18823 未规定的项目除外)。

8.4.5　含粉率、水中稳定性(溶失率)检验结果判定的允许误差分别按附录 A 和附录 B 的规定执行。

9　标签、包装、运输、储存和保质期

9.1　标签

按 GB 10648 的规定执行。

9.2　包装

包装材料应清洁卫生、无毒、无污染,并具有防潮、防漏、抗拉等性能。

9.3　运输

运输工具应清洁卫生,不得与有毒有害物品混装混运,运输中应防止曝晒、雨淋与破损。

9.4 储存

产品应储存在通风、干燥处,防止鼠害、虫蛀,不得与有毒有害物品混储。

9.5 保质期

未开启包装的产品,符合上述规定的包装、运输、储存条件下,产品保质期与标签标识的保质期一致。

附　录　A
（规范性）
含粉率测定方法

A.1　仪器设备

仪器设备如下：
a)　试验筛：应符合 GB/T 6003.1 的规定；
b)　顶击式标准筛振筛机：频率 220 次/min，行程 25 mm；
c)　天平：感量 0.1 g。

A.2　试验步骤

取试样约 1.5 kg，选用筛孔直径为颗粒直径的 0.6 倍～0.8 倍的试验筛，分数次筛理，每次 5 min，将筛下物称重。适用的筛孔尺寸见表 A.1。

表 A.1　不同颗粒直径采用的筛孔尺寸

单位为毫米

颗粒直径	1.0	1.50	2.00	2.50	3.00	3.50	4.00
筛孔尺寸	0.63	1	1.4	2	2.24	2.8	2.8

A.3　试验数据处理

试样的含粉率以质量分数 w_1 计，数值以百分含量（%）表示，按公式（A.1）计算。

$$w_1 = \frac{m_1}{m_2} \times 100 \quad\cdots\cdots\cdots\cdots\cdots\cdots\cdots\cdots\cdots\cdots\cdots\cdots\cdots\cdots\cdots\cdots \text{（A.1）}$$

式中：
m_1——筛下物质量的数值，单位为克（g）；
m_2——样品质量的数值，单位为克（g）。
测定结果以平行测定的算术平均值表示，保留小数点后 1 位。

A.4　精密度

在重复性条件下，2 次独立测定结果与其算术平均值的绝对差值不大于该算术平均值的 20%。

附　录　B
（规范性）
溶失率测定方法

B.1　仪器和设备

仪器设备如下：

a)　恒温干燥箱：温度能保持在(105±2)℃；

b)　天平：感量 0.01 g；

c)　温度计：精度 0.1 ℃；

d)　计时器；

e)　自制圆筒形网筛：网筛框高 6.5 cm，直径为 10 cm。饲料颗粒直径 1.0 mm 以上时采用 0.85 mm 筛孔尺寸，饲料颗粒直径 1.0 mm 以下时采用 0.425 mm 筛孔尺寸。

B.2　试验步骤

称取 10 g 样品(精确至 0.1 g)放入已称重的圆筒形网筛内(根据颗粒直径选择网筛)，置于盛有水深为 5.5 cm、水温为(26±2)℃的容器中浸泡。然后把网筛从水中缓慢提升至水面，再缓慢沉入水中，使饲料离开筛底，浸泡 5 min 内反复操作 3 次，每次间隔时间一致。取出网筛，斜放沥干附水，把网筛和样品置于 105 ℃恒温干燥箱内烘干至恒重，称重后计算浸泡样品质量。另称取一份未浸水等量试样(对照样品)，置于 105 ℃恒温干燥箱内烘干至恒重，称重后计算对照样品质量。

B.3　试验数据处理

试样的溶失率以质量分数 w_2 计，数值以百分含量(%)表示，按公式(B.1)计算。

$$w_2 = \frac{m_3 - m_4}{m_3} \times 100 \quad\cdots\cdots\cdots\cdots\cdots\cdots\cdots\cdots\cdots\cdots\cdots\cdots (B.1)$$

式中：

m_3——对照样品烘干后质量的数值，单位为克(g)；

m_4——浸泡样品烘干后质量的数值，单位为克(g)。

测定结果以平行测定的算术平均值表示，保留小数点后 1 位。

B.4　精密度

在重复性条件下，2 次独立测定结果与其算术平均值的绝对差值不大于该算术平均值的 5%。

附 录 C
（规范性）
赖氨酸/粗蛋白质的结果计算

试样中赖氨酸/粗蛋白质以质量分数 w_3 计，数值以百分含量（%）表示，按公式（C.1）计算。

$$w_3 = \frac{m_5}{m_6} \times 100 \quad\cdots\cdots\cdots\cdots\cdots\cdots\cdots\cdots\cdots\cdots\cdots\cdots \text{(C.1)}$$

式中：

m_5——试样中赖氨酸含量的数值，单位为百分号（%）；

m_6——试样中粗蛋白质含量的数值，单位为百分号（%）。

测定结果以平行测定的算术平均值表示，保留小数点后 1 位。

ICS 65.120
CCS B 54

中华人民共和国水产行业标准

SC/T 1078—2022
代替 SC/T 1078—2004

中华绒螯蟹配合饲料

Formula feed for Chinese mitten crab (*Eriocheir sinensis*)

2022-07-11 发布

2022-10-01 实施

中华人民共和国农业农村部 发布

前　言

本文件按照 GB/T 1.1—2020《标准化工作导则　第 1 部分:标准化文件的结构和起草规则》的规定起草。

本文件代替 SC/T 1078—2004《中华绒螯蟹配合饲料》,与 SC/T 1078—2004 相比,除结构调整和编辑性改动外,主要技术变化如下:

——更改了陈述"范围"所使用的表述形式(见第 1 章,2004 年版的第 1 章);

——更改了中华绒螯蟹配合饲料产品分类及规格(见第 4 章,2004 年版的第 3 章);

——删除了粉碎粒度、蛋氨酸的要求(见 2004 年版的 4.3 和 4.4);

——更改了混合均匀度、水中稳定性(溶失率)、水分、含粉率、粗蛋白质、粗脂肪、粗纤维、总磷、粗灰分、赖氨酸指标的要求(见 5.2、5.3,2004 年版的 4.3、4.4);

——增加了赖氨酸/粗蛋白质项目(见 5.3);

——增加了取样(见第 6 章);

——增加了水分、粗蛋白质、粗脂肪和粗纤维的试验方法(见 7.4、7.6、7.7、7.8);

——更改了检验规则(见第 8 章,2004 年版的第 6 章);

——删除了其他营养物质含量推荐值(见 2004 年版的附录 A);

——增加了溶失率测定方法、含粉率测定方法和赖氨酸/粗蛋白质的结果计算(见附录 A、附录 B、附录 C)。

请注意本文件的某些内容可能涉及专利。本文件的发布机构不承担识别专利的责任。

本文件由农业农村部畜牧兽医局提出。

本文件由全国饲料工业标准化技术委员会(SAC/TC 76)归口。

本文件起草单位:华东师范大学、广东恒兴饲料实业股份有限公司。

本文件主要起草人:陈立侨、张海涛、王晓丹、吴旭干、乔芳、杨曦、梁超、胡涛。

本文件及其所代替文件的历次版本发布情况为:

——2004 年首次发布为 SC/T 1078—2004;

——本次为第一次修订。

中华绒螯蟹配合饲料

1 范围

本文件确立了中华绒螯蟹(*Eriocheir sinensis*)配合饲料的术语和定义,给出了产品分类,规定了饲料生产的技术要求,描述了相应的取样、试验方法、检验规则、标签、包装、运输、储存和保质期等。

本文件适用于中华绒螯蟹配合饲料生产者声明产品符合性,或作为生产者与采购方签署贸易合同的依据,也可作为市场监管或认证机构认证的依据。

2 规范性引用文件

下列文件中的内容通过文中的规范性引用而构成本文件必不可少的条款。其中,注日期的引用文件,仅该日期对应的版本适用于本文件;不注日期的引用文件,其最新版本(包括所有的修改单)适用于本文件。

GB/T 5918 饲料产品混合均匀度的测定

GB/T 6003.1 试验筛 技术要求和检验 第1部分:金属丝编织网试验筛

GB/T 6432 饲料中粗蛋白的测定 凯氏定氮法

GB/T 6433—2006 饲料中粗脂肪的测定

GB/T 6434 饲料中粗纤维的含量测定 过滤法

GB/T 6435 饲料中水分的测定

GB/T 6437 饲料中总磷的测定 分光光度法

GB/T 6438 饲料中粗灰分的测定

GB/T 8170 数值修约规则与极限数值的表示和判定

GB/T 10647 饲料工业术语

GB 10648 饲料标签

GB 13078 饲料卫生标准

GB/T 14699.1 饲料 采样

GB/T 18246 饲料中氨基酸的测定

GB/T 18823 饲料检测结果判定的允许误差

GB/T 18868 饲料中水分、粗蛋白质、粗纤维、粗脂肪、赖氨酸、蛋氨酸快速测定 近红外光谱法

3 术语和定义

GB/T 10647界定的以及下列术语和定义适用于本文件。

3.1

蟹苗 fry crab

经过5期溞状体变态,并从咸水环境变为适应淡水生活的中华绒螯蟹大眼幼体。

3.2

蟹种 fingerling crab

大眼幼体经数次蜕壳后形态似成蟹的仔蟹(俗称豆蟹),以及生长3个月以上纽扣般大小的幼蟹(俗称扣蟹)。

3.3

育成期成蟹 sub-adult crab

一龄越冬后的蟹种,经过1次~4次蜕壳的亚成体的统称。

SC/T 1078—2022

3.4

膏蟹期成蟹 post puberty-crab

第二年成蟹养殖过程中,生殖蜕壳前后开始启动性腺发育直至性腺成熟的蟹。

4 产品分类

产品按中华绒螯蟹的生长阶段分为蟹苗配合饲料、蟹种配合饲料、成蟹配合饲料。产品分类与饲喂阶段见表1。

表 1 产品分类及饲喂阶段

产品类别		饲喂阶段(适用喂养对象体重),g/只
蟹苗配合饲料		<0.01
蟹种配合饲料		0.01～<10.0
成蟹配合饲料	育成期	≥10.0
	膏蟹期	≥80.0

5 技术要求

5.1 外观与性状

产品应色泽一致、形状规则、大小均匀;无发霉、结块、异味、异嗅和虫类滋生。

5.2 加工质量

加工质量指标应符合表2的规定。

表 2 加工质量指标

单位为百分号

项目	碎粒配合饲料	硬颗粒配合饲料	膨化配合饲料
混合均匀度变异系数(CV)		≤7.0	
溶失率(浸泡 30 min)	—	≤10.0	
水分		≤11.0	
含粉率	—	≤1.0	≤0.5

5.3 营养成分指标

营养成分指标应符合表3的规定。

表 3 营养成分指标

单位为百分号

项目	蟹苗配合饲料	蟹种配合饲料	成蟹配合饲料	
			育成期	膏蟹期
粗蛋白质	36.0～45.0	33.0～43.0	28.0～41.0	35.0～45.0
粗脂肪		≥5.0		≥6.0
粗纤维		≤8.0		≤6.0
总磷		0.8～1.8		1.0～1.8
粗灰分		≤18.0		≤15.0
赖氨酸	≥1.8	≥1.6	≥1.4	≥1.8
赖氨酸/粗蛋白质	≥4.5	≥4.0		≥4.5

5.4 卫生指标

应符合 GB 13078 的规定。

6 取样

按 GB/T 14699.1 的规定执行。

46

7 试验方法

7.1 外观与性状

取适量样品置于清洁、干燥的白瓷盘中,在光线充足、非直射日光、通风良好、无异味的环境下,通过感官进行评定。

7.2 混合均匀度

混合均匀度用变异系数(CV)表示,按 GB/T 5918 的规定执行。

7.3 水中稳定性(溶失率)

水中稳定性以溶失率表示,按附录 A 的规定执行。

7.4 水分

按 GB/T 6435 或 GB/T 18868 的规定执行,其中 GB/T 6435 为仲裁方法。

7.5 含粉率

按附录 B 的规定执行。

7.6 粗蛋白质

按 GB/T 6432 或 GB/T 18868 的规定执行,其中 GB/T 6432 为仲裁方法。

7.7 粗脂肪

按 GB/T 6433—2006 或 GB/T 18868 的规定执行,其中 GB/T 6433—2006 为仲裁方法。

注:膨化颗粒饲料中粗脂肪测定应按 GB/T 6433—2006 中 9.2~9.5 的规定执行。

7.8 粗纤维

按 GB/T 6434 或 GB/T 18868 的规定执行,其中 GB/T 6434 为仲裁方法。

7.9 总磷

按 GB/T 6437 的规定执行。

7.10 粗灰分

按 GB/T 6438 的规定执行。

7.11 赖氨酸

按 GB/T 18246 的规定执行。

7.12 赖氨酸/粗蛋白质

按附录 C 的规定执行。

7.13 卫生指标

按 GB 13078 的规定执行。

8 检验规则

8.1 组批

以相同的原料、相同的生产配方、相同的生产工艺和生产条件,连续生产或同一班次生产的同一规格产品为一批,每批产品不超过 30 t。

8.2 出厂检验

出厂检验项目为外观与性状、水分和粗蛋白质。

8.3 型式检验

型式检验项目为第 5 章规定的所有项目;在正常生产情况下,每年至少进行一次型式检验。在有下列情况之一时,亦应进行型式检验:

    a) 产品定型投产时;

    b) 生产工艺、配方或主要原料来源有较大改变,可能影响产品质量时;

    c) 停产 3 个月或以上,恢复生产时;

d) 出厂检验结果与上次型式检验结果有较大差异时;

e) 饲料行政管理部门提出检验要求时。

8.4 判定规则

8.4.1 所检项目全部合格,判定为该批次产品合格。

8.4.2 检验项目中有任何指标不符合本文件规定时,可自同批产品中重新加倍取样进行复检。复检结果有任何一项指标不符合本文件规定,判定该批产品为不合格。微生物指标不得复检。

8.4.3 各项目指标的极限数值判定按 GB/T 8170 中的修约值比较法的规定执行。

8.4.4 水分、营养成分指标和卫生指标检验结果判定的允许误差按 GB/T 18823 的规定执行(GB/T 18823 未规定的项目除外)。

8.4.5 水中稳定性(溶失率)、含粉率检验结果判定的允许误差分别按附录 A 和附录 B 的规定执行。

9 标签、包装、运输、储存和保质期

9.1 标签

产品标签按 GB 10648 的规定执行。

9.2 包装

包装材料应清洁卫生、无毒、无污染,并具有防潮、防漏、抗拉等性能。

9.3 运输

运输工具应清洁卫生,不应与有毒有害物品混装混运,运输中应防止曝晒、雨淋与破损。

9.4 储存

产品应储存在通风、干燥处,防止日晒、雨淋、鼠害、虫蛀,不应与有毒有害物品混储。

9.5 保质期

未开启包装的产品,符合上述规定的包装、运输、储存条件下,产品保质期与标签中标明的保质期一致。

附　录　A
（规范性）
溶失率测定方法

A.1　仪器和设备

仪器设备如下：

a) 恒温干燥箱：温度能保持在（105±2）℃；

b) 天平：感量 0.01 g；

c) 温度计：精度 0.1 ℃；

d) 计时器；

e) 自制圆筒形网筛：网筛框高 6.5 cm，直径为 10 cm。饲料颗粒直径 1.0 mm 以上时采用 0.85 mm 筛孔尺寸，饲料颗粒直径 1.0 mm 以下时采用 0.425 mm 筛孔尺寸。

A.2　试验步骤

称取 10 g 样品（精确至 0.1 g）放入已称重的圆筒形网筛内（根据颗粒直径选择网筛），置于盛有水深为 5.5 cm、水温为（26±2）℃的容器中浸泡。然后把网筛从水中缓慢提升至水面，再缓慢沉入水中，使饲料离开筛底，在 5.2 中规定的浸泡时间内反复操作 3 次，每次间隔时间一致。取出网筛，斜放沥干附水，把网筛和样品置于 105 ℃恒温干燥箱内烘干至恒重，称重后计算浸泡样品质量。另称取一份未浸水等量试样（对照样品），置于 105 ℃恒温干燥箱内烘干至恒重，称重后计算对照样品质量。

A.3　试验数据处理

试样的溶失率以质量分数 w_1 计，数值以百分含量（%）表示，按公式（A.1）计算。

$$w_1 = \frac{m_1 - m_2}{m_1} \times 100 \quad\cdots\cdots\cdots\cdots\cdots\cdots\cdots\cdots\cdots\cdots (A.1)$$

式中：

m_1——对照样品烘干后质量的数值，单位为克（g）；

m_2——浸泡样品烘干后质量的数值，单位为克（g）。

测定结果以平行测定的算术平均值表示，保留小数点后 1 位。

A.4　精密度

在重复性条件下，2 次独立测定结果与其算术平均值的绝对差值不大于该算术平均值的 5%。

附　录　B
（规范性）
含粉率测定方法

B.1　仪器和设备

仪器设备如下：

a)　试验筛：应符合 GB/T 6003.1 的规定；

b)　顶击式标准筛振筛机：频率 220 次/min，行程 25 mm；

c)　天平：感量 0.1 g。

B.2　试验步骤

取样约 1.5 kg，选用筛孔直径为颗粒直径的 0.6 倍～0.8 倍的试验筛，分数次筛理，每次 5 min，将筛下物称重。适用的筛孔尺寸见表 B.1。

表 B.1　不同颗粒直径采用的筛孔尺寸

单位为毫米

颗粒直径	1.0	1.50	2.00	2.50	3.00	3.50	4.00
筛孔尺寸	0.63	1	1.4	2	2.24	2.8	2.8
颗粒直径	4.50	5.00	6.00	8.00	10.0	12.0	15.0
筛孔尺寸	3.55	4	4	5.8	7.2	7.2	9.2

B.3　试验数据处理

试样的含粉率以质量分数 w_2 计，数值以百分含量（%）表示，按公式（B.1）计算。

$$w_2 = \frac{m_3}{m_4} \times 100 \quad \cdots\cdots\cdots\cdots\cdots\cdots\cdots\cdots\cdots\cdots\cdots\cdots\cdots\cdots\cdots \quad (B.1)$$

式中：

m_3——筛下物质量的数值，单位为克（g）；

m_4——样品质量的数值，单位为克（g）。

测定结果以平行测定的算术平均值表示，保留小数点后 1 位。

B.4　精密度

在重复性条件下，2 次独立测定结果与其算术平均值的绝对差值不大于该算术平均值的 20%。

附　录　C

（规范性）

赖氨酸/粗蛋白质的结果计算

试样中赖氨酸/粗蛋白质以质量分数 w_3 计,数值以百分含量（%）表示,按公式（C.1）计算。

$$w_3 = \frac{m_5}{m_6} \times 100 \quad \cdots\cdots\cdots\cdots\cdots\cdots\cdots\cdots\cdots\cdots\cdots\cdots \text{(C.1)}$$

式中:

m_5——试样中赖氨酸含量的数值（见 7.11）,单位为百分号（%）;

m_6——试样中粗蛋白质含量的数值（见 7.6）,单位为百分号（%）。

测定结果以平行测定的算术平均值表示,保留小数点后 1 位。

ICS 65.150
CCS B 52

中华人民共和国水产行业标准

SC/T 1135.7—2022

稻渔综合种养技术规范
第7部分：稻鲤（山丘型）

Technical specification for integrated farming of rice and aquaculture animal—
Part 7:Rice-carp for mountainous and hilly areas

2022-07-11 发布

2022-10-01 实施

中华人民共和国农业农村部 发布

前　言

本文件按照 GB/T 1.1—2020《标准化工作导则　第 1 部分:标准化文件的结构和起草规则》的规定起草。

本文件是 SC/T 1135《稻渔综合种养技术规范》的第 7 部分。SC/T 1135 已经发布了以下部分:

——第 1 部分:通则;

——第 2 部分:稻鲤(梯田型);

——第 3 部分:稻蟹;

——第 4 部分:稻虾(克氏原螯虾);

——第 5 部分:稻鳖;

——第 6 部分:稻鳅。

请注意本文件的某些内容可能涉及专利。本文件的发布机构不承担识别专利的责任。

本文件由农业农村部渔业渔政管理局提出。

本文件由全国水产标准化技术委员会淡水养殖分技术委员会(SAC/TC 156/SC 1)归口。

本文件起草单位:全国水产技术推广总站、福建省水产技术推广总站、福建省淡水水产研究所、广西壮族自治区水产技术推广总站、福建省松溪县水产技术推广站、广西壮族自治区三江侗族自治县水产技术推广站。

本文件主要起草人:游宇、薛凌展、于秀娟、郝向举、李坚明、党子乔、黄恒章、莫洁琳、李东萍、王祖峰、叶翚。

引　言

稻渔综合种养是一种典型的生态循环农业模式,稳粮增效、环境友好,已发展成为我国实施乡村振兴战略的重要产业之一。在生产实践中,各地因地制宜,在稻田养殖鲤鱼之外,引入中华绒螯蟹、克氏原螯虾、中华鳖、泥鳅等特种经济水产动物,集成创新发展了稻鲤、稻蟹、稻虾(克氏原螯虾)、稻鳖、稻鳅等多种种养模式,形成了各自相对成熟的生产技术体系。但由于各地发展水平不均衡,对稻渔综合种养的认识有差异,不同种养模式之间的关键技术指标和要求不统一,对水稻生产、稻田生态环境以及产品质量安全产生了不良影响。因此,通过制定稻渔综合种养技术规范,统一关键技术指标和要求,并对各种养模式提供标准化、规范化的技术指导,有利于发挥稻渔综合种养"以渔促稻、稳粮增效、生态环保"的作用,促进产业的健康和可持续发展。

SC/T 1135 拟由以下部分构成。
——第1部分:通则;
——第2部分:稻鲤(梯田型);
——第3部分:稻蟹;
——第4部分:稻虾(克氏原螯虾);
——第5部分:稻鳖;
——第6部分:稻鳅;
——第7部分:稻鲤(山丘型);
——第8部分:稻鲤(平原型)。
……

第1部分的目的在于规范稻渔综合种养的术语和定义,明确技术指标和技术集成要求,建立综合效益评价方法,为起草不同技术模式的标准提供需要遵守的基本原则和技术要求。第2部分到第8部分是在第1部分的基础上,针对各种养模式,明确具体的技术要求。其中,第7部分是针对山丘型稻鲤综合种养,明确环境条件、田间工程、水稻种植、稻田鲤鱼养殖和产品品质等技术要求,提供关键技术指导,便于稻鲤综合种养生产主体在生产实践中使用,从而稳定水稻产量,提高鲤鱼的产量和质量,保护稻田生态环境,提高稻田综合效益。

稻渔综合种养技术规范　第7部分:稻鲤(山丘型)

1　范围

本文件规定了山丘型稻田养殖鲤鱼(*Cyprinus carpio*)的环境条件、田间工程、水稻种植、鲤鱼养殖等技术要求,描述了相应证实或追溯方法。

本文件适用于丘陵山区稻鲤种养。

2　规范性引用文件

下列文件中的内容通过文中的规范性引用而构成本文件必不可少的条款。其中,注日期的引用文件,仅该日期对应的版本适用于本文件;不注日期的引用文件,其最新版本(包括所有的修改单)适用于本文件。

GB 11607　渔业水质标准

GB 13078　饲料卫生标准

GB/T 22213　水产养殖术语

GB/T 36782　鲤鱼配合饲料

NY/T 496　肥料合理使用准则　通则

NY/T 1276　农药安全使用规范　总则

NY/T 5117　无公害食品　水稻生产技术规程

NY/T 5361　无公害农产品　淡水养殖产地环境条件

SC/T 1075　鱼苗、鱼种运输通用技术要求

SC/T 1135.1　稻渔综合种养技术规范　第1部分:通则

3　术语和定义

GB/T 22213 和 SC/T 1135.1 界定的术语和定义适用于本文件。

4　环境条件

4.1　稻田选择

选择光照充足、保水保肥、排灌和交通条件较好的田块。

4.2　水源水质

水源充沛,稻田水质应符合 NY/T 5361 的要求。

5　田间工程

5.1　沟坑

5.1.1　鱼沟

鱼沟的面积占稻田面积的 3%~5%,沟宽 50 cm,沟深 50 cm。鱼沟的形状可根据稻田面积大小挖成"一"字、"十"字、"日"字、"田"字或"井"字形。

5.1.2　鱼坑

鱼坑可为圆形、半圆形、长方形、正方形、三角形等,具体视田块形状、大小等自然条件而定,位置可选择在稻田的进水口处或适当位置开挖,深度根据稻田土壤底质情况而定,以不漏水为标准,一般深1.0 m~1.2 m,底部可安装一条通向田外的排水管。

鱼沟和鱼坑的总面积之和应小于10%。

5.2 田埂

田埂高度 30 cm～50 cm,宽度应大于 50 cm,保水防塌。

5.3 进排水工程

进排水口宜开设在稻田的相对两角,进排水口大小根据稻田排水量而定。进水口开设在鱼沟首端,底部高出田面 10 cm,排水口开设在坑沟尾端,底部应略低于田面。根据田块情况,不同田块间的进排水口可串联或独立设置,鱼坑排水口设在池底。根据田块大小,应在排水口附近设溢水口 1 个～3 个,调节稻田水位。

5.4 防逃设施

拦鱼栅应安装在进排水口处,入泥深度 20 cm～35 cm,宽 120 cm,高 80 cm 为宜。孔径应根据投放的鱼种规格而定,宜为 0.5 cm～1.4 cm。

6 水稻种植

6.1 品种选用

水稻品种选用按照 SC/T 1135.1 的规定执行。种子来源于合法的水稻种子生产经营单位,经检疫合格。保留采购单据和检疫合格证明。

6.2 田面整理

田面整平耙细,田面高低差 3 cm～5 cm。

6.3 秧苗栽插

秧苗栽插时间以当地生产季节为准,一般单季稻 5 月上旬至 6 月中旬,再生稻 4 月中下旬左右。常规品种移栽密度宜 1.3 万穴/667 m²;杂交品种移栽密度宜 0.9 万穴/667 m²;视田块情况间隔一定距离留 40 cm 田间操作行。

6.4 晒田

待水稻进入有效分蘖末期前,适时晒田。晒田前,缓慢排水促使鲤鱼进入鱼沟和鱼坑中。晒田时间为 3 d～5 d。

6.5 施肥

肥料使用应符合 NY/T 496 的要求。以有机肥为主,插秧前每 667 m² 施基肥 50 kg～150 kg,在水稻生长期间,可根据土壤肥力、水稻生长情况,施追复合肥 10 kg～50 kg。

6.6 水位控制

水稻移栽至分蘖期水深控制在 5 cm～10 cm;分蘖后期水深控制在 15 cm～20 cm,抽穗扬花期至灌浆结实期水深控制在 25 cm 左右;成熟收割前逐渐降低稻田水位,使鲤鱼进入鱼坑中便于起捕。

6.7 病虫害防治

水稻病虫害防治以生态防治为主,每个田块鱼坑附近宜安装太阳能灭虫灯、利用性诱剂或种植香根草等植物以诱捕昆虫。在秧苗移栽前 2 d～3 d,施用一次高效、低毒、低残留农药,农药使用应符合 NY/T 5117、NY/T 1276 的要求。

6.8 收割

水稻收割时间为 9 月下旬至 10 月中旬。

6.9 水稻生产指标

水稻产量不应低于 400 kg/667 m² 和周边地区同等条件水稻单作亩产,水稻质量、经济效益和生态效益应符合 SC/T 1135.1 的要求。

7 鲤鱼养殖

7.1 品种及来源

宜选择瓯江彩鲤(青田鱼)、福瑞鲤、建鲤等经国家水产原良种委员会审定的新品种以及地方特色优良鲤鱼品种,苗种来源于合法的苗种生产经营单位,经检疫合格。保留采购单据和检疫合格证明。

7.2 鱼种运输

苗种包装运输方法应符合 SC/T 1075 的规定。运输用水水质应符合 GB 11607 的规定。

7.3 鱼种投放

水稻返青后，每 667 m² 放养鱼种 300 尾～500 尾，规格为 50 尾/kg～80 尾/kg。鱼种放养前用 3%～5% 的食盐水浸浴 5 min～10 min。鱼种应选择晴天清晨或傍晚放养，放养前后水温差不宜超过 3 ℃。

7.4 养殖管理

7.4.1 日常管理

坚持定期巡田，注意防洪、防逃、防敌害等；在高温季节，应定期补水或换水，保持水质稳定，确保安全生产。雨季应注意检查田埂和防逃设施，及时疏通鱼沟。

7.4.2 投喂

鱼种放养后，以摄食天然饵料为主，视鲤鱼长势，可适当投喂人工配合饲料或适量投喂米糠、麦麸、豆饼等，投喂的饲料应符合 GB 13078 和 GB/T 36782 的规定，有条件的地区可以考虑在稻田中适当培育浮萍等水生植物，为鲤鱼提供青饲料。

7.4.3 水位管理

在高温季节应定时补水，稻田水位控制在 25 cm 左右。

7.4.4 病害防治

以防为主，防治结合。严禁施用抗菌类和杀虫类渔用药物，严格控制消毒类、水质改良类渔用药物施用。

7.5 捕捞

7.5.1 捕捞时间

鲤鱼宜在水稻收割前起捕或根据鲤鱼生长情况及市场需求调整捕捞时间。

7.5.2 捕捞方法

捕捞前，缓慢放水，将鱼顺鱼沟汇至鱼坑内起捕，捕捞时间宜选择清晨或夜晚水温低时操作，起捕后立即转入清水中暂养。

ICS 65.150
CCS B 52

中华人民共和国水产行业标准

SC/T 1157—2022

胭 脂 鱼

Chinese sucker

2022-07-11 发布   2022-10-01 实施

中华人民共和国农业农村部 发布

前　言

本文件按照 GB/T 1.1—2020《标准化工作导则　第 1 部分：标准化文件的结构和起草规则》的规定起草。

请注意本文件的某些内容可能涉及专利。本文件的发布机构不承担识别专利的责任。

本文件由农业农村部渔业渔政管理局提出。

本文件由全国水产标准化技术委员会淡水养殖分技术委员会（SAC/TC 156/SC 1）归口。

本文件起草单位：中国水产科学研究院长江水产研究所。

本文件主要起草人：杨德国、吴兴兵、朱永久、何勇凤、周剑光。

胭 脂 鱼

1 范围

本文件给出了胭脂鱼（*Myxocyprinus asiaticus* Bleeker，1864）的学名与分类、主要形态构造特征、生长与繁殖、细胞遗传学特性、生化遗传学特性、检测方法及检测结果判定。

本文件适用于胭脂鱼的种质检测与鉴定。

2 规范性引用文件

下列文件中的内容通过文中的规范性引用而构成本文件必不可少的条款。其中，注日期的引用文件，仅该日期对应的版本适用于本文件；不注日期的引用文件，其最新版本（包括所有的修改单）适用于本文件。

GB/T 18654.1 养殖鱼类种质检验 第1部分：检验规则

GB/T 18654.2 养殖鱼类种质检验 第2部分：抽样方法

GB/T 18654.3 养殖鱼类种质检验 第3部分：性状测定

GB/T 18654.4 养殖鱼类种质检验 第4部分：年龄与生长的测定

GB/T 18654.6 养殖鱼类种质检验 第6部分：繁殖性能测定

GB/T 18654.12 养殖鱼类种质检验 第12部分：染色体组型分析

GB/T 18654.13 养殖鱼类种质检验 第13部分：同工酶电泳分析

GB/T 22213 水产养殖术语

3 术语和定义

GB/T 18654.3 和 GB/T 22213 界定的术语和定义适用于本文件。

4 学名与分类

4.1 学名

胭脂鱼（*Myxocyprinus asiaticus* Bleeker，1864）。

4.2 分类地位

脊索动物门（Chordata）硬骨鱼纲（Osteichthyes）鲤形目（Cypriniformes）胭脂鱼科（Catostomidae）胭脂鱼属（*Myxocyprinus*）。

5 主要形态构造特征

5.1 外部形态特征

5.1.1 外形

头短、吻钝圆。口小，下位，呈马蹄形。唇发达，富肉质。上唇与吻褶形成一深沟，下唇翻出，呈肉褶，上下唇有许多密集的乳突状突起。下咽骨呈镰刀状，下咽齿单行。无须。眼侧上位。背部自背鳍起点前显著隆起，向后平缓下倾。背部狭窄，腹部平直。背鳍无硬棘，基部长，背鳍基末端接近尾鳍。尾柄细长，尾鳍叉形。鳞大。侧线完全。

体型、体色随生长而变化。鱼苗时体型细长，体呈半透明或灰白色。幼鱼体高而侧扁，略呈纺锤形，背鳍甚高，全体呈银灰色或淡紫色，体侧有3条黑褐色横纹，第一条由头后通过胸鳍基部在腹部与另一侧的黑横纹相连，第二条从背鳍起点到腹鳍起点通过腹部与另一侧黑横纹相连，第三条从臀鳍起点斜上方直到尾鳍基部；尾鳍上叶灰白色，下叶黑灰色，内缘灰白色，其他各鳍浅红色，其上布有大小不等的深黑色斑点。随个体长大，体色呈灰褐色，并杂以红紫色彩晕，体侧斑块不明显。成鱼体延长，粗壮，背部隆起减缓，背鳍低;全身呈黄褐色、胭脂红色、淡红或青紫色,鱼体两侧各有一条猩红色纵条,从鳃孔上角直达尾鳍基。性成熟雄鱼体侧呈胭脂红色,颜色鲜艳,背鳍变小,体延长,背部隆起变小。性成熟雌鱼体侧呈青紫色,颜色暗淡,背鳍、尾鳍均为淡红色,背鳍变小,体延长,背部隆起变小。

胭脂鱼外部形态见图1。

a) 幼鱼

b) 成鱼

c) 雌性亲鱼

d) 雄性亲鱼

图1 胭脂鱼外部形态

5.1.2 可数性状

5.1.2.1 鳍式

背鳍：D. ⅲ～ⅳ－47～57。

臀鳍：A. ⅱ～ⅳ－10～12。

5.1.2.2 鳞式

$$47\frac{10\sim14}{8\sim11-V}56。$$

5.1.2.3 鳃耙数

左侧第一鳃弓外侧鳃耙数30枚～40枚。

5.1.3 可量性状

体长4 cm～98 cm的胭脂鱼个体，其实测可量性状比例值见表1。

表1　胭脂鱼的可量性状比例值

体长/体高	体长/头长	体长/尾柄长	体长/尾柄高	头长/吻长	头长/眼径	头长/眼间距
2.1～4.5	3.1～6.0	7.8～12.8	10.1～14.5	1.9～3.9	3.1～11.0	1.5～2.5

5.2 内部构造特征

5.2.1 鳔

鳔二室，前室短，长圆形；后室细长，末端尖。

5.2.2 下咽齿

1行，50枚～102枚，排列呈梳齿状。

5.2.3 脊椎骨数

39枚～41枚。

5.2.4 腹膜

黑色。

6　生长与繁殖

6.1　生长

不同年龄组体长、体重实测值见表2。

表2　不同年龄组胭脂鱼的体长、体重实测值

年龄组	体长 cm	体重 kg
1	4.4～34.0	2.2×10^{-3}～0.99
2	13.2～43.0	4.71×10^{-2}～2.00
3	47.0～70.0	2.21～6.75
4	49.0～83.0	1.08～7.75
5	58.6～87.0	2.94～9.50
6	55.0～89.0	3.11～10.70
7	76.0～98.0	8.34～13.12
8	79.0～100.0	8.30～14.50
9	86.0～104.0	10.50～19.50
10	87.5～108.0	11.50～19.05

6.2　繁殖

6.2.1　性成熟年龄

雌鱼7龄，雄鱼6龄。

6.2.2 产卵类型

一次性产卵,产沉性卵,卵微黏性。

6.2.3 繁殖周期

性成熟个体性腺每年成熟一次。

6.2.4 产卵时间

水温达到 14 ℃开始繁殖,长江流域及以南地区的繁殖时间为 2 月下旬至 5 月。

6.2.5 怀卵量

绝对怀卵量为 $4.512×10^4$ 粒～$4.225×10^5$ 粒,相对怀卵量为 5.37 粒/g～21.66 粒/g。

7 细胞遗传学特性

染色体数:$2n=100$;染色体臂数为(NF)$=114$;核型公式:$10m+4sm+86st(t)$,染色体组型见图 2。

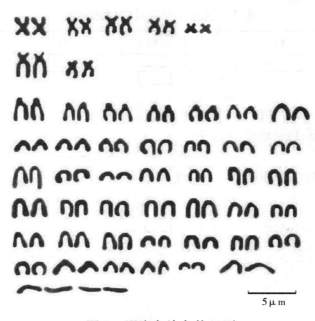

$5\mu m$

图 2　胭脂鱼染色体组型

8 生化遗传学特性

肌肉苹果酸脱氢酶(MDH)同工酶电泳图见图 3。

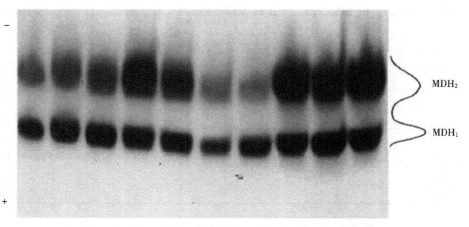

MDH_2

MDH_1

图 3　胭脂鱼肌肉苹果酸脱氢酶(MDH)同工酶电泳图

9 检测方法

9.1 抽样

按 GB/T 18654.2 的规定执行。

9.2 性状测定

按 GB/T 18654.3 的规定执行。

9.3 年龄测定

采用鳞片鉴定年龄,按 GB/T 18654.4 的规定执行。

9.4 怀卵量测定

按 GB/T 18654.6 的规定执行。

9.5 染色体组型分析

按 GB/T 18654.12 的规定执行。

9.6 同工酶电泳分析

9.6.1 样品的采集与制备

取胭脂鱼体侧侧线鳞上方肌肉,按 1∶3 的比例(W∶V)加入去离子水于匀浆器中冰浴匀浆,匀浆液于 4 ℃、12 000 r/min 离心 30 min,取上清液,重复以上离心过程 2 次至上清液澄清。

9.6.2 制胶

将混匀的 9%聚丙烯酰胺凝胶液倒入模板,插好梳子,置于室温下,待凝胶聚合后,置于 4 ℃冰箱中备用。

9.6.3 点样

吸取 40 μL 样与 2 μL～3 μL 加样指示剂混匀,一起加到点样孔中。

9.6.4 电泳分离

采用垂直板电泳,凝胶浓度 9%。上下槽电极缓冲液为 pH 8.3 的 Tris-甘氨酸。稳压 250 V 电泳 2.5 h。电泳结束后,放入现配的同工酶染色液中染色。

同工酶电泳分析使用的各种试剂按照附录 A 的规定执行。

同工酶电泳分析除本文件的规定外,其他按照 GB/T 18654.13 的规定执行。

9.6.5 结果分析

按 GB/T 18654.13 的规定执行。

10 检测结果判定

按 GB/T 18654.1 的规定执行。

附 录 A

（规范性）

同工酶各种试剂的配制

A.1 凝胶的配制

A.1.1 凝胶溶液的配方

见表 A.1。

表 A.1 各种凝胶溶液的配方

溶 液	配制方法
凝胶缓冲液	取 Tris[NH₂C(CH₂OH)₃]36.3 g 去离子水溶解,用浓盐酸调 pH 为 8.9,加去离子水定容至 100 mL。4 ℃储存
凝胶储液	取丙烯酰胺(C₃H₅NO)33.3 g,N,N'-亚甲基双丙烯酰胺(C₇H₁₀N₂O₂)0.9 g,去离子水溶解并定容至 150 mL。4 ℃储存
过硫酸铵溶液(AP)	取过硫酸铵[(NH₄)₂S₂O₈]0.1 g,加 1 mL 去离子水溶解。现用现配

A.1.2 9%凝胶液的配方

用9%凝胶液制成聚丙烯酰胺垂直板凝胶,该凝胶液的配方见表 A.2。

表 A.2 9%凝胶液的配方

溶液	体积
凝胶缓冲液 mL	6.25
凝胶储液 mL	15
过硫酸铵溶液 mL	0.5
TEMED(四甲基乙二胺,C₆H₁₆N₂) μL	100
去离子水 mL	28.15
总体积 mL	50.0

A.2 加样指示剂

0.15%溴酚蓝-50%甘油:称取 0.15 g 溴酚蓝溶于 50 mL 去离子水,再加 50 mL 甘油混匀。

A.3 电极缓冲液

电极缓冲液母液电泳时稀释 10 倍使用。母液配制:称取甘氨酸 28.80 g 溶于 800 mL 去离子水,用 Tris 调 pH 至 8.3,加去离子水定容至 1 000 mL。

A.4 同工酶染色剂配制

先配制染色用各溶液见表 A.3,再配制染色液。

表 A.3　染色用溶液配方

溶液	配制方法	
A	氯化硝基四氮唑蓝（NBT）	300 mg
	辅酶Ⅰ（NAD）	500 mg
	吩嗪甲酯硫酸盐（PMS）	20 mg
	去离子水（ddH₂O）	100 mL
B	DL-苹果酸钠	1.96 g
	去离子水（ddH₂O）	100 mL
C 0.5 mol/L Tris-HCl染色缓冲液 （pH 7.1）	取 Tris 60.5 g 溶于 800 mL 去离子水中，用盐酸调节 pH 至 7.1，加去离子水定容至 1 000 mL	

染色液按 A：B：C：H₂O＝10：10：20：60 的比例混合均匀。

ICS 65.150
CCS B 52

中华人民共和国水产行业标准

SC/T 1158—2022

香　鱼

Ayu

2022-07-11 发布　　　　　　　　　　　2022-10-01 实施

中华人民共和国农业农村部 发布

前　言

本文件按照 GB/T 1.1—2020《标准化工作导则　第 1 部分:标准化文件的结构和起草规则》的规定起草。

请注意本文件的某些内容可能涉及专利。本文件的发布机构不承担识别专利的责任。

本文件由农业农村部渔业渔政管理局提出。

本文件由全国水产标准化技术委员会淡水养殖分技术委员会(SAC/TC 156/SC 1)归口。

本文件起草单位:中国水产科学研究院黑龙江水产研究所、宁波大学、福建南方海洋渔业发展有限公司、福建省农业科学院生物技术研究所、宁德市渔业协会、丹东市渔业发展服务中心、福建省水产技术推广总站。

本文件主要起草人:李池陶、石连玉、苗亮、王世会、林铭、葛彦龙、龚晖、尚梅、韩承义、胡雪松、孙述好、吴斌、贾智英、郑翠丽、林丽梅。

香　　鱼

1　范围

本文件给出了香鱼(*Plecoglossus altivelis* Temminck et Schlegel，1846)的学名与分类、主要形态构造特征、生长与繁殖、细胞遗传学特性、生化遗传学特性、检测方法及检测结果判定。

本文件适用于香鱼的种质检测与鉴定。

2　规范性引用文件

下列文件中的内容通过文中的规范性引用而构成本文件必不可少的条款。其中,注日期的引用文件,仅该日期对应的版本适用于本文件;不注日期的引用文件,其最新版本(包括所有的修改单)适用于本文件。

GB/T 18654.1　养殖鱼类种质检验　第1部分:检验规则

GB/T 18654.2　养殖鱼类种质检验　第2部分:抽样方法

GB/T 18654.3　养殖鱼类种质检验　第3部分:性状测定

GB/T 18654.6　养殖鱼类种质检验　第6部分:繁殖性能的测定

GB/T 18654.12　养殖鱼类种质检验　第12部分:染色体组型分析

GB/T 18654.13　养殖鱼类种质检验　第13部分:同工酶电泳分析

GB/T 22213　水产养殖术语

3　术语与定义

GB/T 18654.3 和 GB/T 22213 界定的术语和定义适用于本文件。

4　学名与分类

4.1　学名

香鱼(*Plecoglossus altivelis* Temminck et Schlegel，1846)。

4.2　分类地位

脊索动物门(Chordata)硬骨鱼纲(Osteichthyes)鲑形目(Salmoniformes)鲑亚目(Salmonoidei)香鱼科(Plecoglossidae)香鱼属(*Plecoglossus*)。

5　主要形态构造特征

5.1　外部形态特征

5.1.1　外形

体略细长而侧扁。头小。口大,下颌联合后方有1对褶膜,口裂末端达眼后缘。吻尖,前端中间向下弯曲成钩形。上下颌各具1行宽扁梳状齿,下颌前端两侧各有一个圆形突起与上颌前端两侧的圆形凹陷处相嵌。除头部外,全身被细小圆鳞。各鳍无硬棘,背鳍后至尾鳍间具一脂鳍,略小,与臀鳍后端相对。尾鳍叉型。上下颌外缘呈白色,体背部苍黑色,体侧由上到下逐渐变为黄色,腹部银白色,各鳍的周围呈淡黄色,在脂鳍边缘有一微红色的斑条。

香鱼外部形态见图1。

图 1 香鱼外部形态

5.1.2 可数性状

5.1.2.1 鳍式

背鳍:D. ⅱ—7~10。

臀鳍:A. ⅱ—12~16。

5.1.2.2 鳞式

$58\dfrac{20\sim27}{13\sim18-\text{V}}77$。

5.1.2.3 鳃耙数

左侧第一鳃弓外侧鳃耙数 42 枚~52 枚。

5.1.3 可量性状

体长 10.58 cm~22.65 cm、体重 14.3 g~149.6 g 的个体,实测可量性状比例值见表 1。

表 1 香鱼的可量性状比例值

全长/体长	体长/体高	体长/头长	头长/吻长	头长/眼径	头长/眼间距	体长/尾柄长	尾柄长/尾柄高
1.16±0.01	4.87±0.36	4.98±0.31	3.47±0.32	4.33±0.32	3.11±0.20	6.80±0.48	2.06±0.19

5.2 内部构造特征

5.2.1 鳔

1 室,梭形。

5.2.2 腹膜

灰黑色,前端密布黑点,后端明显减少。

5.2.3 脊椎骨数

60 枚~70 枚。

5.2.4 幽门盲囊

100 条~175 条。

6 生长与繁殖

6.1 生长

自然水体溯河期和人工养殖不同月龄鱼的体长和体重实测值见表 2。

表 2 香鱼溯河期和人工养殖不同月龄鱼的体长和体重实测值

年龄	溯河期	养殖鱼		
		4 月龄	8 月龄	12 月龄
体长范围 cm	10.59~22.65	8.50~16.00	17.01~23.08	17.32~23.68
体重范围 g	14.3~149.6	13.6~32.8	57.2~135.1	69.9~167.3

6.2 繁殖

6.2.1 性成熟年龄

1龄。

6.2.2 繁殖季节

黑龙江省至辽宁省等沿海繁殖期为每年的9月—10月,浙江省沿海为10月—11月,福建省沿海为11月—12月。繁殖适宜水温12℃~22℃。

6.2.3 产卵类型

性成熟个体性腺一年成熟,自然状态下多次产卵,产卵后亲本多数死亡,产沉性卵,黏性强。

6.2.4 怀卵量

性成熟个体的怀卵量见表3。

表3 香鱼性成熟个体的怀卵量

体重 g	116.45±37.40
绝对怀卵量 ×10⁴粒	11.65±3.09
相对怀卵量 粒/g体重	1 025.18±171.76

7 细胞遗传学特性

体细胞染色体数:$2n=56$;核型公式:$8m+48t$;染色体臂数(NF):64。
染色体组型见图2。

图2 香鱼染色体组型

8 生化遗传学特性

眼晶状体乳酸脱氢酶(LDH)同工酶电泳图及5条酶带扫描图见图3。

图3 香鱼眼晶状体乳酸脱氢酶(LDH)同工酶电泳图(左)及扫描图(右)

9 检测方法

9.1 抽样

按 GB/T 18654.2 的规定执行。

9.2 性状测定

按 GB/T 18654.3 的规定执行。

9.3 怀卵量测定

按 GB/T 18654.6 的规定执行。

9.4 染色体检测

按 GB/T 18654.12 的规定执行。

9.5 同工酶检测

4.5%的浓缩胶和5.5%的分离胶制成聚丙烯酰胺垂直板电泳,250 V恒压电泳。溶液配方按附录 A 的规定执行。

除本文件规定外,其他按 GB/T 18654.13 的规定执行。

10 检测结果判定

按 GB/T 18654.1 的规定执行。

附　录　A
（规范性）
同工酶试剂配制

同工酶试剂配制见表 A.1。

表 A.1　同工酶试剂配制

编号	名称	参数	配方
A_1	浓缩胶缓冲液	0.5 mol/L Tris-HCl pH 6.8	Tris 6.05 g,HCl 调 pH 6.8,定容 100 mL
A_2	分离胶缓冲液	1 mol/L Tris-HCl pH 8.8	Tris 12.1 g,HCl 调 pH 8.8,定容 100 mL
B_0	凝胶储液	20% Arc-Bis	Arc 19.4 g,Bis 0.6 g,定容 100 mL
B_1	浓缩胶储液	12% Arc-Bis	B_0 54 mL,纯水 36 mL,4 ℃保存
B_2	分离胶储液	14.7% Arc-Bis	B_0 66 mL,纯水 24 mL,4 ℃保存
C	TEMED 液	0.46%	TEMED 0.46 mL,纯水 100 mL
D	AP 液	0.56%	AP 0.56 g,纯水 100 mL
	浓缩胶终液	4.50%	A_1：B_1：C：D＝3：3：1：1,现用现配
	分离胶终液	5.50%	A_2：B_2：C：D＝3：3：1：1,现用现配
	电极缓冲液	Tris-甘氨酸 pH 8.3	Tris 3.0 g,甘氨酸 14.4 g,纯水 1 L

ICS 65.150
CCS B 52

中华人民共和国水产行业标准

SC/T 1159—2022

兰 州 鲇

Lanzhou catfish

2022-07-11 发布

2022-10-01 实施

中华人民共和国农业农村部 发布

前　言

本文件按照 GB/T 1.1—2020《标准化工作导则　第 1 部分:标准化文件的结构和起草规则》的规定起草。

请注意本文件的某些内容可能涉及专利。本文件的发布机构不承担识别专利的责任。

本文件由农业农村部渔业渔政管理局提出。

本文件由全国水产标准化技术委员会淡水养殖分技术委员会(SAC/TC 156/SC 1)归口。

本文件起草单位:陕西省水产研究与技术推广总站、西北农林科技大学、中国水产科学研究院长江水产研究所。

本文件主要起草人:杨元昊、周继术、王绿洲、李锋刚、周剑光、李蕾、杨娟宁、甘金华、何力、兰国柱、陈媛媛、刘涛、王立新、李海滨、李毅、张林、任敬。

兰　州　鲇

1　范围

本文件给出了兰州鲇(*Silurus lanzhouensis* Chen,1977)的学名与分类、主要形态构造特征、生长与繁殖、细胞遗传学特性、生化遗传学特性、检测方法及检测结果判定。

本文件适用于兰州鲇的种质检测和鉴定。

2　规范性引用文件

下列文件中的内容通过文中的规范性引用而构成本文件必不可少的条款。其中,注日期的引用文件,仅该日期对应的版本适用于本文件;不注日期的引用文件,其最新版本(包括所有的修改单)适用于本文件。

GB/T 18654.1　养殖鱼类种质检验　第 1 部分:检验规则

GB/T 18654.2　养殖鱼类种质检验　第 2 部分:抽样方法

GB/T 18654.3　养殖鱼类种质检验　第 3 部分:性状测定

GB/T 18654.4　养殖鱼类种质检验　第 4 部分:年龄与生长的测定

GB/T 18654.6　养殖鱼类种质检验　第 6 部分:繁殖性能的测定

GB/T 18654.12　养殖鱼类种质检验　第 12 部分:染色体组型分析

GB/T 18654.13　养殖鱼类种质检验　第 13 部分:同工酶电泳分析

GB/T 22213　水产养殖术语

3　术语与定义

GB/T 18654.3 和 GB/T 22213 界定的术语和定义适用于本文件。

4　学名与分类

4.1　学名

兰州鲇(*Silurus lanzhouensis* Chen,1977)。

4.2　分类地位

脊索动物门(Chordata)硬骨鱼纲(Osteichthyes)鲇形目(Siluriformes)鲇科(Siluridae)鲇属(*Silurus*)。

5　主要形态构造特征

5.1　外部形态特征

5.1.1　外形

体延长,后部侧扁,头部中等大,纵扁平。上筛骨侧突长且稍粗,其宽度与后颚弓外缘间距几相等,上筛骨长度约为整个颅骨长的 1/3。口角唇褶发达。眼小,呈圆形,位于头前侧下方。口亚上位,口裂较浅,末端达眼前缘下方,下颌稍长于上颌,下唇正中有一丘状突起。上、下颌具绒毛状细齿,形成星月形齿带;犁骨齿带不连续,分为左右两椭圆形齿带。成鱼须 2 对,幼鱼须 3 对,上颌须末端超过胸鳍末端,颏须短,后伸不达鳃盖骨后缘。鼻孔分离,前鼻孔为小管状,向前开小口;后鼻孔为裂缝形;前鼻孔之间的宽度,为头长的 1/3 以上。鳃膜不与峡部相连。侧线平直,前部稍弯曲,从鳃盖处延伸至尾柄。背鳍小,无硬刺,第二根鳍条最长,起点位于腹鳍的前上方。胸鳍中等长,其末端超过背鳍起点;胸鳍刺前缘有一排很微弱的锯齿状突起;鳍条后伸不及腹鳍。腹鳍基距臀鳍很近。臀鳍长,与尾鳍相连。尾鳍短小,上、下叶间略内凹。体背侧灰褐或灰绿色;腹部淡灰白色;间杂有许多大小不一的灰色小斑点;体侧常有不规则花纹。

兰州鲇外部形态见图1。

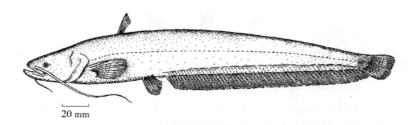

20 mm

图 1 兰州鲇外部形态

5.1.2 可数性状

5.1.2.1 鳍式

背鳍:D. i—3～5。

胸鳍:P. I—12～15。

腹鳍:V. i～ii—10～12。

臀鳍:A. iii—76～91。

5.1.2.2 鳃耙数

左侧第一鳃弓外侧鳃耙数8枚～13枚。

5.1.3 可量性状

体长 26.3 cm～68.1 cm,体重 122.2 g～2 016.0 g的个体,实测可量性状比例值见表1。

表 1 兰州鲇的可量性状比例值

全长/体长	体长/头长	体长/体高	头长/眼径	头长/眼间距	头长/吻长
1.07～1.20	4.00～6.36	4.9～8.30	6.00～17.78	1.10～2.30	2.44～4.00

5.2 内部构造特征

5.2.1 鳔

一室,圆锥形。

5.2.2 腹膜

银白色。

5.2.3 脊椎骨数

63枚～68枚。

6 生长与繁殖

6.1 生长

兰州鲇不同年龄组的体长和体重实测值见表2。

表 2 兰州鲇不同年龄组的体长和体重实测值

年龄 龄	1^+	2^+	3^+	4^+	5^+
体长 cm	26.2±2.59	38.9±4.61	47.3±1.23	52.2±1.93	66.7±4.59
体重 g	116±33.0	424±129	641±49.7	864±82.3	1 998±374

6.2 繁殖

6.2.1 性成熟年龄

多数个体初次性成熟年龄为2龄。

6.2.2 产卵类型

一次性产卵,产黄色黏性卵。

6.2.3 繁殖季节

5月—7月。

6.2.4 繁殖周期

成熟个体每年产卵一次。

6.2.5 繁殖水温

繁殖水温为20 ℃～26 ℃。最适水温:22 ℃～25 ℃。

6.2.6 怀卵量

兰州鲇不同年龄组的怀卵量见表3。

表3 兰州鲇不同年龄组个体的怀卵量

年龄 龄	2^{+}	3^{+}	4^{+}	5^{+}
体重 g	361.25±26.70	428.35±57.27	730.50±67.60	1 161.50±79.90
绝对怀卵量 ×10^3粒	7.40±1.85	17.58±2.18	26.11±2.38	32.72±2.43
相对怀卵量 粒/g体重	20.48±0.32	41.04±1.49	35.74±1.91	27.56±1.99

7 细胞遗传学特性

体细胞染色体数:2n=60,染色体臂数(NF):102。核型公式:24m+18sm+12st+6t。

兰州鲇染色体组型见图2。

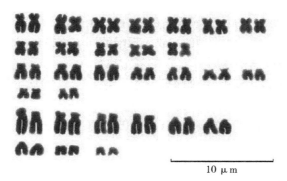

图2 兰州鲇染色体组型

8 生化遗传学特性

兰州鲇眼晶状体乳酸脱氢酶(LDH)同工酶电泳图及2条酶带扫描图见图3。

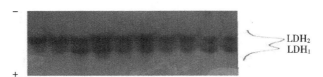

图3 兰州鲇眼晶状体乳酸脱氢酶(LDH)同工
酶电泳图(左)及扫描图(右)

9 检测方法

9.1 抽样

按 GB/T 18654.2 的规定执行。

9.2 性状测定

按 GB/T 18654.3 的规定执行。

9.3 年龄鉴定

年龄鉴定材料为脊椎骨,鉴定方法按 GB/T 18654.4 的规定执行。

9.4 怀卵量测定

按 GB/T 18654.6 的规定执行。

9.5 染色体检测

按 GB/T 18654.12 的规定执行。

9.6 同工酶检测

9.6.1 样品的制采集与制备

将兰州鲇体表用酒精擦拭干净,在冰上取鱼眼晶状体,至少 10 尾鱼,按 1∶3 的比例(W∶V)加入新鲜去离子水于匀浆器中在冰浴中充分匀浆,匀浆液于 4 ℃、12 000 r/min 离心 30 min,取上清液,重复以上离心过程 2 次至上清液澄清。

9.6.2 制胶

将混匀的 7.0%聚丙烯酰胺凝胶液倒入模板,插好梳子,置于室温下,待凝胶聚合后,置于 4 ℃冰箱中备用。

9.6.3 点样

吸取 20 μL 上清样与 2 μL～3 μL 加样指示剂混匀,加到点样孔中。

9.6.4 电泳分离

采用垂直板电泳,凝胶浓度 7.0%。上下槽电极缓冲液为 pH 8.3 的 Tris-甘氨酸。稳压 280 V 电泳 10 min,然后恒压 228 V 电泳 4 h。电泳结束后,放入现配的同工酶染色液中染色。

同工酶电泳分析使用的各种试剂按照附录 A 的规定执行。

同工酶电泳分析除本文件规定的外,其他按照 GB/T 18654.13 的规定执行。

9.6.5 结果分析

按 GB/T 18654.13 的规定执行。

10 检测结果判定

按 GB/T 18654.1 的规定执行。

附 录 A

（规范性）

同工酶各种试剂的配制

A.1 凝胶的制备

A.1.1 凝胶溶液的配方

各种凝胶溶液的配方见表 A.1。

表 A.1 各种凝胶溶液的配方

溶 液	配制方法
凝胶缓冲液	取 Tris[$NH_2C(CH_2OH)_3$]56.75 g 用去离子水溶解,用浓盐酸调 pH 为 8.9,加去离子水定容至 250 mL。4 ℃储存
凝胶储液	取丙烯酰胺(C_3H_5NO)33.3 g,N,N'-亚甲基双丙烯酰胺($C_7H_{10}N_2O_2$)0.9 g,四甲基乙二胺(TEMED)338 μL,去离子水溶解并定容至 150 mL。4 ℃储存
过硫酸铵溶液(AP)	取过硫酸铵[$(NH_4)_2S_2O_8$]1.5 g,去离子水溶解并定容至 100 mL。现用现配

A.1.2 7.0%凝胶液的配方

用 7%凝胶液制成聚丙烯酰胺垂直板凝胶,该凝胶液配方见表 A.2。

表 A.2 7.0%凝胶液的配方

溶液	体积
凝胶缓冲液 mL	2.4
凝胶储液 mL	12.6
AP mL	2.4
TEMED(四甲基乙二胺,$C_6H_{16}N_2$) μL	/
去离子水 mL	22.6
总体积 mL	40.0

A.2 加样指示剂

0.15%溴酚蓝-50%甘油:称取 0.15 g 溴酚蓝溶于 50 mL 去离子水,再加 50 mL 甘油混匀。

A.3 电极缓冲液

电极缓冲液母液电泳时稀释 10 倍使用。母液配制:称取甘氨酸 28.80 g 溶于 800 mL 去离子水,用约 6.00 g Tris 调 pH 至 8.3,加去离子水定容至 1 000 mL。

A.4 同工酶染色剂配制

先配制染色用各溶液见表 A.3,再配制染色液。

表 A.3 染色用溶液配方

溶液	配制方法	
A	氯化硝基四氮唑蓝(NBT)	125 mg
	辅酶Ⅰ(NAD)	250 mg
	吩嗪甲酯硫酸盐(PMS)	10 mg
	氯化钠(NaCl)	145 mg
	去离子水(H_2O)	100 mL
B	乳酸钠	15 mL
	水(H_2O)	85 mL
C 0.5 mol/L Tris-HCl染色缓冲液 (pH 7.1)	取 Tris 60.5 g 溶于 800 mL 去离子水中,用盐酸调节 pH 至 7.1,加去离子水定容至 1 000 mL	

染色液按 A∶B∶C∶H_2O＝10∶10∶18∶62 的比例混合均匀。

ICS 65.150
CCS B 52

中华人民共和国水产行业标准

SC/T 1160—2022

黑尾近红鲌

Ancherythroculter nigrocauda

2022-07-11 发布
2022-10-01 实施

中华人民共和国农业农村部 发布

前　言

本文件按照 GB/T 1.1—2020《标准化工作导则　第 1 部分:标准化文件的结构和起草规则》的规定起草。

请注意本文件的某些内容可能涉及专利。本文件的发布机构不承担识别专利的责任。

本文件由农业农村部渔业渔政管理局提出。

本文件由全国水产标准化技术委员会淡水养殖分技术委员会(SAC/TC 156/SC 1)归口。

本文件起草单位:武汉市农业科学院、华中农业大学、武汉先锋水产科技有限公司。

本文件主要起草人:李清、祝东梅、李佩、王贵英、陈见、孙艳红、王鑫、刘英武、魏辉杰、王守荣、李伟、张宗群。

黑尾近红鲌

1 范围

本文件给出了黑尾近红鲌（*Ancherythroculter nigrocauda* Yih & Wu，1964）的学名与分类、主要形态构造特征、生长与繁殖、细胞遗传学特性、生化遗传学特性、检测方法及检测结果判定。

本文件适用于黑尾近红鲌的种质检测与鉴定。

2 规范性引用文件

下列文件的内容通过文中的规范性引用而构成本文件必不可少的条款。其中，注日期的引用文件，仅该日期对应的版本适用于本文件；不注日期的引用文件，其最新版本（包括所有的修改单）适用于本文件。

GB/T 18654.1 养殖鱼类种质检验 第1部分：检验规则

GB/T 18654.2 养殖鱼类种质检验 第2部分：抽样方法

GB/T 18654.3 养殖鱼类种质检验 第3部分：性状测定

GB/T 18654.4 养殖鱼类种质检验 第4部分：年龄与生长的测定

GB/T 18654.6 养殖鱼类种质检验 第6部分：繁殖性能的测定

GB/T 18654.12 养殖鱼类种质检验 第12部分：染色体组型分析

GB/T 18654.13 养殖鱼类种质检验 第13部分：同工酶电泳分析

GB/T 22213 水产养殖术语

3 术语和定义

GB/T 18654.3 和 GB/T 22213 界定的术语和定义适应于本文件。

4 学名与分类

4.1 学名

黑尾近红鲌（*Ancherythroculter nigrocauda* Yih & Wu，1964）。

4.2 分类地位

脊索动物门（Chordata）硬骨鱼纲（Osteichthyes）鲤形目（Cypriniformes）鲤科（Cyprinidae）鲌亚科（Cultrinae）近红鲌属（*Ancherythroculter*）。

5 主要形态构造特征

5.1 外部形态

5.1.1 外形

身体侧扁。口亚上位，口斜裂，口角后端延至鼻孔后缘下方。鼻孔约位于吻端至瞳孔的中点。头后背部显著隆起，腹部在腹鳍基部处略内凹。侧线较平直，位于体侧中部。腹棱自腹鳍基部至肛门。背鳍第3根硬刺较发达。胸鳍长，其末端达到或超过腹鳍基部起点，腹鳍末端接近或达到肛门。尾鳍深叉，下叶比上叶略长。背部为深灰色，体侧浅灰色，腹部银白色，各鳍略带灰色。

黑尾近红鲌外部形态见图1。

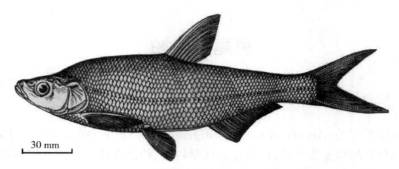

图 1　黑尾近红鲌外部形态

5.1.2　可数性状

5.1.2.1　鳍式

背鳍：D. ⅲ－7～8。

臀鳍：A. ⅲ－20～28。

5.1.2.2　鳞式

$64 \frac{13\sim15}{6\sim9-V} 72$。

5.1.2.3　鳃耙数

左侧第一鳃弓外侧鳃耙数 17 枚～24 枚。

5.1.3　可量性状

体长 50.0 mm～367.5 mm、体重 1.8 g～1 155.5 g 的个体，实测可量性状比例值见表1。

表 1　黑尾近红鲌的可量性状比例值

全长/体长	体长/体高	体长/头长	体长/尾柄长	体长/尾柄高	头长/吻长	头长/眼径	头长/眼间距
1.2～1.3	3.0～5.5	3.6～5.5	5.9～10.8	8.4～14.9	2.7～4.7	2.7～5.8	2.8～5.1

5.2　内部构造

5.2.1　鳔

鳔2室或3室，后室或中室大，长度为前室的1.8倍～2.9倍。

5.2.2　脊椎骨数

43 枚～45 枚。

5.2.3　腹膜

银白色，表面零星分布灰黑色小点。

5.2.4　下咽齿

3行，齿式 2·4·4～5/4～5·4·2。

6　生长与繁殖

6.1　生长

养殖群体、长江上游干流及其支流自然种群不同年龄鱼的体长和体重见表2。

表 2　黑尾近红鲌各年龄实测体长和体重

年龄 龄		1	2	3	4	5	6
养殖群体	体长 mm	68～245	235～320	286～360	313～380	351～410	390～413
	体重 g	4.0～264.2	248.7～560.6	478.3～901.9	718.5～1 120.0	840.7～1 250.0	1 112.5～1 285.5

表 2 （续）

年龄 龄		1	2	3	4	5	6
长江上游干流 及其支流 自然种群	体长 mm	76～142	85～199	132～247	161～266	218～290	
	体重 g	3.8～33.1	17.0～104.0	36.0～219.4	59.0～280.0	169.0～365.4	

6.2 繁殖

6.2.1 性成熟年龄

雄鱼为 1 龄,雌鱼为 2 龄。

6.2.2 繁殖季节

繁殖期为 4 月—8 月。繁殖水温 17 ℃～28 ℃,适宜繁殖水温 23 ℃～26 ℃。

6.2.3 产卵类型

一次性产卵,产黏性卵。

6.2.4 怀卵量

不同年龄组怀卵量见表 3。

表 3 黑尾近红鲌怀卵量

年龄 龄	2	3	4	5
体重 g	250.8～560.6	489.3～901.9	758.5～920.0	849.7～1 050.0
绝对怀卵量 ×10⁴粒	1.1～9.8	2.6～21.5	7.3～28.6	15.8～42.2
相对怀卵量 粒/g 体重	44～174	53～238	96～311	186～402

7 细胞遗传学特性

体细胞染色体数:$2n=48$。核型公式:20m+24sm+4st,臂数(NF):92。

染色体组型见图 2。

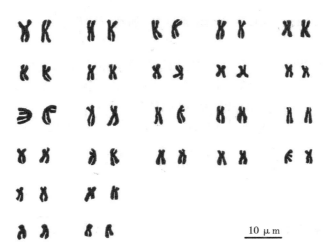

10 μm

图 2 黑尾近红鲌染色体组型

8 生化遗传学特性

眼晶状体乳酸脱氢酶(LDH)同工酶电泳图及 6 条酶带扫描图见图 3。

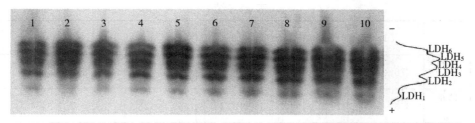

图 3　黑尾近红鲌眼晶状体乳酸脱氢酶(LDH)同工酶电泳图(左)及扫描图(右)

9　检测方法

9.1　抽样

按 GB/T 18654.2 的规定执行。

9.2　性状测定

按 GB/T 18654.3 的规定执行。

9.3　年龄测定

采用鳞片鉴定年龄。按 GB/T 18654.4 的规定执行。

9.4　怀卵量测定

按 GB/T 18654.6 的规定执行。

9.5　染色体检测

按 GB/T 18654.12 的规定执行。

9.6　同工酶检测

9.6.1　样品的采集与制备

将黑尾近红鲌头部用酒精擦拭干净,在冰上取双眼晶状体,按 1∶3 的比例($W∶V$)加入新鲜去离子水于匀浆器中在冰浴中充分匀浆,匀浆液于 4 ℃、12 000 r/min 离心 30 min,取上清液备用。采集样本量 10 尾及以上。

9.6.2　制胶

将混匀的 7.0% 聚丙烯酰胺凝胶液倒入模板,插好梳子,置于室温下,待凝胶聚合后,置于 4 ℃ 冰箱中备用。

9.6.3　点样

吸取 20 μL 上清样与 2 μL~3 μL 加样指示剂混匀,加到点样孔中。

9.6.4　电泳分离

采用垂直板电泳,凝胶浓度 7.0%。上下槽电极缓冲液为 pH 8.3 的 Tris-甘氨酸。稳压 280 V 电泳 10 min,然后恒压 228 V 电泳 4 h。电泳结束后,放入现配的同工酶染色液中染色。

同工酶电泳分析使用的各种试剂按照附录 A 的规定。

同工酶电泳分析除本文件规定的外,其他按照 GB/T 18654.13 的规定执行。

9.6.5　结果分析

按 GB/T 18654.13 的规定执行。

10　检测结果判定

按 GB/T 18654.1 的规定执行。

附 录 A
（规范性）
同工酶各种试剂的配制

A.1 凝胶的配制

A.1.1 凝胶溶液的配方

各种凝胶溶液配方见表 A.1。

表 A.1 各种凝胶溶液配方

溶 液	配制方法
凝胶缓冲液	取 Tris[NH$_2$C(CH$_2$OH)$_3$]56.75 g 用去离子水溶解，用浓盐酸调 pH 为 8.9，加去离子水定容至 250 mL。4 ℃储存
凝胶储液	取丙烯酰胺(C$_3$H$_5$NO)33.3 g，N,N′-亚甲基双丙烯酰胺(C$_7$H$_{10}$N$_2$O$_2$)0.9 g，四甲基乙二胺(TEMED)338 μL，去离子水溶解并定容至 150 mL。4 ℃储存
过硫酸铵溶液（AP）	取过硫酸铵[(NH$_4$)$_2$S$_2$O$_8$]1.5 g，去离子水溶解并定容至 100 mL。现用现配

A.2.2 7%凝胶液的配方

用 7%凝胶液制成聚丙烯酰胺垂直板凝胶，该凝胶液配方见表 A.2。

表 A.2 7%凝胶液配方

溶液	体积
凝胶缓冲液 mL	2.4
凝胶储液 mL	12.6
AP mL	2.4
TEMED(四甲基乙二胺,C$_6$H$_{16}$N$_2$) μL	/
去离子水 mL	22.6
总体积 mL	40.0

A.2 加样指示剂

0.15%溴酚蓝-50%甘油：称取 0.15 g 溴酚蓝溶于 50 mL 去离子水，再加 50 mL 甘油混匀。

A.3 电极缓冲液

电极缓冲液母液电泳时稀释 10 倍使用。母液配制：称取甘氨酸 28.80 g 溶于 800 mL 去离子水，用约 6.00 g Tris 调 pH 至 8.3，加去离子水定容至 1 000 mL。

A.4 同工酶染色剂配制

先配制染色用各溶液见表 A.3，再配制染色液。

表 A.3　染色用溶液配方

溶液	配制方法	
A	氯化硝基四氮唑蓝(NBT)	125 mg
	辅酶Ⅰ(NAD)	250 mg
	吩嗪甲酯硫酸盐(PMS)	10 mg
	氯化钠(NaCl)	145 mg
	去离子水(H_2O)	100 mL
B	乳酸钠	15 mL
	水(H_2O)	85 mL
C 0.5 mol/L Tris-HCl 染色缓冲液 (pH 7.1)	取 Tris 60.5 g 溶于 800 mL 去离子水中,用盐酸调节 pH 至 7.1,加去离子水定容至 1 000 mL	

　　染色液按 A∶B∶C∶H_2O＝10∶10∶18∶62 的比例混合均匀。

ICS 65.150
CCS B 52

中华人民共和国水产行业标准

SC/T 1161—2022

黑尾近红鲌 亲鱼和苗种

Ancherythroculter nigrocauda—Broodstock, fry and fingerling

2022-07-11 发布　　　　　　　　　　　　2022-10-01 实施

中华人民共和国农业农村部 发布

前　言

本文件按照 GB/T 1.1—2020《标准化工作导则　第 1 部分:标准化文件的结构和起草规则》的规定起草。

请注意本文件的某些内容可能涉及专利。本文件的发布机构不承担识别专利的责任。

本文件由农业农村部渔业渔政管理局提出。

本文件由全国水产标准化技术委员会淡水养殖分技术委员会(SAC/TC 156/SC 1)归口。

本文件起草单位:武汉市农业科学院、华中农业大学、武汉先锋水产科技有限公司。

本文件主要起草人:李清、王贵英、祝东梅、李佩、陈见、孙艳红、王鑫、刘英武、魏辉杰、高银爱、郑翠华、李伟、张宗群。

黑尾近红鲌　亲鱼和苗种

1　范围

本文件规定了黑尾近红鲌（*Ancherythroculter nigrocauda* Yih & Wu,1964）亲鱼和苗种的来源、质量要求,描述了相应的检验方法、检验规则、苗种计数方法及运输方法。

本文件适用于黑尾近红鲌亲鱼和苗种的质量评定。

2　规范性引用文件

下列文件的内容通过文中的规范性引用而构成本文件必不可少的条款。其中,注日期的引用文件,仅该日期对应的版本适用于本文件;不注日期的引用文件,其最新版本(包括所有的修改单)适用于本文件。

GB 11607　渔业水质标准

GB/T 18654.2　养殖鱼类种质检验　第2部分:抽样方法

GB/T 18654.3　养殖鱼类种质检验　第3部分:性状测定

GB/T 18654.4　养殖鱼类种质检验　第4部分:年龄与生长的测定

GB/T 22213　水产养殖术语

GB/T 32758　海水鱼类鱼卵、苗种计数方法

SC/T 1160　黑尾近红鲌

3　术语和定义

GB/T 18654.3和GB/T 22213界定的术语和定义适用于本文件。

4　亲鱼

4.1　来源

4.1.1　捕自自然水域的亲鱼、后备亲鱼或苗种经人工培育而成。

4.1.2　由省级及以上的原(良)种场提供的亲鱼或从上述原(良)种场引进的苗种,经专门培育而成。

4.2　质量要求

4.2.1　种质

应符合SC/T 1160的规定。

4.2.2　年龄

繁殖年龄见表1。

表 1　黑尾近红鲌繁殖年龄

性　别	性成熟年龄 龄	适宜繁殖年龄 龄
雌性	2	3～7
雄性	1	2～7

4.2.3　外观

体型正常,体质健壮,无病无伤。

4.2.4　体长和体重

雌鱼,体长≥26 cm,体重≥500 g;雄鱼,体长≥24 cm,体重≥400 g。

4.2.5　繁殖期特征

雌性:腹部膨大、柔软而有弹性,卵巢轮廓明显;将鱼尾部向上提时卵巢下坠,有移动感;生殖孔松弛且

呈红色。

雄性:早期腹部膨大不明显、无弹性;中后期腹部膨大,生殖乳突膨胀且呈粉红色,末端红色;吻部、鳃盖、背鳍及胸鳍有珠星,手摸有粗糙感;轻压腹部有精液流出。

4.2.6 健康状况

无水霉病,无小瓜虫病。

5 苗种

5.1 来源

5.1.1 鱼苗

由符合第4章规定的亲鱼繁殖的鱼苗。

5.1.2 鱼种

由符合5.1.1规定的鱼苗培育的鱼种。

5.2 质量要求

5.2.1 鱼苗

5.2.1.1 外观

体色呈银白色,规格整齐;具有自主游动及摄食能力。

5.2.1.2 可数指标

畸形率≤1%,伤残率≤1%。

5.2.1.3 规格

全长≥4 mm。

5.2.2 鱼种

5.2.2.1 外观

体型正常,鳞片完整,活动正常。

5.2.2.2 可数指标

畸形率≤1%,伤残率≤1%。

5.2.2.3 规格

不同规格鱼种全长、体长及体重见表2。

表2 黑尾近红鲌鱼种规格

全长 cm	体长 cm	体重 g	每千克尾数 ind./kg
3.0~3.9	2.5~3.2	0.2~0.5	2 174~5 882
4.0~4.9	3.1~4.0	0.3~0.8	1 235~3 333
5.0~5.9	3.9~4.8	0.6~1.1	943~1 563
6.0~6.9	4.7~5.7	1.0~1.9	532~1 000
7.0~7.9	5.5~6.5	1.7~2.5	394~606
8.0~8.9	6.2~7.2	2.3~3.9	258~429
9.0~9.9	7.0~7.9	3.6~5.2	194~282
10.0~12.0	8.2~10.1	4.6~8.9	112~219
12.1~15.0	10.2~12.6	9.1~35.4	28~110
15.1~18.0	12.5~15.3	35.2~57.0	18~28
18.1~20.0	14.7~17.5	39.3~80.9	12~25

5.2.3 健康状况

无水霉病,无小瓜虫病。

5.2.4 安全指标

不得检出国家规定的禁用渔用药物。

6　检验方法

6.1　亲鱼检验

6.1.1　来源

查阅亲鱼培育档案和繁殖生产记录。

6.1.2　种质

按 SC/T 1160 的规定执行。

6.1.3　年龄

以鳞片作为年龄鉴定材料，方法按 GB/T 18654.4 的规定执行。

6.1.4　外观

将亲鱼样品置于可观察的容器，肉眼观察。

6.1.5　体长和体重

按 GB/T 18654.3 的规定执行。

6.1.6　繁殖期特征

肉眼观察体形、生殖孔特征及颜色，用手触摸腹部检查性腺发育状况，用手触摸体表检查珠星。

6.1.7　健康状况

按鱼病常规诊断方法检验，常见疾病诊断方法见附录 A。

6.2　苗种检验

6.2.1　外观

将苗种样品置于可观察的容器，肉眼观察。

6.2.2　伤残率和畸形率

在鱼苗或鱼种群体中随机抽取 100 尾以上，统计样本总数、伤残数、畸形数，连续抽样检查 3 次，取 3 次平均值作为鱼苗或鱼种伤残率、畸形率计算数值。伤残率按公式（1）计算，畸形率按公式（2）计算。

$$K_1 = \frac{X_1}{Y} \times 100 \quad\cdots\cdots\cdots\cdots\cdots\cdots\cdots\cdots\cdots\cdots\cdots\cdots\cdots\cdots \quad (1)$$

式中：

K_1——伤残率的数值，单位为百分号（%）；

X_1——伤残数，单位为尾；

Y ——样本总数，单位为尾。

$$K_2 = \frac{X_2}{Y} \times 100 \quad\cdots\cdots\cdots\cdots\cdots\cdots\cdots\cdots\cdots\cdots\cdots\cdots\cdots\cdots \quad (2)$$

式中：

K_2——畸形率的数值，单位为百分号（%）；

X_2——畸形数，单位为尾；

Y ——样本总数，单位为尾。

6.2.3　全长和体重

按 GB/T 18654.3 的规定执行。

6.2.4　健康状况

按鱼病常规诊断方法检验，常见疾病诊断方法见附录 A。

6.2.5　安全指标

按现行药物残留量检测方法执行。

7　检验规则

7.1　亲鱼检验规则

7.1.1 检验分类

7.1.1.1 出场检验

亲鱼在销售交货或出场时进行检验。检验项目包括外观、体长、体重、繁殖期特征及健康状况。

7.1.1.2 型式检验

型式检验项目为本文件第4章规定的全部项目,在非繁殖期可免检亲鱼的繁殖期特征。有下列情况之一时应进行型式检验:

a) 更换亲鱼或亲鱼数量变动较大时;

b) 养殖环境发生变化,可能影响亲鱼质量时;

c) 正常生产时,每2年应至少进行一次型式检验;

d) 出场检验与上次型式检验有较大差异时;

e) 国家质量监督机构或行业主管部门提出检验要求时。

7.1.2 组批规则

同一繁殖批或培育池作为一个检验批。

7.1.3 抽样方法

抽样方法按GB/T 18654.2的规定执行。

7.1.4 判定规则

经检验,外观不合格的亲鱼个体判为不合格亲鱼;健康状况不合格的亲鱼批次则判定该批亲鱼为不合格亲鱼。其他有不合格项,应对原检验批进行取样复检,以复检结果为准。

7.2 苗种检验规则

7.2.1 检验分类

7.2.1.1 出场检验

苗种在销售交货或出场时进行检验。检验项目为外观、可数指标、可量指标、健康状况和安全指标。

7.2.1.2 型式检验

型式检验项目为本文件第5章规定的全部项目。有下列情况之一时,应进行型式检验:

a) 新建苗种场培育的苗种;

b) 养殖环境发生变化,可能影响苗种质量时;

c) 正常生产时,每年至少进行一次型式检验;

d) 出场检验与上次型式检验结果有较大差异时;

e) 国家质量监督机构或行业主管部门提出检验要求时。

7.2.2 组批规则

同一销售批或育苗池的苗种作为一个检验批。

7.2.3 抽样方法

按GB/T 18654.2的规定执行。

7.2.4 判定规则

经检验,伤残率、畸形率、健康状况及安全指标中有一项指标不合格的苗种判定为不合格苗种。其他有不合格项,应对原检验批进行取样复检,以复检结果为准。

8 苗种计数方法

按GB/T 32758的规定执行。

9 运输方法

9.1 亲鱼

9.1.1 运输前停食2 d～3 d,拉网锻炼1次～2次。一般在冬季和春季运输,运输前打开增氧机、在栅箱

中暂养 6 h~8 h,密度以鱼活动正常为宜;繁殖季节应随捕随运,缩短运输前的暂养时间。

9.1.2 采用活水车(船)加水充氧运输为宜,运输用水溶解氧应保持在 7 mg/L 以上。冬季和春季每立方水运输密度一般为 200 kg~250 kg,运输时间控制在 24 h 内为宜。

9.2 鱼苗

采用长 90 cm、宽 45 cm 的塑料袋加水充氧运输为宜;每袋 8 万尾~10 万尾、加水 7.5 kg~8.0 kg,运输时间控制在 16 h 内为宜。

9.3 鱼种

9.3.1 运输前停食 2 d~3 d,拉网锻炼 1 次~2 次;运输前打开增氧机、在梱箱中暂养 6 h~8 h,密度以鱼活动正常为宜。

9.3.2 夏花鱼种(全长 3.0 cm 左右)一般采用长 90 cm、宽 45 cm 的塑料袋加水充氧运输;每袋 3 000 尾~5 000 尾、加水 7.5 kg~8.0 kg,运输时间控制在 16 h 内为宜。

9.3.3 大规格鱼种采用帆布桶、活水车(船)加水充氧运输为宜,运输用水溶解氧应保持在 5 mg/L 以上;水温不超过 18 ℃时,每立方水运输密度一般为 150 kg~200 kg,运输时间控制在 24 h 内为宜。

9.4 运输用水

应符合 GB 11607 的要求。

附　录　A

（资料性）

黑尾近红鲌常见病及诊断方法

黑尾近红鲌常见病及诊断方法见表 A.1。

表 A.1　黑尾近红鲌常见病及诊断方法

病名	病原体	主要症状	诊断方法	流行季节
水霉病	水霉（Saprolegnia），由菌丝构成，菌丝呈中空管状结构，直径一般 3 μm～10 μm	病鱼发病初期焦躁不安，常与池壁摩擦，游动迟缓，食欲减退。严重时体表长出灰白色絮状物	1. 肉眼可见体表有灰白色絮状物 2. 镜检可见中空管状结构菌丝	多发于冬季和早春水温较低，鱼体受伤时
小瓜虫病	多子小瓜虫（Ichthyophthirius multifiliis）。幼虫长卵形，前尖后钝，后端有一根粗而长的尾毛，全身披长短均匀的纤毛；成虫虫体球形，尾毛消失，有一马蹄形的核	病鱼的体表、鳍条上布满白色小点状囊泡，严重时体表似覆盖一层白色薄膜，鳞片脱落，鳍条裂开、腐烂。鱼体和鳃瓣黏液增多，呼吸困难，反应迟钝，缓游于水面	1. 肉眼可见体表或鳃上有许多小白点 2. 镜检可见长卵形幼虫或具马蹄形细胞核的成虫	多流行于春秋季，水质清瘦时

ICS 65.150
CCS B 52

中华人民共和国水产行业标准

SC/T 1162—2022

斑鳢　亲鱼和苗种

Blotched snakehead—Broodstock,fry and fingerling

2022-07-11 发布

2022-10-01 实施

中华人民共和国农业农村部 发布

前　言

本文件按照 GB/T 1.1—2020《标准化工作导则　第 1 部分:标准化文件的结构和起草规则》的规定起草。

请注意本文件的某些内容可能涉及专利。本文件的发布机构不承担识别专利的责任。

本文件由农业农村部渔业渔政管理局提出。

本文件由全国水产标准化技术委员会淡水养殖分技术委员会(SAC/TC 156/SC 1)归口。

本文件起草单位:中国水产科学研究院珠江水产研究所、佛山市南海区九江镇农林服务中心、佛山市南海百容水产良种有限公司。

本文件主要起草人:赵建、陈昆慈、刘海洋、欧密、罗青、郑光明、朱新平、何冠辉、尹怡、熊炳源、陈柏湘、尹建雄。

斑鳢 亲鱼和苗种

1 范围

本文件规定了斑鳢[*Channa maculata*（Lacepède）]亲鱼和苗种的来源、质量要求,描述了检验方法、检验规则、苗种计数方法和运输方法。

本文件适用于斑鳢亲鱼和苗种质量评定。

2 规范性引用文件

下列文件中的内容通过文中的规范性引用而构成本文件必不可少的条款。其中,注日期的引用文件,仅该日期对应的版本适用于本文件;不注日期的引用文件,其最新版本(包括所有的修改单)适用于本文件。

GB/T 18654.2　养殖鱼类种质检验　第 2 部分:抽样方法
GB/T 18654.3　养殖鱼类种质检验　第 3 部分:性状测定
GB/T 18654.4　养殖鱼类种质检验　第 4 部分:年龄与生长的测定
GB/T 22213　水产养殖术语
GB/T 27638　活鱼运输技术规范
GB/T 32758　海水鱼类鱼卵、苗种计数方法
NY/T 5361　无公害农产品　淡水养殖产地环境条件
SC/T 1075　鱼苗、鱼种运输通用技术要求
SC/T 1126　斑鳢

3 术语和定义

GB/T 18654.3 和 GB/T 22213 界定的术语和定义适用于本文件。

4 亲鱼

4.1 来源

4.1.1 捕自自然水域的亲鱼、后备亲鱼或苗种经人工培育而成。

4.1.2 由省级及以上的原(良)种场提供的亲鱼或从上述原(良)种场引进的苗种,经专门培育而成。

4.2 质量要求

4.2.1 种质

应符合 SC/T 1126 的规定。

4.2.2 年龄

亲鱼适宜繁殖年龄为 1^+ 龄～3^+ 龄。

4.2.3 外观

体形、体色正常,斑纹清晰,无病无伤、无畸形。

4.2.4 体长和体重

雌鱼,体长≥25 cm,体重≥400 g;雄鱼,体长≥33 cm,体重≥700 g。

4.2.5 繁殖期特征

雌鱼腹部明显膨大,柔软有弹性,泄殖孔红色、肿大、凸出。雄鱼腹部灰白,泄殖孔微凸、微红。

4.2.6 健康状况

无小瓜虫病、车轮虫病、水霉病、腐皮病、肠炎病等传染性疾病。

5 苗种

5.1 来源

5.1.1 鱼苗

由符合第4章规定的亲鱼繁殖的鱼苗。

5.1.2 鱼种

由符合5.1.1规定的鱼苗培育的鱼种。

5.2 质量要求

5.2.1 鱼苗

5.2.1.1 外观

规格整齐,有逆水游动能力,集群游动,摄食主动。

5.2.1.2 可数指标

伤残率<1%,畸形率<1%。

5.2.1.3 规格

全长<30 mm。

5.2.2 鱼种

5.2.2.1 外观

体色正常,斑纹清晰,鳍条、鳞被完整,体质健壮,规格整齐,游动敏捷。

5.2.2.2 可数指标

伤残率<1%,畸形率<1%。

5.2.2.3 规格

不同规格鱼种全长和体重见表1。

表 1 斑鳢鱼种规格

全长 mm	体重 g	每千克尾数 ind. /kg	全长 mm	体重 g	每千克尾数 ind. /kg
30～39	0.2～0.8	1 250～5 000	80～89	3.0～8.3	120～333
40～49	0.5～1.3	769～2 000	90～99	4.2～10.4	96～238
50～59	1.0～2.7	370～1 000	100～109	6.4～14.4	69～156
60～69	1.2～3.4	294～833	110～120	10.3～18.7	53～97
70～79	1.5～4.8	208～667			

5.2.3 健康状况

无小瓜虫病、车轮虫病、肠炎病等传染性疾病。

5.2.4 安全指标

不得检出国家规定的禁用渔用药物。

6 检验方法

6.1 亲鱼检测

6.1.1 来源

查阅亲鱼培育档案和繁殖生产记录。

6.1.2 种质

按 SC/T 1126 的规定执行。

6.1.3 年龄

可采用鳞片或鳍条鉴定,方法按 GB/T 18654.4 的规定执行。

6.1.4 外观

将亲鱼样品置于可观察的容器,肉眼观察鱼体特征。

6.1.5 体长和体重

按 GB/T 18654.3 的规定执行。

6.1.6 繁殖期特征

用肉眼观察体形、体色、泄殖孔形态及颜色,用手触摸腹部检查性腺发育状况。

6.1.7 健康状况

按常规疾病检验方法检测鱼病,常见疾病诊断方法见附录 A。

6.2 苗种检验

6.2.1 外观

把苗种样品置于可观察的容器,肉眼观察检验。

6.2.2 畸形率和伤残率

在鱼苗或鱼种群体中随机抽取 100 尾以上,统计样本总数、伤残数、畸形数,连续抽样检查 3 次,取 3 次平均值作为鱼苗或鱼种伤残率、畸形率计算数值。伤残率按公式(1)计算,畸形率按公式(2)计算。

$$K_1 = \frac{X_1}{Y} \times 100 \quad\cdots\cdots\cdots\cdots\cdots\cdots\cdots\cdots\cdots\cdots\cdots\cdots\cdots\cdots\cdots\cdots\cdots (1)$$

式中:

K_1——伤残率的数值,单位为百分号(%);

X_1——伤残数,单位为尾;

Y ——样本总数,单位为尾。

$$K_2 = \frac{X_2}{Y} \times 100 \quad\cdots\cdots\cdots\cdots\cdots\cdots\cdots\cdots\cdots\cdots\cdots\cdots\cdots\cdots\cdots\cdots\cdots (2)$$

式中:

K_2——畸形率的数值,单位为百分号(%);

X_2——畸形数,单位为尾;

Y ——样本总数,单位为尾。

6.2.3 全长和体重

按 GB/T 18654.3 的规定执行。

6.2.4 健康状况

按常规鱼病诊断方法检验,见附录 A。

6.2.5 安全指标

按现行药物残留量检测方法执行。

7 检验规则

7.1 亲鱼检验规则

7.1.1 检验分类

7.1.1.1 出场检验

亲鱼在销售交货或出场时进行检验。检验项目包括外观、体重、繁殖期特征及病害检验。

7.1.1.2 型式检验

型式检验项目为本文件第 4 章规定的全部项目。有下列情况之一时,应进行型式检验:

a) 更换亲鱼或亲鱼数量变动较大时;

b) 养殖环境发生变化,可能影响亲鱼质量时;

SC/T 1162—2022

c) 正常生产时，每2年应至少进行一次型式检验；
d) 出场检验与上次型式检验结果有较大差异时；
e) 国家质量监督机构或行业主管部门提出检验要求时。

7.1.2 组批规则

同一繁殖批、培育池的亲鱼。

7.1.3 抽样方法

抽样方法按 GB/T 18654.2 的规定执行。

7.1.4 判定规则

经检验，外观不合格的亲鱼个体判为不合格亲鱼；健康状况不合格的亲鱼批次则判定该批亲鱼为不合格亲鱼。其他有不合格项，应对原检验批进行取样复检，以复检结果为准。

7.2 苗种检验规则

7.2.1 检验分类

7.2.1.1 出场检验

苗种在销售交货或出场时进行检验。检验项目包括外观检验、可数指标、可量指标、病害、安全指标检验。

7.2.1.2 型式检验

型式检验项目为本文件第4章规定的全部项目。有下列情况之一时，应进行型式检验：
a) 新建苗种场培育的苗种；
b) 养殖环境发生变化，可能影响苗种质量时；
c) 正常生产时，每年应至少进行一次型式检验；
d) 出场检验与上次型式检验结果有较大差异时；
e) 国家质量监督机构或行业主管部门提出检验要求时。

7.2.2 组批规则

同一销售批、育苗池的苗种为一个检验批。

7.2.3 抽样方法

抽样方法按 GB/T 18654.2 的规定执行。

7.2.4 判定规则

经检验，伤残率、畸形率、健康状况及安全指标中有一项指标不合格的苗种判定为不合格苗种。其他有不合格项，应对原检验批进行取样复检，以复检结果为准。

8 苗种计数方法

苗种计数按 GB/T 32758 的规定执行，其中鱼苗采用容量法或称重法，鱼种采用称重法。

9 运输方法

9.1 亲鱼

运输前停食1 d～2 d。采用充氧水车运输。运输水温为20 ℃～26 ℃。运输时间控制在18 h以内为宜。运输工具、运输管理与注意事项按 GB/T 27638 的规定执行。

9.2 鱼苗

鱼苗在下沉集群游泳后运输。鱼苗宜采用标准鱼苗袋加水充氧运输，每袋3万尾～5万尾。运输温度为24 ℃～28 ℃，运输时间应控制在8 h以内。运输工具、运输管理与注意事项，以及苗种下池按 SC/T 1075 的规定执行。

9.3 鱼种

鱼种运输前停食1 d。鱼种可采用帆布桶、塑料桶或水车充气运输，鱼种占总重量不超过15%，具体尾数可根据鱼种规格计算。运输温度为24 ℃～28 ℃，运输时间应控制在8 h以内。运输工具、运输管理与注意事项,以及苗种下池按 SC/T 1075 的规定执行。

9.4 运输用水

亲鱼和苗种运输用水应符合 NY/T 5361 的要求。

附 录 A

（资料性）

斑鳢常见疾病及诊断方法

斑鳢常见疾病及诊断方法见表 A.1。

表 A.1 斑鳢常见疾病及诊断方法

病名	病原体	主要症状	流行季节及发病条件	诊断方法
小瓜虫病	多子小瓜虫（*Ichthyophthirius multifiliis*）	病鱼皮肤、鳍条上布满白色点状囊泡，病灶处黏液脱落	多流行于春秋季，水温在 15 ℃～25 ℃最为流行，对苗种危害大	刮取病鱼体表部分黏液，在低倍镜下镜检
车轮虫病	车轮虫（*Trichodina*）	病鱼黏液增多，鱼体大部分或全身呈白色，游动缓慢，鱼体消瘦，呼吸困难而死	全年发病，多发于春夏季节 4 月—6 月，水温 20 ℃～28 ℃时，对亲鱼和苗种均造成危害	根据症状初步诊断后镜检确认，虫体侧面观呈帽状，反面观车轮状，运动时如车轮旋转
水霉病	水霉（*Saprolegnia*）	病鱼发病初期体表局部灰白，严重时遍布白色絮状菌丝。病鱼摄食能力降低，身体消瘦，最后衰竭而亡	多发于冬季和早春水温较低（15 ℃～22 ℃），特别是鱼体受伤时	肉眼观察病灶处絮状物，镜检观察菌丝及孢子囊
腐皮病（烂身病）	诺卡氏菌（*Nocardia*）舒伯特气单胞菌（*Aeromonas schubertii*）丝囊霉菌（*Aphanomyces invadans*）	鱼体表部位出现红点，伴随鳞片脱落、皮肤溃烂，露出红色肌肉，严重时露出骨骼甚至内脏	多发于冬春相交，低水温（16 ℃～22 ℃）或暴雨后，主要危害亲鱼	肉眼观察皮肤红点或溃烂，解剖观察肝脏、肾及肠系膜有无白点或结节。取病灶组织压片看是否有菌丝，肌肉病理切片观察是否有霉菌肉芽肿结节
肠炎病	嗜水气单胞菌（*Aeromonas hydrophila*）、温和气单胞菌（*Aeromonas sobria*）等致病菌	腹部肿胀，肛门红肿，肠道出血或腹水	高温季节饲料腐败或突然降温。多发于夏秋高温季节；苗种多发于驯食期间	肉眼观察腹部、肛门，解剖观察腹腔积水，肠壁充血等症状

ICS 65.150
CCS B 50

中华人民共和国水产行业标准

SC/T 1163—2022

水产新品种生长性能测试　龟鳖类

Growth performance inspection of new aquatic varieties—Turtles

2022-07-11 发布　　　　　　　　　　　　　　2022-10-01 实施

中华人民共和国农业农村部　发布

前　言

本文件按照 GB/T 1.1—2020《标准化工作导则　第 1 部分:标准化文件的结构和起草规则》的规定起草。

请注意本文件的某些内容可能涉及专利。本文件的发布机构不承担识别专利的责任。

本文件由农业农村部渔业渔政管理局提出。

本文件由全国水产标准化委员会淡水养殖分技术委员会(SAC/TC 156/SC 1)归口。

本文件起草单位:中国水产科学研究院长江水产研究所、武汉市水产技术推广指导中心。

本文件主要起草人:何力、周瑞琼、周剑光、罗晓松、唐德文、刘子栋、张林、张涛、伍刚、喻亚丽、甘金华。

水产新品种生长性能测试　龟鳖类

1　范围

本文件规定了龟鳖类新品种生长性能测试对象的要求、测试方法、计算方法、结果描述等。

本文件适用于龟鳖类新品种生长性能的测试。

2　规范性引用文件

下列文件中的内容通过文中的规范性引用而构成本文件必不可少的条款。其中,注日期的引用文件,仅该日期对应的版本适用于本文件;不注日期的引用文件,其最新版本(包括所有的修改单)适用于本文件。

GB/T 22213　水产养殖术语

GB/T 34727　龟类种质测定

SC/T 1108　鳖类性状测定

SC/T 1116　水产新品种审定技术规范

3　术语和定义

GB/T 22213界定的术语和定义适用于本文件。

4　测试对象的要求

4.1　来源

测试所需对象样品由委托单位提供,应符合SC/T 1116和国家水生生物检疫的有关规定。

4.2　性别

开展单性别测试时,应区分雌雄个体。

4.3　质量与规格

用于测试的对照个体应符合相应种(品系)的苗种或亲本标准的质量要求;测试与对照对象应处于相同生长期,同一对象个体间的规格无显著差异。

5　测试方法

5.1　测试组别

测试对象和对照对象应至少各设3组,每组至少30只。

5.2　测试周期

测试周期为测试对象的一个养殖周期。

5.3　测试场地

5.3.1　测试地点

测试地点应为适合测试对象养殖的产区,或具有开展相应对象测试所应具备的试验条件的场所。

5.3.2　室内场地

适用于苗种期的测试。测试单元15 m²/个～40 m²/个。龟类池深0.6 m～0.8 m,鳖类池深1.0 m～1.2 m为宜。

5.3.3　室外场地

适用于除苗种期以外生长期的测试。测试单元室外池塘30 m²/个～2 000 m²/个为宜,龟类池深0.8 m～1.0 m,鳖类池深1.0 m～1.2 m。具防逃设施。

5.4 测试

5.4.1 养殖条件

委托单位需制定或提供测试对象的养殖技术规程,包括养殖方式、水质和环境要求、养殖密度、饲料(饵料)种类及投喂方式等。按照提供的技术规程确定测试时的养殖密度,养殖条件应基本一致。

5.4.2 标记

如养殖条件能达到一致时,测试对象与对照对象可分池测试,不必进行标记;如不能达到一致时,应混养测试,并对测试群体或(和)对照群体进行标记。标记方法的选择应考虑标记物的牢固性、易辨认和对生长活动的影响程度,尽量避免对龟鳖的伤害。

5.4.3 测试期管理

按照委托单位制定的养殖技术规程进行管理,并有日常管理记录。记录内容见附录 A 的 A.1。

5.5 初始数据采集

对测试对象和对照对象分别随机抽取至少 30 只个体,进行初始数据采集,记录见 A.2。龟类测量方法按照 GB/T 34727 的规定执行,鳖类测量方法按照 SC/T 1108 的规定执行。

5.6 最终数据采集

最终数据采集时,全部起捕,按组清点数量、称取重量。测量测试对象和对照对象的所有个体,或按组分别随机抽取 15 只以上个体,进行最终数据采集。龟类测量方法按照 GB/T 34727 的规定执行,鳖类测量方法按照 SC/T 1108 的规定执行。记录见附录 A.3。

5.7 数据的使用

利用采集的最终数据和初始数据分别对测试对象和对照对象,进行成活率、生长率和群体生长一致性计算。

6 计算方法

6.1 成活率的计算

成活率按公式(1)计算。

$$SR = \frac{a}{A} \times 100 \cdots\cdots\cdots\cdots\cdots\cdots\cdots\cdots\cdots\cdots\cdots (1)$$

式中:

SR ——成活率的数值,单位为百分号(%);

a ——成活的个体数,单位为只(ind.);

A ——初始个体总数,单位为只(ind.)。

6.2 生长率的计算

6.2.1 背甲长绝对生长率

背甲长绝对生长率按公式(2)计算。

$$AGRL = (l_2 - l_1)/\Delta t \cdots\cdots\cdots\cdots\cdots\cdots\cdots\cdots\cdots (2)$$

式中:

$AGRL$ ——背甲长绝对生长率的数值,单位为毫米每天(mm/d);

l_1 ——初始平均体长的数值,单位为毫米(mm);

l_2 ——最终平均体长的数值,单位为毫米(mm);

Δt ——测试所用时间的数值,单位为天(d)。

6.2.2 体重绝对生长率

体重绝对生长率按公式(3)计算。

$$AGRW = (w_2 - w_1)/\Delta t \cdots\cdots\cdots\cdots\cdots\cdots\cdots\cdots (3)$$

式中:

$AGRW$ ——体重绝对生长率的数值,单位为克每天(g/d);

w_1　　——初始平均体重的数值,单位为克(g);

w_2　　——最终平均体重的数值,单位为克(g);

Δt　　——测试所用时间的数值,单位为天(d)。

6.2.3　体重特定生长率

体重特定生长率按公式(4)计算。

$$SGR = (\ln w_2 - \ln w_1)/\Delta t \quad\cdots\cdots\cdots\cdots\cdots\cdots\cdots\cdots\cdots\cdots\cdots\cdots (4)$$

式中:

SGR　——体重特定生长率的数值,单位为克每天(g/d);

w_1　　——初始平均体重的数值,单位为克(g);

w_2　　——最终平均体重的数值,单位为克(g);

Δt　　——测试所用时间的数值,单位为天(d)。

6.3　生长性能一致性

6.3.1　标准差

标准差按公式(5)计算。

$$\sigma = \sqrt{\frac{\sum (x_i - \mu)^2}{n-1}} \quad\cdots\cdots\cdots\cdots\cdots\cdots\cdots\cdots\cdots\cdots\cdots\cdots (5)$$

式中:

σ　　——标准差,单位为毫米(mm)或克(g);

x_i　——某个体背甲长或体重实测值,单位为毫米(mm)或克(g);

μ　——实测样本的背甲长或体重平均值,单位为毫米(mm)或克(g);

n　——实测样本的总个体数,单位为只(ind.)。

6.3.2　生长一致性

生长一致性用背甲长变异系数表示,按公式(6)计算。

$$CVL = \frac{\sigma_1}{L} \times 100 \quad\cdots\cdots\cdots\cdots\cdots\cdots\cdots\cdots\cdots\cdots\cdots\cdots (6)$$

式中:

CVL　——背甲长变异系数,单位为百分号(%);

σ_1　　——背甲长标准差,单位为毫米(mm);

L　　——背甲长平均值,单位为毫米(mm)。

6.3.3　体重一致性

体重一致性用体重变异系数表示,按公式(7)计算。

$$CVW = \frac{\sigma_w}{\overline{W}} \times 100 \quad\cdots\cdots\cdots\cdots\cdots\cdots\cdots\cdots\cdots\cdots\cdots\cdots (7)$$

式中:

CVW　——体重变异系数,单位为百分号(%);

σ_w　　——体重标准差,单位为克(g);

$\overline{W}$　　——体重平均值,单位为克(g)。

7　结果描述

依据 SC/T 1116 的规定,分别统计测试对象和对照对象的生长率、生长一致性、成活率等结果(参照附录B),并对测试对象的生长性能进行描述。

附 录 A

（资料性）

龟鳖类生长性状测试记录表

A.1 日常管理记录内容

见表 A.1。

表 A.1 日常管理记录表

任务编号：　　　　　　　　对象名称：　　　　　　　　日期：　年　月　日　时　分

测试单元编号	养殖密度 只/m²	饲料种类	投喂量 g	溶解氧 mg/L	氨氮 mg/L	水温 ℃	pH	死亡数量 只	用药情况

测量人：　　　　　　　　记录人：　　　　　　　　审核人：

A.2 初始数据信息采集内容

见表 A.2。

表 A.2 初始数据信息采集表

任务编号：　　　　对象名称：　　　　测试单元编号：　　　　日期：　年　月　日

序号	背甲长 mm	体重 g	性别	其他性状	备注

测量人：　　　　　　　　记录人：　　　　　　　　审核人：

A.3 最终数据信息采集内容

见表 A.3。

表 A.3 最终数据信息采集表

任务编号：　　　　对象名称：　　　　测试单元编号：　　　　日期：　年　月　日

序号	背甲长 mm	体重 g	性别	其他性状	备注

测量人：　　　　　　　　记录人：　　　　　　　　审核人：

附　录　B
（资料性）
龟鳖类生长性能测试结果表

龟鳖类生长性能测试结果表见表B.1。

表 B.1　龟鳖类生长性能测试结果表

任务编号：　　　　　　　　　　　　　对象名称：

测试周期		年　月　日至　　年　月　日，共计　　d		
参数种类		测试对象 只	对照对象 只	测试对象比对照对象提高百分比 %
生长率	背甲长绝对生长率 mm/d			
	体重绝对生长率 g/d			
	体重特定生长率 g/d			
生长一致性	背甲长一致性 %			
	体重一致性 %			
成活率 %				
备注				

测量人：　　　　　　　　　记录人：　　　　　　　　　审核人：

ICS 65.150
CCS B 52

中华人民共和国水产行业标准

SC/T 1164—2022

陆基推水集装箱式水产养殖技术规程
罗非鱼

Technical code of practice for the aquaculture system using land–based container
with recirculating water—Tilapia

2022-11-11 发布
2023-03-01 实施

中华人民共和国农业农村部 发布

前　言

本文件按照 GB/T 1.1—2020《标准化工作导则　第 1 部分:标准化文件的结构和起草规则》的规定起草。

请注意本文件的某些内容可能涉及专利。本文件的发布机构不承担识别专利的责任。

本文件由农业农村部渔业渔政管理局提出。

本文件由全国水产标准化技术委员会淡水养殖分技术委员会(SAC/TC 156/SC 1)归口。

本文件起草单位:广州观星农业科技有限公司、中国水产科学研究院珠江水产研究所、河南师范大学、广东海洋大学、上海海洋大学、华南农业大学、观星(肇庆)农业科技有限公司、肇庆学院。

本文件主要起草人:舒锐、谢骏、夏耘、王广军、郭振仁、王磊、雷小婷、黄江、汤保贵、沈玉帮、尹立鹏、杨慧荣、迟淑艳、徐晓雁、李家乐、吴贤格、林伟雄、吴利敏、黄郁葱。

引　言

　　陆基推水集装箱式水产养殖是一种新型的集约式水产养殖模式,具有产品品质优、资源节约和绿色环保等优点,符合渔业高质量发展和拓展渔业发展空间等政策要求。采用该技术可以养殖多个不同品种。由于不同品种习性不同,养殖过程管理措施不同,有必要逐个品种制定标准,对养殖过程和生产管理分别进行规范和指导,以普遍实现良好的经济效益、社会效益与生态效益。

陆基推水集装箱式水产养殖技术规程　罗非鱼

1　范围

本文件确立了陆基推水集装箱式养殖罗非鱼的流程,规定了养殖前准备、鱼种选择与放养、饲养管理及收获等各阶段的操作指示及转换条件。描述了过程记录等追溯方法。

本文件适用于陆基推水集装箱式罗非鱼养殖单位的生产操作,作为判定其是否按照程序生产的依据。

2　规范性引用文件

下列文件中的内容通过文中的规范性引用而构成本文件必不可少的条款。其中,注日期的引用文件,仅该日期对应的版本适用于本文件;不注日期的引用文件,其最新版本(包括所有的修改单)适用于本文件。

GB 13078　饲料卫生标准

GB/T 22213　水产养殖术语

NY/T 5361　无公害农产品 淡水养殖产地环境条件

SC/T 1008　淡水鱼苗种池塘常规培育技术规范

SC/T 1025　罗非鱼配合饲料

SC/T 1044.3　尼罗罗非鱼养殖技术规范　鱼苗、鱼种

SC/T 1150　陆基推水集装箱式水产养殖技术规范　通则

SC/T 7024　罗非鱼湖病毒病监测技术规范

SC/T 7201.1　鱼类细菌病检疫技术规程

SN/T 2503　淡水鱼中寄生虫检疫技术规范

3　术语和定义

GB/T 22213 和 SC/T 1150 界定的术语和定义适用于本文件。

4　养殖流程

陆基推水集装箱式养殖罗非鱼一般包括养殖前准备、鱼种选择与放养、饲养管理和收获等阶段。其中,饲养管理又分为饲料投喂、箱体内水质管理、病害防控与日常管理等环节。流程见图1。

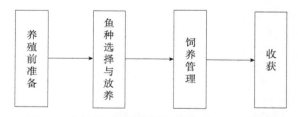

图1　陆基推水集装箱式养殖罗非鱼流程

5　养殖前准备

5.1　环境检查

养殖场周围无污染源、水源充足、水质良好、进排水方便、日照充足、交通便利、电力稳定、生态环境良好。产地环境符合 NY/T 5361 的规定。

5.2　设施设备检查

设施与装备按 SC/T 1150 的规定执行。在鱼种放养之前,检查陆基推水集装箱式水产养殖系统的进

排水设备、微孔增氧设备、排污设施、水质监测装备等,确保正常运行。

5.3 池塘和箱体消毒

5.3.1 池塘消毒

池塘第一次改造完成后,干塘,晒塘 15 d～30 d 至塘底龟裂,裂缝 3 cm～5 cm,用 75 kg/667 m²～150 kg/667 m² 生石灰化浆全塘泼洒。2 d～3 d 后注水 40 cm～50 cm,用 60 目～80 目网兜过滤进水,用 25 kg/667 m²～50 kg/667 m² 茶麸再次对塘底进行处理。茶麸加水浸泡 12 h～24 h 后,再兑水全塘泼洒,打开增氧机搅匀,7d 后池塘再注满新水,对水体用复合碘(水产用,有效碘含量 10%),200g/667m² 消毒后开始进箱循环。

5.3.2 箱体消毒

进箱前一天用复合碘(水产用,有效碘含量 10%)1 mL/m³～2 mL/m³ 进行箱体消毒。

5.4 进水过滤

从外水源向池塘进水或补水采用 60 目～80 目筛绢网袋过滤。

6 鱼种选择与放养

6.1 鱼种选择

放养的尼罗罗非鱼鱼种符合 SC/T 1044.3 的规定。或选择经全国水产原良种审定委员会通过的其他罗非鱼新品种,采用雄性率≥98% 的鱼种,按 SC/T 1044.3 的规定进行检疫。

6.2 放养密度

每箱鱼种放养规格大小一致,规格小、放养密度高的鱼种在养殖过程中要适时做分箱处理。通常采用 5 g/尾以上的鱼种,按照 60 尾/m³～80 尾/m³ 密度放养。

6.3 鱼种入箱前处理

鱼种入箱前 1 d～3 d 加注满新水后,关闭进水阀,打开增氧阀曝气,放苗前 24 h 按 1 mL/m³～2 mL/m³ 向箱内加入复合碘溶液(水产用,有效碘含量 5%～10%)进行箱内水体消毒。

6.4 鱼种放养条件

水温稳定在 20 ℃以上放养鱼种。投放前一天按 SC/T 1008 的方法试水。鱼种入箱水温和运输水温温差在±2 ℃以内,采取向运输车厢内加水等措施逐步调节水温一致后放苗。

6.5 入箱操作

6.5.1 鱼种入箱操作

鱼种入箱全程带水操作,少量多次放入箱内。鱼种放养前做应激处理。

6.5.2 鱼种消毒杀菌

鱼种入箱 1 h～3 h 后关闭水循环,用复合碘溶液 1 mL/m³～2 mL/m³(水产用,有效碘含量 10%)药浴 8 h～12 h,随后排水 30%,再进行注水,注满后循环 8 h～12 h,关闭循环系统,再药浴 8 h～12 h。

7 饲养管理

7.1 饲料投喂

鱼种完成入箱消毒杀菌后的第二天开始少量投喂,逐步加量。投喂符合 GB 13078 和 SC/T 1025 要求的配合饲料。50 g/尾以下鱼种日投饵量为体重的 3%～4%,分 4 次投喂;50 g/尾以上鱼种日投饵量为体重的 1%～3%,分 2 次～3 次投喂;并根据生长、天气、摄食情况随时进行调整。

7.2 箱体内水质管理

7.2.1 循环水管理

保证各养殖箱循环水的持续供给,每个养殖箱进水流量为 5 m³/h～10 m³/h,根据各养殖箱罗非鱼个体大小、生长期、总生物量和水质在上述范围内合理控制各养殖箱进水流量。对养殖水体溶氧、温度、pH 实时监测,保存养殖记录。其他水质指标每 3 d～5 d 检测 1 次。

7.2.2 排污

SC/T 1150 规定的排污要求适用于本文件。

7.3 病害防控

病害防控遵循"以防为主,防治结合"的原则,按下列措施操作:

a) 养殖期间,每天巡箱检查,每 7 d~10 d 进行检疫检测,其中,寄生虫按 SN/T 2503 的规定检疫,细菌病 SC/T 7201.1 的规定检疫,湖病毒按 SC/T 7024 的规定检疫,发现问题及时处理;

b) 参照水产养殖用药明白纸的规定选择用药,不得使用动物食品中禁止使用的药品及化合物,不得使用已规定停止使用的兽药;

c) 药浴期间停饲。

7.4 日常管理

7.4.1 水温控制

冬季养殖罗非鱼水温保持在15 ℃以上,采取给水处理池塘以及集装箱养殖系统搭建温室或温棚的方法保温,必要时开启加温设备。

7.4.2 设备巡查管理

每 1 h~2 h 检查增氧设备、循环水设备 1 次,确保设备正常运转。对增氧设备主要检查气泵、管道是否漏气或堵塞不出气等故障;对循环水设备主要检查水泵是否出水,管道是否脱落等故障,同时检查控制系统是否正常。定期维护和保养发电机和鼓风机。

7.4.3 异常天气管理

遇到狂风、暴雨天气,预防出现供电故障,及时启用备用发电设备。安装互联网监控报警系统或 24 h 在岗值班。

8 收获

检查药物使用记录,收获需要遵循休药期。出箱前停止投饲至少 1 d。打开出鱼口放鱼。鱼车停靠养殖箱边缘,降低箱内水位,从出鱼口直接用框装好鱼,转运至鱼车内。

9 记录

按照 SC/T 1150 的要求,做好日常养殖、水质检测、用药、销售等记录,记录表格见附录 A。

附 录 A
（资料性）
记录表格

A.1 表 A.1 给出了苗种投放及日常投喂、巡检记录内容。

表 A.1 日常养殖记录表

日常养殖记录表						年 月	记录人：			
品种		密度 尾/m³				放苗时间		箱号		
日期	投喂量 kg								死亡 尾	备注
	1	2	3	4	合计	天气	水温 ℃	溶氧 mg/L		
1										
2										
3										
4										
5										
6										
7										
8										
9										
10										
11										
12										
13										
14										
15										
16										
17										
18										
19										
20										
21										
22										
23										
24										
25										
26										
27										
28										
29										
30										
31										
本月合计投喂 kg				死亡量合计 kg						
饲料信息	饲料厂家/型号：									
	饲料厂家/型号：									

A.2 表 A.2 给出了水质检测的时间、检测点、溶氧、温度、氨氮、亚硝酸盐、pH、天气和检测员等。

表 A.2 水质检测记录表

水质检测记录表									
日期	检测时间	检测点	溶氧 mg/L	温度 ℃	氨氮 mg/L	亚硝酸盐 mg/L	pH	天气	检测员

A.3 表 A.3 给出了用药事由、药品通用名、用药方式、用药量、药物生产厂家、箱体号或池塘号等。

表 A.3 用药记录表

用药记录表							
日期	用药事由	药品通用名	用药方式	用药量	药物生产厂家	箱体号或池塘号	备注

A.4 表 A.4 给出了销售过程中的单号、日期、客户名称、箱号、规格和重量等。

表 A.4 销售记录表

销售记录表						
销售单号	销售日期	客户名称	销售箱号	销售规格 kg/尾	重量 kg	备注

参 考 文 献

［1］ 农业农村部渔业渔政管理局,中国水产科学研究院,全国水产技术推广总站.水产养殖用药明白纸

———————————

参 考 文 献

ICS 65.150
CCS B 52

中华人民共和国水产行业标准

SC/T 1165—2022

陆基推水集装箱式水产养殖技术规程
草鱼

Technical code of practice for the aquaculture system using land–based container
with recirculating water—Grass carp

2022-11-11 发布
2023-03-01 实施

中华人民共和国农业农村部 发布

SC/T 1165—2022

前　言

本文件按照 GB/T 1.1—2020《标准化工作导则　第 1 部分:标准化文件的结构和起草规则》的规定起草。

请注意本文件的某些内容可能涉及专利。本文件的发布机构不承担识别专利的责任。

本文件由农业农村部渔业渔政管理局提出。

本文件由全国水产标准化技术委员会淡水养殖分技术委员会(SAC/TC 156/SC 1)归口。

本文件起草单位:广州观星农业科技有限公司、上海海洋大学、中国水产科学研究院珠江水产研究所、河南师范大学、广东海洋大学、华南农业大学、观星(肇庆)农业科技有限公司、肇庆学院。

本文件主要起草人:舒锐、沈玉帮、谢骏、郭振仁、雷小婷、王广军、夏耘、王磊、徐晓雁、李家乐、江红霞、汤保贵、黄江、尹立鹏、迟淑艳、鲁义善、杨慧荣、郭玉娟、林伟雄。

引　言

　　陆基推水集装箱式水产养殖是一种新型的集约式水产养殖模式,具有产品品质优、资源节约和绿色环保等优点,符合渔业高质量发展和拓展渔业发展空间等政策要求。采用该技术可以养殖多个不同品种。由于不同品种习性不同,养殖过程管理措施不同,有必要逐个品种制定标准,对养殖过程和生产管理分别进行规范和指导,以普遍实现良好的经济效益、社会效益与生态效益。

陆基推水集装箱式水产养殖技术规程 草鱼

1 范围

本文件确立了陆基推水集装箱式养殖草鱼的流程,规定了养殖前准备、鱼种选择与放养、饲养管理及收获等各阶段的操作指示及转换条件。描述了过程记录等追溯方法。

本文件适用于陆基推水集装箱式草鱼养殖单位的生产操作,并作为判定其是否按照程序生产的依据。

2 规范性引用文件

下列文件中的内容通过文中的规范性引用而构成本文件必不可少的条款。其中,注日期的引用文件,仅该日期对应的版本适用于本文件;不注日期的引用文件,其最新版本(包括所有的修改单)适用于本文件。

GB/T 11776 草鱼鱼苗、鱼种
GB/T 22213 水产养殖术语
GB/T 36190 草鱼出血病诊断规程
GB/T 36205 草鱼配合饲料
NY/T 5361 无公害农产品 淡水养殖产地环境条件
SC/T 1150 陆基推水集装箱式水产养殖技术规范 通则
SC/T 7201.1 鱼类细菌病检疫技术规程
SN/T 2503 淡水鱼中寄生虫检疫技术规范

3 术语和定义

GB/T 22213 和 SC/T 1150 界定的术语和定义适用于本文件。

4 养殖流程

陆基推水集装箱式养殖草鱼一般包括养殖前准备、鱼种选择与放养、饲养管理和收获等阶段。其中,饲养管理包括投饲、箱体内水质管理、病害防控、日常管理等环节。具体流程见图1。

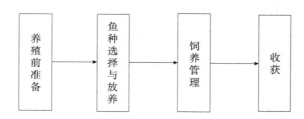

图 1 陆基推水集装箱式养殖草鱼流程

5 养殖前准备

5.1 环境检查

养殖场周围无污染源、水源充足、水质良好、进排水方便、日照充足、交通便利、电力稳定、生态环境良好。产地环境符合 NY/T 5361 的规定。

5.2 设施装备检查

设施与装备按 SC/T 1150 的规定执行。在鱼种放养之前,检查陆基推水集装箱式水产养殖系统的进排水设备、微孔增氧设备、排污设施、水质监测装备等,确保正常运行。

5.3 池塘和箱体消毒

5.3.1 池塘消毒

池塘第一次改造完成后,干塘,晒塘 15 d～30 d 至塘底龟裂,裂缝 3 cm～5 cm,用 75 kg/667 m² ～ 150 kg/667 m² 生石灰化浆全塘泼洒。2 d～3 d 后注水 40 cm～50 cm,用 60 目～80 目网兜过滤进水,用 25 kg/667 m² ～50 kg/667 m² 茶麸再次对塘底进行处理。茶麸加水浸泡 12 h～24 h 后,再兑水全塘泼洒, 打开增氧机搅匀,7 d 后池塘再注满新水,对水体用复合碘(水产用,有效碘含量 10％),200 g/667 m² 消毒 后开始进箱循环。

5.3.2 箱体消毒

进箱前一天用复合碘(水产用,有效碘含量 10％)1 mL/m³ ～2 mL/m³ 进行箱体消毒。

5.4 进水过滤

从外水源向池塘进水或补水采用 60 目～80 目的筛绢网袋过滤。

6 鱼种选择与放养

6.1 鱼种选择

鱼种符合 GB/T 11776 中的规定。规格为 20 g/尾以上鱼种放养时,接种草鱼出血病疫苗。

6.2 放养规格与密度

每箱鱼种放养规格大小一致,规格小、放养密度高的鱼种在养殖过程中要适时做分箱处理,通常每立 方米养殖水体鱼种放养密度见表1。

表 1 每立方米养殖水体鱼种放养规格与密度

放养规格 g/尾	放养数量 尾/m³
20～50	200～320
>50～100	140～200
>100～500	40～140
>500～1 000	20～40
>1 000	12～20

6.3 鱼种入箱前处理

鱼种入箱前 1 d～3 d 加注新水至满,打开增氧阀曝气,放苗前 24 h 单箱使用 1 mL/m³ ～2 mL/m³ 复 合碘溶液(水产用,有效碘含量 10％)进行箱内水体消毒。

6.4 入箱操作

6.4.1 鱼种入箱操作

鱼种入箱全程带水操作,少量多次放入箱内。鱼种放养前做应激处理。

6.4.2 鱼种消毒杀菌

鱼种入箱 1 h～3 h 后关闭水循环,用复合碘溶液 1 mL/m³ ～2 mL/m³(水产用,有效碘含量 10％)药 浴 8 h～12 h,随后排水 30％,再进行注水,注满后循环 8 h～12 h,关闭循环系统,再药浴 8 h～12 h。

7 饲养管理

7.1 投饲

投饲遵循少量多次、均匀投饲的原则,根据水温的高低调节日投饲量。在 20 ℃～32 ℃,每天投喂 2 次～4 次,每次投饲时间为 15 min～20 min,投喂后 15 min 吃完为宜。投喂饲料 30 min 后增大曝气量。 使用膨化配合颗粒饲料,不同生长阶段饲料质量符合 GB/T 36205 中规定的不同营养水平。不同养殖阶 段的投饲量和投喂次数见表2。

表 2　草鱼不同养殖阶段的投饲量和投喂次数

鱼的规格 g/尾	饲料蛋白含量 %	粒径 mm	投饲量 （按体重百分比计） %	日投喂次数 次
＜10	≥32	1.0～1.5	8～10	3～4
10～250	≥29	1.5～2.5	5～7	2～3
＞250～1 500	≥26	2.5～4.5	3～5	2～3
＞1 500	≥20	4.5～6.0	1～3	1～2

7.2　箱体内水质管理

7.2.1　循环水管理

保证各养殖箱循环水的持续供给，每个养殖箱进水流量为 5 m³/h～10 m³/h，根据各箱养殖草鱼规格大小、生长期、总生物量和水质情况在上述范围内合理控制各养殖箱进水流量。对养殖水体溶氧、温度、pH 实时监测，保存养殖记录。其他水质指标每 3 d～5 d 检测 1 次。

7.2.2　排污

SC/T 1150 规定的排污要求适用于本文件。

7.3　病害防控

病害防控遵循"以防为主，防治结合"的原则，按下列措施操作：

a)　养殖期间，每天巡箱检查，每 7 d～10 d 进行检疫检测，其中，寄生虫检测按照 SN/T 2503 的规定进行，细菌病检测按 SC/T 7201.1 的规定进行，草鱼出血病检测按 GB/T 36190 的规定进行，发现问题及时处理；

b)　根据不同的症状，按照水产养殖用药明白纸的规定选择药物，进行药浴或口服治疗。

c)　药浴期间停饲。

7.4　日常管理

7.4.1　设备巡查管理

每 1 h～2 h 检查增氧设备、循环水设备 1 次，确保设备正常运转。对增氧设备主要检查气泵、管道是否漏气或堵塞不出气等故障；对循环水设备主要检查水泵是否出水，管道是否脱落等故障，同时检查控制系统是否正常。定期维护和保养发电机和鼓风机。

7.4.2　异常天气管理

遇到狂风、暴雨天气，预防出现供电故障，及时启用备用发电设备。安装互联网监控报警系统或24 h 在岗值班。

8　收获

检查药物使用记录，收获需要遵循休药期。出箱前停止投饲至少 1 d。打开出鱼口放鱼。鱼车停靠养殖箱边缘，降低箱内水位，从出鱼口直接用框装好鱼，转运至鱼车内。

9　记录

按照 SC/T 1150 的要求，做好日常养殖、水质检测、用药和销售等记录，记录表格见附录 A。

附　录　A
（资料性）
记录表格

A.1　表A.1给出了苗种投放及日常投喂、巡检记录内容。

表A.1　日常养殖记录表

日常养殖记录表						年　月　记录人:				
品种		密度 尾/m³				放苗时间		箱号		
日期	投喂量 kg								死亡 尾	备注
	1	2	3	4	合计	天气	水温 ℃	溶氧 mg/L		
1										
2										
3										
4										
5										
6										
7										
8										
9										
10										
11										
12										
13										
14										
15										
16										
17										
18										
19										
20										
21										
22										
23										
24										
25										
26										
27										
28										
29										
30										
31										
本月合计投喂 kg					死亡量合计 kg					
饲料信息	饲料厂家/型号:									
	饲料厂家/型号:									

A.2 表 A.2 给出了水质检测的时间、检测点、溶氧、温度、氨氮、亚硝酸盐、pH、天气和检测员等。

表 A.2 水质检测记录表

水质检测记录表									
日期	检测时间	检测点	溶氧 mg/L	温度 ℃	氨氮 mg/L	亚硝酸盐 mg/L	pH	天气	检测员

A.3 表 A.3 给出了用药事由、药品通用名、用药方式、用药量、药物生产厂家、箱体号或池塘号等。

表 A.3 用药记录表

用药记录表							
日期	用药事由	药品通用名	用药方式	用药量	药物生产厂家	箱体号或池塘号	备注

A.4 表 A.4 给出了销售过程中的单号、日期、客户名称、箱号、规格和重量等。

表 A.4 销售记录表

销售记录表						
销售单号	销售日期	客户名称	销售箱号	销售规格 kg/尾	重量 kg	备注

参 考 文 献

[1] 农业农村部渔业渔政管理局,中国水产科学研究院,全国水产技术推广总站.水产养殖用药明白纸

_____

ICS 65.150
CCS B 52

中华人民共和国水产行业标准

SC/T 1166—2022

陆基推水集装箱式水产养殖技术规程
大口黑鲈

Technical code of practice for the aquaculture system using land-based container
with recirculating water—Largemouth bass

2022-11-11 发布

2023-03-01 实施

中华人民共和国农业农村部 发布

前　言

本文件按照 GB/T 1.1—2020《标准化工作导则　第 1 部分:标准化文件的结构和起草规则》的规定起草。

请注意本文件的某些内容可能涉及专利。本文件的发布机构不承担识别专利的责任。

本文件由农业农村部渔业渔政管理局提出。

本文件由全国水产标准化技术委员会淡水养殖分技术委员会(SAC/TC 156/SC 1)归口。

本文件起草单位:广州观星农业科技有限公司、河南师范大学、中国水产科学研究院珠江水产研究所、广东海洋大学、上海海洋大学、观星(肇庆)农业科技有限公司、阳泉市农业综合行政执法队、山西省水产技术推广站、肇庆学院。

本文件主要起草人:舒锐、王磊、郭振仁、李胜杰、谢春生、雷小婷、黄江、尹立鹏、张猛、夏耘、林强、陈学年、刘卫平、武斌、郝晓莉、杨慧荣、汤保贵、迟淑艳、鲁义善、沈玉帮、徐晓雁、李家乐、张振东、王艳。

引　言

陆基推水集装箱式水产养殖是一种新型的集约化水产养殖模式,具有节约资源、绿色环保、产品优良等特点,符合渔业高质量发展和拓展渔业发展空间等政策要求。采用该技术可以养殖多个不同品种。由于不同品种习性不同,养殖过程管理措施不同,有必要逐个品种制定标准,对养殖过程和生产管理分别进行规范和指导,以实现良好的经济效益、环境效益与社会效益。

陆基推水集装箱式水产养殖技术规程 大口黑鲈

1 范围

本文件确立了陆基推水集装箱式养殖大口黑鲈的流程,规定了养殖前准备、鱼种选择与放养、饲养管理及收获等各阶段的操作指示及转换条件。描述了过程记录等追溯方法。

本文件适用于陆基推水集装箱式大口黑鲈养殖单位的生产操作,作为判定其是否按照程序生产的依据。

2 规范性引用文件

下列文件中的内容通过文中的规范性引用而构成本文件必不可少的条款。其中,注日期的引用文件,仅该日期对应的版本适用于本文件;不注日期的引用文件,其最新版本(包括所有的修改单)适用于本文件。

GB 13078 饲料卫生标准

GB/T 22213 水产养殖术语

NY/T 5361 无公害农产品 淡水养殖产地环境条件

SC/T 1008 淡水鱼苗种池塘常规培育技术规范

SC/T 1098 大口黑鲈 亲鱼、鱼苗和鱼种

SC/T 1150 陆基推水集装箱式水产养殖技术规范 通则

3 术语和定义

GB/T 22213 和 SC/T 1150 界定的术语和定义适用于本文件。

4 养殖流程

陆基推水集装箱式养殖大口黑鲈一般包括养殖前准备、鱼种选择与放养、饲养管理和收获等阶段。其中,饲养管理又分为饲料投喂、箱体内水质管理、病害防控与日常管理等环节。流程见图1。

图 1 陆基推水集装箱式养殖大口黑鲈流程

5 养殖前准备

5.1 环境检查

养殖场周围无污染源、水源充足、水质良好、进排水方便、日照充足、交通便利、电力稳定、生态环境良好。产地环境符合 NY/T 5361 的规定。

5.2 设施设备检查

设施与装备按 SC/T 1150 的规定执行。在鱼种放养之前,检查陆基推水集装箱式水产养殖系统的进排水设备、微孔增氧设备、排污设施、水质监测装备等,确保正常运行。

5.3 池塘和箱体消毒

5.3.1 池塘消毒

池塘第一次改造完成后,干塘,晒塘 15 d～30 d 至塘底龟裂,裂缝 3 cm～5 cm,用 75 kg/667 m² ～

150 kg/667 m² 生石灰化浆全塘泼洒。2 d～3 d 后注水 40 cm～50 cm,用 60 目～80 目网兜过滤进水,用 25 kg/667 m²～50 kg/667 m² 茶麸再次对塘底进行处理。茶麸加水浸泡 12 h～24 h 后,再兑水全塘泼洒,打开增氧机搅匀,7 d 后池塘再注满新水,对水体用复合碘(水产用,有效碘含量 10%),200 g/667 m² 消毒后开始进箱循环。

5.3.2 箱体消毒

进箱前一天用复合碘(水产用,有效碘含量 10%)1 mL/m³～2 mL/m³ 进行箱体消毒。

5.4 进水过滤

从外水源向池塘进水或补水采用 60 目～80 目筛绢网袋过滤。

6 鱼种选择与放养

6.1 鱼种选择

放养的大口黑鲈鱼种质量符合 SC/T 1098 的要求,优先选择国家级或者省级良种场生产的苗种。

6.2 鱼种入箱前处理

鱼种入箱前 1 d～3 d 加注新水至满,打开增氧阀曝气,放苗前 24 h 单箱使用 1 mL/m³～2 mL/m³ 复合碘溶液(水产用,有效碘含量 10%)进行箱内水体消毒。

6.3 鱼种放养条件

在水温 15 ℃～30 ℃ 放养鱼种。投放前一天按 SC/T 1008 的方法试水。鱼种入箱水温和运输水温温差在 ±2 ℃ 以内,采取向运输车厢内加水等措施逐步调节水温一致后放苗。

6.4 入箱操作

6.4.1 鱼种入箱操作

鱼种入箱全程带水操作,少量多次放入箱内。鱼种放养前做应激处理。

6.4.2 鱼种消毒杀菌

鱼种入箱 1 h～3 h 后关闭水循环,用复合碘溶液 1 mL/m³～2 mL/m³(水产用,有效碘含量 10%)药浴 8 h～12 h,随后排水 30%,再进行注水,注满后循环 8 h～12 h,关闭循环系统,再药浴 8 h～12 h。

6.5 鱼种放养密度

大口黑鲈鱼种放养密度为 50 尾/m³～75 尾/m³,同时按大口黑鲈放养量的 1%～2% 放养同样规格鲤或斑点叉尾鮰。

7 饲养管理

7.1 饲料投喂

根据大口黑鲈不同生长阶段特点,不同阶段饲料符合相应的营养质量,卫生符合 GB 13078 的要求。鱼种入箱后第二天开始投喂。在 15 ℃～30 ℃,每天投喂 1 次～4 次,投喂时段从 6:00—20:00,投喂间隔进行均分,如只投喂 1 次,则在每天 8:00—10:00 投喂,不同阶段的投喂率和投喂次数参考表 1。

表 1 大口黑鲈养殖阶段投喂参考

鱼种规格,g/尾	日投喂率,%	日投喂次数,次
5～100	3～5	3～4
>100～500	2～3	2～3
>500	1～2	1～2

7.2 箱体内水质管理

7.2.1 循环水管理

保证各养殖箱循环水的持续供给,每个养殖箱进水流量为 5 m³/h～10 m³/h,根据各箱养殖大口黑鲈规格大小、生长期、总生物量和水质情况在上述范围内合理控制各养殖箱进水流量。对养殖水体溶氧、温度、pH 实时监测,保存养殖记录。其他水质指标每 3 d～5 d 检测 1 次。

7.2.2 排污

SC/T 1150 规定的排污要求适用于本文件。

7.3 病害防控

病害防控遵循"以防为主,防治结合"的原则,按下列措施操作:

a) 在养殖期间,每天巡箱检查,发现问题及时处理;

b) 每 7 d~10 d 再检查鱼体是否正常,根据 SC/T 1098 的检测方法,参照水产养殖用药明白纸选择药物,进行药浴或口服治疗;

c) 如低于 50% 箱体中的鱼生病,则仅对生病的鱼进行药浴或口服治疗;

d) 如高于 50% 箱体中的鱼生病,除了对生病的鱼进行药浴或口服治疗之外,还要对池塘进行消毒;

e) 药浴期间不投喂饲料。

7.4 日常管理

7.4.1 设备巡查管理

每 1 h~2 h 检查增氧设备、循环水设备 1 次,确保设备正常运转。对增氧设备主要检查气泵、管道是否漏气或堵塞不出气等故障;对循环水设备主要检查水泵是否出水,管道是否脱落等故障,同时检查控制系统是否正常。定期维护和保养发电机和鼓风机。

7.4.2 异常天气管理

遇到狂风、暴雨天气,预防出现供电故障,及时启用备用发电设备。安装互联网监控报警系统或 24 h 在岗值班。

8 收获

检查药物使用记录,收获需要遵循休药期。出箱前停止投饲至少 1 d。打开出鱼口放鱼。鱼车停靠养殖箱边缘,降低箱内水位,从出鱼口直接用框装好鱼,转运至鱼车内。

9 记录

按照 SC/T 1150 的要求,做好日常养殖、水质检测、用药、销售等记录,记录表格见附录 A。

附 录 A
（资料性）
记录表格

A.1 表A.1给出了苗种投放及日常投喂、巡检记录内容。

表A.1 日常养殖记录表

日常养殖记录表						年 月 记录人：					
品种		密度 尾/m³				放苗时间			箱号		
日期	投喂量 kg									死亡 尾	备注
	1	2	3	4	合计	天气	水温 ℃	溶氧 mg/L			
1											
2											
3											
4											
5											
6											
7											
8											
9											
10											
11											
12											
13											
14											
15											
16											
17											
18											
19											
20											
21											
22											
23											
24											
25											
26											
27											
28											
29											
30											
31											
本月合计投喂 kg					死亡量合计 kg						
饲料信息	饲料厂家/型号：										
	饲料厂家/型号：										

A.2 表 A.2 给出了水质检测的时间、检测点、溶氧、温度、氨氮、亚硝酸盐、pH、天气和检测员等。

表 A.2 水质检测记录表

水质检测记录表									
日期	检测时间	检测点	溶氧 mg/L	温度 ℃	氨氮 mg/L	亚硝酸盐 mg/L	pH	天气	检测员

A.3 表 A.3 给出了用药事由、药品通用名、用药方式、用药量、药物生产厂家、箱体号或池塘号等。

表 A.3 用药记录表

用药记录表							
日期	用药事由	药品通用名	用药方式	用药量	药物生产厂家	箱体号或池塘号	备注

A.4 表 A.4 给出了销售过程中的单号、日期、客户名称、箱号、规格和重量等。

表 A.4 销售记录表

销售记录表						
销售单号	销售日期	客户名称	销售箱号	销售规格 kg/尾	重量 kg	备注

参 考 文 献

[1]　农业农村部渔业渔政管理局,中国水产科学研究院,全国水产技术推广总站. 水产养殖用药明白纸

ICS 65.150
CCS B 52

中华人民共和国水产行业标准

SC/T 1167—2022

陆基推水集装箱式水产养殖技术规程
乌鳢

Technical code of practice for the aquaculture system using land-based container
with recirculating water—Chinese snakehead

2022-11-11 发布

2023-03-01 实施

中华人民共和国农业农村部 发布

前　言

本文件按照 GB/T 1.1—2020《标准化工作导则　第 1 部分:标准化文件的结构和起草规则》的规定起草。

请注意本文件的某些内容可能涉及专利。本文件的发布机构不承担识别专利的责任。

本文件由农业农村部渔业渔政管理局提出。

本文件由全国水产标准化技术委员会淡水养殖分技术委员会(SAC/TC 156/SC 1)归口。

本文件起草单位:广州观星农业科技有限公司、广东海洋大学、上海海洋大学、中国水产科学研究院珠江水产研究所、河南师范大学、华南农业大学、观星(肇庆)农业科技有限公司、肇庆学院。

本文件主要起草人:舒锐、汤保贵、郭振仁、迟淑艳、鲁义善、雷小婷、黄江、尹立鹏、沈玉帮、徐晓雁、李家乐、王磊、谢骏、夏耘、杨慧荣、谢春生、王广军、于淼、戴敏。

引　言

　　陆基推水集装箱式水产养殖是一种新型的集约化水产养殖模式,具有资源节约、绿色环保、产品优良等特点,符合渔业高质量发展和拓展渔业空间等政策要求。采用该技术可以养殖多个不同品种。由于不同品种的习性不同,饲养管理措施不同,有必要逐个品种制定标准,对养殖流程和生产管理分别进行规范和指导,以实现良好的经济效益、环境效益与社会效益。

陆基推水集装箱式水产养殖技术规程　乌鳢

1　范围

本文件确立了陆基推水集装箱式养殖乌鳢的流程,规定了养殖前准备、鱼种选择与放养、饲养管理及收获等各阶段的操作指示及转换条件。描述了过程记录等追溯方法。

本文件适用于陆基推水集装箱乌鳢养殖单位的生产操作,并作为判定其是否按照程序生产的依据。杂交鳢可参照执行。

2　规范性引用文件

下列文件中的内容通过文中的规范性引用而构成本文件必不可少的条款。其中,注日期的引用文件,仅该日期对应的版本适用于本文件;不注日期的引用文件,其最新版本(包括所有的修改单)适用于本文件。

GB/T 22213　水产养殖术语

NY/T 2072　乌鳢配合饲料

NY/T 5361　无公害农产品　淡水养殖产地环境条件

SC/T 1008　淡水鱼苗种池塘常规培育技术规范

SC/T 1119　乌鳢　亲鱼和苗种

SC/T 1150　陆基推水集装箱式水产养殖技术规范　通则

SC/T 7201.1　鱼类细菌病检疫技术规程

SN/T 2503　淡水鱼中寄生虫检疫技术规范

3　术语和定义

GB/T 22213 和 SC/T 1150 界定的术语和定义适用于本文件。

4　养殖流程

陆基推水集装箱养殖乌鳢一般包括养殖前准备、鱼种选择与放养、饲养管理和收获等阶段。其中,饲养管理又包括饲料投喂、箱体内水质管理、病害防控与日常管理等环节。具体流程见图1。

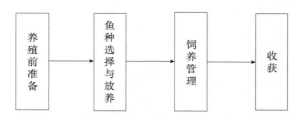

图1　陆基推水集装箱式养殖乌鳢流程

5　养殖前准备

5.1　环境检查

养殖场周围无污染源、水源充足、水质良好、进排水方便、日照充足、交通便利、电力稳定、生态环境良好。产地环境符合 NY/T 5361 的规定。

5.2　设施装备检查

设施与装备按 SC/T 1150 的规定执行。在鱼种放养之前,检查陆基推水集装箱式水产养殖系统的进排水设备、微孔增氧设备、排污设施、水质监测装备等,确保正常运行。

5.3 池塘和箱体消毒

5.3.1 池塘消毒

池塘第一次改造完成后，干塘，晒塘 15 d～30 d 至塘底龟裂，裂缝 3 cm～5 cm，用 75 kg/667 m²～150 kg/667 m² 生石灰化浆全塘泼洒。2 d～3 d 后注水 40 cm～50 cm，用 60 目～80 目网兜过滤进水，用 25 kg/667 m²～50 kg/667 m² 茶麸再次对塘底进行处理。茶麸加水浸泡 12 h～24 h 后，再兑水全塘泼洒，打开增氧机搅匀，7 d 后池塘再注满新水，对水体用复合碘（水产用，有效碘含量 10%），200 g/667 m² 消毒后开始进箱循环。

5.3.2 箱体消毒

进箱前一天用复合碘（水产用，有效碘含量 10%）1 mL/m³～2 mL/m³ 进行箱体消毒。

5.4 进水过滤

从外水源向池塘进水或补水采用 60 目～80 目的筛绢网袋过滤。

6 鱼种选择与放养

6.1 鱼种选择

鱼种质量符合 SC/T 1119 的要求。

6.2 放养规格与密度

每箱鱼种放养规格大小一致，规格小、放养密度高的鱼种在养殖过程中要适时做分箱处理，通常每立方米养殖水体鱼种放养密度见表1。

表 1　陆基推水集装箱式养殖乌鳢的鱼种规格与放养密度

鱼种规格 g/尾	放养密度 尾/m³
5～50	160～200
>50～100	120～160
>100～300	40～120
>300	30～40

6.3 鱼种入箱前处理

鱼种入箱前 1 d～3 d 加注新水至满，打开增氧阀曝气，放苗前 24 h 单箱使用 1 mL/m³～2 mL/m³ 复合碘溶液（水产用，有效碘含量 10%）进行箱内水体消毒。

6.4 鱼种放养条件

水温稳定在 20 ℃以上时投放鱼种，投放前一天按 SC/T 1008 的方法试水。养殖箱水温和运输水温的温差控制在 2 ℃以内；超此范围，采取向运输容器内加水等措施调节水温至一致。

6.5 入箱操作

6.5.1 鱼种入箱操作

鱼种入箱全程带水操作，少量多次放入箱内。鱼种放养前做抗应激处理。

6.5.2 鱼种消毒杀菌

鱼种入箱 1 h～3 h 后关闭水循环，用复合碘溶液 1 mL/m³～2 mL/m³（水产用，有效碘含量 10%）药浴 8 h～12 h，随后排水 30%，再进行注水，注满后循环 8 h～12 h，关闭循环系统，再药浴 8 h～12 h。

7 饲养管理

7.1 饲料投喂

7.1.1 饲料选择

根据乌鳢不同生长阶段，选择符合 NY/T 2072 规定的配合饲料。

7.1.2 饲料投喂

鱼种入箱后第二天开始少量投喂，逐步增加投饲量。根据鱼种规格、天气变化、鱼类活动状态等情况，及时调整日投喂量与投喂次数；从6:00—17:00,均分间隔进行投喂；当80%以上的乌鳢不再摄食时,即停止投喂。具体投喂策略见表2。

表2 陆基推水集装箱式养殖乌鳢的投喂策略

鱼种规格 g/尾	日投喂率 %	日投喂次数 次
5～50	3～5	3～4
>50～100	2～4	2～3
>100～300	2～3	2～3
>300	1～2	1～2

7.2 箱体内水质管理

7.2.1 循环水管理

保证各养殖箱循环水的持续供给,每个养殖箱进水流量为5 m³/h～10 m³/h,根据各箱养殖乌鳢规格大小、生长期、总生物量和水质情况在上述范围内合理控制各养殖箱进水流量。对养殖水体溶氧、温度、pH实时监测,保存养殖记录。其他水质指标每3 d～5 d检测1次。

7.2.2 排污

SC/T 1150规定的排污要求适用于本文件。

7.3 病害防控

病害防控遵循"以防为主、防治结合"的原则,按下列措施操作:

a) 养殖期间,每天巡箱检查,每7 d～10 d进行检疫检测,其中,寄生虫检测按照SN/T 2503的规定进行,细菌病检测按SC/T 7201.1的规定进行。发现问题及时处理,并做好记录。

b) 按照SC/T 1119的规定进行病害诊断;根据不同的症状,按照水产养殖用药明白纸的规定选择药物,进行药浴或口服治疗。

c) 药浴期间停饲。

7.4 日常管理

7.4.1 设备巡查管理

每1 h～2 h检查增氧设备、循环水设备1次,确保设备正常运转。对增氧设备主要检查气泵、管道是否漏气或堵塞不出气等故障;对循环水设备主要检查水泵是否出水,管道是否脱落等故障,同时检查控制系统是否正常。定期维护和保养发电机和鼓风机。

7.4.2 极端天气应对

遇到狂风、暴雨天气,预防出现供电故障,及时启用备用发电设备。安装互联网监控报警系统或24h在岗值班。

8 收获

检查药物使用记录,收获需要遵循休药期。出箱前停止投饲至少1 d。打开出鱼口放鱼。鱼车停靠养殖箱边缘,降低箱内水位,从出鱼口直接用框装好鱼,转运至鱼车内。

9 记录

按照SC/T 1150的要求,做好日常养殖、水质检测、用药和销售等记录,记录表格见附录A。

附　录　A
（资料性）
记录表格

A.1　表 A.1 给出了苗种投放、日常投喂及巡检记录内容。

表 A.1　日常养殖记录表

日常养殖记录表							年　　月　　记录人：				
品种		密度 尾/m³					放苗时间		箱号		
日期	投喂量 kg									死亡 尾	备注
	1	2	3	4	合计		天气	水温 ℃	溶氧 mg/L		
1											
2											
3											
4											
5											
6											
7											
8											
9											
10											
11											
12											
13											
14											
15											
16											
17											
18											
19											
20											
21											
22											
23											
24											
25											
26											
27											
28											
29											
30											
31											
本月合计投喂 kg						死亡量合计 kg					
饲料信息	饲料厂家/型号：										
	饲料厂家/型号：										

A.2 表 A.2 给出了水质检测的时间、检测点、溶氧、温度、氨氮、亚硝酸盐、pH、天气和检测员等。

表 A.2 水质检测记录表

水质检测记录表									
日期	检测时间	检测点	溶氧 mg/L	温度 ℃	氨氮 mg/L	亚硝酸盐 mg/L	pH	天气	检测员

A.3 表 A.3 给出了用药事由、药品通用名、用药方式、用药量、药物生产厂家、箱体号或池塘号等。

表 A.3 用药记录表

用药记录表							
日期	用药事由	药品通用名	用药方式	用药量	药物生产厂家	养殖箱编号	备注

A.4 表 A.4 给出了销售过程中的单号、日期、客户名称、箱号、规格和重量等。

表 A.4 销售记录表

销售记录表						
销售单号	销售日期	客户名称	销售箱号	销售规格 kg/尾	重量 kg	备注

参 考 文 献

[1] 农业农村部渔业渔政管理局,中国水产科学研究院,全国水产技术推广总站.水产养殖用药明白纸

———————————

ICS 65.150
CCS B 51

中华人民共和国水产行业标准

SC/T 2049—2022
代替 SC/T 2049.1—2006 和 SC/T 2049.2—2006

大黄鱼 亲鱼和苗种

Large yellow croaker–brood strock,fry and fingerling

2022-11-11 发布   2023-03-01 实施

中华人民共和国农业农村部 发布

前　　言

本文件按照 GB/T 1.1—2020《标准化工作导则　第 1 部分：标准化文件的结构和起草规则》的规定起草。

本文件代替 SC/T 2049.1—2006《大黄鱼　亲鱼》和 SC/T 2049.2—2006《大黄鱼　鱼苗鱼种》，与 SC/T 2049.1—2006 和 SC/T 2049.2—2006 相比，除编辑性修改外，主要技术变化如下：

a)　对 SC/T 2049.1—2006 和 SC/T 2049.2—2006 的技术内容进行合并，并重组了文件结构，增加了对大黄鱼亲鱼和苗种的检测方法、检测规则、苗种计数方法、运输等章节（见第 6、7、8、9 章）；

b)　修改了大黄鱼的拉丁文学名（见第 1 章，SC/T 2049.1—2006 和 SC/T 2049.2—2006 的第 1 章）；

c)　增加了亲鱼来源于人工养殖群体的规定（见 4.1，SC/T 2049.1—2006 的 3.1）；

d)　对亲鱼质量要求指标进行合并，增加了"繁殖期特征""病害""安全指标"等检测指标项，删除了"数量""使用年限"章节（见 4.2，SC/T 2049.1—2006 的第 4、5、6、7 章）及相应的检测方法；

e)　将大黄鱼鱼苗和鱼种两部分技术内容合并为大黄鱼苗种（见第 5 章，SC/T 2049.2—2006 的第 4、5 章）；

f)　删除了鱼体体重与体长的关系指标及"附录 A　大黄鱼鱼种体长与体重的对应关系"资料性附录（见 SC/T 2049.2—2006 的 5.2.2）；

g)　增加了苗种质量要求"病害""安全指标"检测指标项（见 5.2.4、5.2.5）及相应的检测方法。

请注意本文件的某些内容可能涉及专利。本文件的发布机构不承担识别专利的责任。

本文件由农业农村部渔业渔政管理局提出。

本文件由全国水产标准化技术委员会海水养殖分技术委员会（SAC/TC 156/SC 2）归口。

本文件起草单位：宁德市富发水产有限公司、宁德市水产技术推广站、宁德市渔业协会。

本文件主要起草人：刘招坤、刘家富、陈佳、韩承义、陈庆凯、叶启旺、刘兴彪、潘滢、黄伟卿、张艺。

本文件及其所代替文件的历次版本发布情况为：

——SC/T 2049.1—2006，SC/T 2049.2—2006；

——本次为第一次修订。

大黄鱼 亲鱼和苗种

1 范围

本文件规定了大黄鱼（*Larimichthys crocea*）亲鱼和苗种的来源、质量要求、苗种计数方法和运输要求，并描述了相应的亲鱼和苗种质量要求的检验方法和检验规则。

本文件适用于大黄鱼亲鱼和苗种的质量评定。

2 规范性引用文件

下列文件中的内容通过文中的规范性引用而构成本文件必不可少的条款。其中，注日期的引用文件，仅该日期对应的版本适用于本文件；不注日期的引用文件，其最新版本（包括所有的修改单）适用于本文件。

GB/T 18654.2 养殖鱼类种质检验 第2部分：抽样方法

GB/T 18654.3 养殖鱼类种质检验 第3部分：性状测定

GB/T 21312 动物源性食品中14种喹诺酮药物残留检测方法 液相色谱-质谱/质谱法

GB/T 22213 水产养殖术语

GB/T 32755 大黄鱼

农业部1077号公告—2—2008 水产品中硝基呋喃类代谢物残留量的测定 高效液相色谱法

SC/T 2089 大黄鱼繁育技术规范

SC/T 3018 水产品中氯霉素残留量的测定 气相色谱法

SC/T 7217 刺激隐核虫病诊断规程

3 术语与定义

GB/T 22213、SC/T 2089界定的以及下列术语和定义适用于本文件。

3.1

活水船 live aquatic life carrier

配置运输舱、流水、增氧、吊装等专业设备用于水产品活体运输的船只。

4 亲鱼

4.1 来源

来自人工养殖的大黄鱼亲鱼；提倡使用来源于省级及省级以上的大黄鱼原（良）种场提供的亲鱼。

4.2 质量要求

4.2.1 种质

应符合GB/T 32755的规定。

4.2.2 年龄

2龄~6龄。

4.2.3 外观

体形、体色正常；鳞被、鳍条完整；体表光滑，无伤残和畸形；游动活泼；无明显的痉挛休克、体表充血等应激反应症状。

4.2.4 体重

2龄鱼，雌鱼≥800 g，雄鱼≥500 g；3龄鱼，雌鱼≥1 000 g，雄鱼≥600 g；4龄鱼，雌鱼≥1 350 g，雄鱼≥900 g；5龄鱼，雌鱼≥1 650 g，雄鱼≥1 200 g；6龄鱼，雌鱼≥2 000 g，雄鱼≥1 500 g。

4.2.5 繁殖期特征

雌鱼上下腹部均较膨大,卵巢轮廓明显,腹部朝上时,中线凹陷,用手触摸有柔软与弹性感,吸出的卵粒易分离、大小均匀。雄鱼轻压腹部有乳白色浓稠的精液流出,精液入水中很快散开。

4.2.6 病害

无刺激隐核虫病、虹彩病毒病、内脏白点病等传染性强、危害大的病害。

4.2.7 安全指标

氯霉素、硝基呋喃类代谢物(呋喃唑酮代谢物 3-氨基-2-唑烷基酮、呋喃它酮代谢物 5-甲基吗啉-3-氨基-2-唑烷基酮、呋喃西林代谢物氨基脲、呋喃妥因代谢物 1-氨基-2-内酰脲)、氧氟沙星等国家规定的禁用、停用药物残留不得检出。

5 苗种

5.1 来源

由符合来源和质量要求规定的亲鱼所繁殖的苗种。

5.2 质量要求

5.2.1 外观

规格整齐;体表光滑,鳍条完整,色泽光亮;能集群向同一方向活泼游动。

5.2.2 可数指标

畸形率<1%,伤残率<1%。

5.2.3 规格

全长≥3.0 cm。

5.2.4 病害

无虹彩病毒病、刺激隐核虫病、内脏白点病等传染性强、危害大的疾病。

5.2.5 安全指标

氯霉素、硝基呋喃类代谢物(呋喃唑酮代谢物 3-氨基-2-唑烷基酮、呋喃它酮代谢物 5-甲基吗啉-3-氨基-2-唑烷基酮、呋喃西林代谢物氨基脲、呋喃妥因代谢物 1-氨基-2-内酰脲)、氧氟沙星等国家规定的禁用、停用药物残留不得检出。

6 检验方法

6.1 亲鱼检验

6.1.1 来源查证

查阅亲鱼培育档案和人工繁殖生产记录。

6.1.2 种质

按 GB/T 32755 的规定执行。

6.1.3 年龄

查验养殖生产记录。

6.1.4 外观

在充足自然光下肉眼观察。

6.1.5 体重

麻醉直至亲鱼侧卧水底后,按 GB/T 18654.3 的规定测定。

6.1.6 繁殖期特征

肉眼观察、用手指轻压腹部相结合的方法。

6.1.7 病害

刺激隐核虫病的诊断按 SC/T 7217 的规定执行。其他病害及诊断方法见附录 A。

6.1.8 安全指标

氯霉素残留量的测定按 SC/T 3018 的规定执行。

硝基呋喃类代谢物残留量的测定按农业部 1077 号公告—2—2008 的规定执行。

氧氟沙星残留量的测定按 GB/T 21312 的规定执行。

6.2 苗种检验

6.2.1 来源查证

查验生产记录和购买记录。

6.2.2 外观

把苗种放入便于观察、盛有适量海水的容器中,在充足自然光下用肉眼观察。

6.2.3 可数指标

用肉眼观察计数畸形和伤残个体,分别计算畸形率和伤残率。

6.2.4 规格

按 GB/T 18654.3 的规定测定全长。

6.2.5 病害

刺激隐核虫病的诊断按 SC/T 7217 的规定执行。其他病害及诊断方法见附录 A。

6.2.6 安全指标

氯霉素残留量的测定按 SC/T 3018 的规定执行。

硝基呋喃类代谢物残留量的测定按农业部 1077 号公告—2—2008 的规定执行。

氧氟沙星残留量的测定按 GB/T 21312 的规定执行。

7 检验规则

7.1 亲鱼检验规则

7.1.1 检验分类

7.1.1.1 出场检验

亲鱼在销售交货时进行检验。项目包括外观、年龄、体重,繁殖期还包括繁殖期特征。

7.1.1.2 型式检验

型式检验项目为本文件第 4 章规定的全部项目,在非繁殖期可免检亲鱼的繁殖期特征。有下列情况之一时,应进行型式检验:

    a) 更换亲鱼或亲鱼数量变化较大时;

    b) 养殖环境发生变化,可能影响到亲鱼质量时;

    c) 出场检验与上次型式检验有较大差异时;

    d) 国家质量监督机构或行业主管部门提出要求时。

7.1.2 组批规则

以一个销售批或生产批作为检验批。

7.1.3 抽样方法

病害项和安全指标项按相应检测标准的规定执行。其他指标按 GB/T 18654.2 的规定执行。

7.1.4 判定规则

经检验,病害项和安全指标项不合格,则判定该检验批亲鱼不合格,不得复检。其他项不合格,应对原检验批取样进行复检,以复检结果为准。

7.2 苗种检验规则

7.2.1 检验分类

7.2.1.1 出场检验

苗种在销售交货或出场时进行检验。检验项目包括外观、可数指标、规格。

7.2.1.2 型式检验

型式检验项目为本文件第 5 章规定的全部项目。有下列情况之一时,应进行型式检验:

    a) 新建养殖场培育的苗种;

    b) 养殖环境发生变化,可能影响苗种质量时;

    c) 正常生产满一年时;

    d) 出场检验与上次型式检验有较大差异时;

    e) 国家质量监督机构或行业主管部门提出要求时。

7.2.2 组批规则

以一次交货的苗种或同批生产的苗种为一个检验批。

7.2.3 抽样方法

每批检验应随机取样 100 尾以上,观察外观、可数指标(伤残率、畸形率);可量指标(全长或体重),每批取样应在 30 尾以上,重复 2 次,取平均值。病害项和安全指标项按相应检测标准的规定执行。

7.2.4 判定规则

经检验,病害项和安全指标项不合格,则判定该检验批苗种不合格,不得复检。其他项不合格,应对原检验批取样进行复检,以复检结果为准。

8 苗种计数方法

8.1 全长 10 cm 以下(含全长 10 cm)的苗种

8.1.1 抽样

按暂养苗种的网箱数量确定抽样网箱数量。10 个以下(含 10 个)的,随机抽取 1 个作为抽样网箱;10 个～50 个(含 50 个)的,随机抽取 2 个作为抽样网箱;50 个以上的,随机抽取 4 个作为抽样网箱。

8.1.2 抽样样品计数和苗种数量统计

每个抽样网箱依次按如下方法计数:将抽样网箱苗种集中后分批均匀盛于 20 个～30 个装有海水的容器中,从中随机抽取 2 个容器进行计数(苗种较多时可再细分抽样计数),计算该批次苗种数量;重复操作直至将抽样网箱中的所有苗种取出计数;累加各批次的苗种数量得出抽样网箱的苗种数量。

取各抽样网箱的苗种数量的平均值,乘以暂养苗种网箱总数量即得出苗种总量。

8.2 全长 10 cm 以上的苗种

8.2.1 抽样

按 8.1.1 的方法进行抽样。

8.2.2 抽样样品计数和苗种数量统计

依次对每个抽样网箱用捞网逐尾计数。

取各抽样网箱的苗种数量的平均值,乘以暂养苗种网箱总数量即得出苗种总量。

9 运输

9.1 选择晴好天气、风浪较小时运输。运输温度以 14 ℃～20 ℃为宜。运输前停食 1 d～2 d。

9.2 活水船运输方式适合大批量长途海上运输,开放式容器充氧运输方式适合运输时间 6 h 以内的鱼苗陆上运输。大黄鱼运输密度见表 1。

表 1 大黄鱼运输密度

规格 cm	运输密度	
	活水船运输	开放式容器充氧运输
3.0～4.0	20.0×10⁴ ind./m³～10.0×10⁴ ind./m³	8.0×10⁴ ind./m³～5.0×10⁴ ind./m³
4.0～5.0	10.0×10⁴ ind./m³～5.0×10⁴ ind./m³	5.0×10⁴ ind./m³～2.5×10⁴ ind./m³

表 1（续）

规格 cm	运输密度	
	活水船运输	开放式容器充氧运输
5.0~6.0	5.0×10^4 ind. /m³ ~ 4.0×10^4 ind. /m³	2.5×10^4 ind. /m³ ~ 2.1×10^4 ind. /m³
6.0~7.0	4.0×10^4 ind. /m³ ~ 3.0×10^4 ind. /m³	2.1×10^4 ind. /m³ ~ 1.7×10^4 ind. /m³
7.0~8.0	3.0×10^4 ind. /m³ ~ 2.0×10^4 ind. /m³	1.7×10^4 ind. /m³ ~ 1.3×10^4 ind. /m³
8.0~9.0	2.0×10^4 ind. /m³ ~ 1.0×10^4 ind. /m³	1.3×10^4 ind. /m³ ~ 0.9×10^4 ind. /m³
9.0~10.0	1.0×10^4 ind. /m³ ~ 0.8×10^4 ind. /m³	0.9×10^4 ind. /m³ ~ 0.5×10^4 ind. /m³
≥10.0	100 kg/m³ ~ 80 kg/m³	30 kg/m³ ~ 25 kg/m³
亲鱼	80 kg/m³ ~ 60 kg/m³	—

附　录　A

（资料性）

大黄鱼常见病害及诊断方法

大黄鱼常见病害及诊断方法见表 A.1。

表 A.1　大黄鱼常见病害及诊断方法

病害名称	病原体	症状	发病阶段	诊断
刺激隐核虫病	刺激隐核虫 *Cryptocaryon irritans* Brown	体表、鳍条上都出现"雪花状"的白点，鳃部也会出现，呼吸困难，常浮于水体表面漫游，敏感度降低；摄食明显下降；皮肤和鳃分泌大量黏液；伴随鳍条缺损，头部和尾部溃烂等	亲鱼苗种	按 SC/T 7217 的规定执行
虹彩病毒病	大黄鱼虹彩病毒 *Large yellow croaker iridovirus*	病鱼体色变黑，体表和鳍条出血；鳃贫血、色变淡，呈灰色或点状出血；肝脏尖部或其他某一部分充血、发红，呈"花肝状"；反应迟钝、离群浮游、游动无力	亲鱼苗种	采集发病大黄鱼的脾脏、肾脏和肝脏组织，抽提 DNA，选用已报道的肿大细胞病毒引物进行 PCR 扩增，PCR 产物琼脂糖电泳检测，测序，与数据库中肿大细胞病毒的序列进行比对分析和鉴定
内脏白点病	恶臭假单胞菌 *P. putida*	早期体表无明显症状，病情严重时不摄食。解剖鱼体，均可看到脾脏、肾脏上布满了许多直径约1 mm 的白色结节。肠道内有淡黄色的内容物，体腔有大量腹水，肝脏颜色变淡，有的坏死	亲鱼苗种	取发病大黄鱼脾脏、肾脏等病灶部位的组织进行分离、培养和鉴定

ICS 65.150
CCS B 51

中华人民共和国水产行业标准

SC/T 2110—2022

中国对虾良种选育技术规范

Technology specification of selective improvement for Chinese shrimp

2022-07-11 发布

2022-10-01 实施

中华人民共和国农业农村部 发布

前　言

本文件按照 GB/T 1.1—2020《标准化工作导则　第 1 部分：标准化文件的结构和起草规则》的规定起草。

请注意本文件的某些内容可能涉及专利。本文件的发布机构不承担识别专利的责任。

本文件由农业农村部渔业渔政管理局提出。

本文件由全国水产标准化技术委员会海水养殖分技术委员会（SAC/TC 156/SC 2）归口。

本文件起草单位：中国水产科学研究院黄海水产研究所、昌邑市海丰水产养殖有限责任公司。

本文件主要起草人：何玉英、李健、常志强、王琼、王学忠。

中国对虾良种选育技术规范

1 范围

本文件规定了中国对虾[*Fenneropenaeus chinensis*（Osbeck，1765）]良种选育技术的术语和定义、选育目标及方案、选育环境、基础群体的组建、核心育种群体的建立、选育世代要求、性能测定和选育效果评价，描述了检测方法，给出了判定规则。

本文件适用于中国对虾良种选育，凡纳滨对虾（*Litopenaeus vannamei*）、斑节对虾（*Penaeus monodon*）和日本囊对虾（*Marsupenaeus japonicus*）等对虾类良种选育可参照执行。

2 规范性引用文件

下列文件中的内容通过文中的规范性引用而构成本文件必不可少的条款。其中，注日期的引用文件，仅该日期对应的版本适用于本文件；不注日期的引用文件，其最新版本（包括所有的修改单）适用于本文件。

GB/T 15101.1 中国对虾 亲虾

GB/T 15101.2 中国对虾 苗种

GB/T 18654.2 养殖鱼类种质检验 第2部分：抽样方法

GB/T 25878 对虾传染性皮下及造血组织坏死病毒（IHHNV）检测 PCR法

GB/T 28630.2 白斑综合征（WSD）诊断规程 第2部分：套式PCR检测法

NY 5362 无公害食品 海水养殖产地环境条件

SC/T 1116—2012 水产新品种审定技术规范

SC/T 1138 水产新品种生长性能测试 虾类

SC/T 2075 中国对虾繁育技术规范

SC/T 7203.1 对虾肝胰腺细小病毒病诊断规程 第1部分：PCR检测法

SC/T 7232 虾肝肠胞虫病诊断规程

SC/T 7233 急性肝胰腺坏死病诊断规程

SC/T 7236 对虾黄头病诊断规程

3 术语和定义

下列术语和定义适用于本文件。

3.1

育种基础群体 base population

通过收集地理群体或培育品种组建的，作为育种材料具有丰富遗传变异性状的群体。

3.2

核心育种群体 nucleus breeding population

通过表型和性能测定从基础群体中筛选出符合目标选育性状的优选个体组成的群体。

3.3

群体选育 mass selection

从基础群体开始，然后封闭群体，并在封闭群体内逐代根据生产性能、外形特征、系谱来源等进行相应的选种选配。

3.4

家系选育 family selection

不同雌性和雄性亲本个体两两杂交繁育产生的全同胞家系或者由同一雄性亲本个体与不同雌性亲本个体两两杂交繁育产生的半同胞家系等。

3.5

留种率 fraction selected

被选留种用个体的数量占被测定个体数量的百分比。

4 选育目标及方案

4.1 凡通过选育可得到的改良性状都可以作为目标性状,如体长、体重、抗病能力、存活率以及环境胁迫耐受能力等。

4.2 可对一个或多个性状进行选育,应在工作开始之前制订选育方案。

4.3 生长性状应规定体长、体重等,繁殖性状应规定产卵数、孵化率、出苗率等,抗病(逆)性状应规定对病原(逆境)的耐受力、成活率等。

4.4 选育过程中采用抽样的方法对目标性状进行测定。

4.5 将育种目标具体化,确定改良的目标性状和达到的性状指标,主选性状均值宜高于对照群体水平10%以上,留种率小于5%。

5 选育环境

应符合 NY 5362 的规定。

6 基础群体的组建

收集地理群体或已培育的新品种(系),组建具有丰富遗传变异的基础群,宜收集 3 个以上不同地理群体或选育群体,每个群体的亲虾数量应不少于 500 对(雌雄比例为 1∶1)。

7 核心育种群体的建立

7.1 根据选育方案及实施条件来确定核心育种群体。群体选育每个世代核心育种群体亲虾应不少于1 000尾;家系选育每个世代家系数量不少于 30 个,雌虾应不少于 100 尾,雄虾不少于 50 尾。

7.2 对亲虾的生长性状进行抽样检测,亲虾雌虾体长应在 16 cm 以上,雄虾体长 14 cm 以上,体重大于基础群体平均体重的 15% 以上。

7.3 亲虾的人工繁育按 SC/T 2075 的规定执行,并对亲虾和苗种的白斑综合征病毒(WSSV)、肝胰腺细小病毒(HPV)、传染性皮下及造血组织坏死病毒(IHHNV)、急性肝胰腺坏死病(AHPND)、对虾黄头病毒(YHV)和虾肝肠胞虫(EHP)等病原进行检测。

8 选育世代要求

8.1 群体选育

从基础群体开始封闭,并逐代根据选育指标进行选种选配,要求连续选育 4 代以上。

8.2 家系选育

根据家系的表型值,以家系为单位进行选择,要求连续选育 4 代以上。

9 性能测定

9.1 每代均对选育性状进行统一的性能测定,测定结果记录应准确、完整,并具连续性和系统性。

9.2 群体选育法宜采用大群体测定,家系选育应有完整的系谱记录(见附录 A)和性能测试记录。

10 选育效果评价

按 SC/T 1116 的规定执行。

11 检测方法

11.1 亲虾质量检测

按 GB/T 15101.1 的规定执行。

11.2 抽样方法

按 GB/T 18654.2 的规定执行。

11.3 生长性状测试

按 SC/T 1138 的规定执行。

11.4 苗种检测

按 GB/T 15101.2 的规定执行。

11.5 病原检测

各群体及家系须定期进行病原检测,淘汰感染个体和种群。白斑综合征病毒的检测按 GB/T 28630.2 的规定执行,肝胰腺细小病毒的检测按 SC/T 7203.1 的规定执行,传染性皮下及造血组织坏死病毒的检测按 GB/T 25878 的规定执行,急性肝胰腺坏死病的检测按 SC/T 7233 的规定执行,对虾黄头病毒的检测按 SC/T 7236 的规定执行,虾肝肠胞虫病的检测按 SC/T 7232 的规定执行。

12 判定规则

选育群体符合 SC/T 1116—2012 中第 2 章"选育种"规定的要求。

附　录　A
（资料性）
家系系谱记录

表 A.1 规定了家系系谱记录内容。

表 A.1　家系系谱记录

个体编号	父本编号	父本群体编号	母本编号	母本群体编号	家系编号	性别	池塘编号	孵化日期	测试日龄	体长	体重	世代

ICS 65.150
CCS B 51

中华人民共和国水产行业标准

SC/T 2113—2022

长　蛸

Long-armed octopus

2022-11-11 发布

2023-03-01 实施

中华人民共和国农业农村部 发布

前　　言

本文件按照 GB/T 1.1—2020《标准化工作导则　第 1 部分：标准化文件的结构和起草规则》的规定起草。

请注意本文件的某些内容可能涉及专利。本文件的发布机构不承担识别专利的责任。

本文件由农业农村部渔业渔政管理局提出。

本文件由全国水产标准化技术委员会海水养殖分技术委员会（SAC/TC 156/SC 2）归口。

本文件起草单位：中国海洋大学、马山集团有限公司、烟台市海洋经济研究院、连云港市赣榆区水产科学研究所。

本文件主要起草人：郑小东、钱耀森、南泽、汪金海、许然、郑建、王培亮、刘永胜。

长　蛸

1　范围

本文件界定了长蛸[*Octopus minor*(Sasaki,1920)]的术语和定义、学名与分类,规定了主要形态、生长与繁殖、细胞遗传学、分子遗传学等特性,描述了相应的检测方法,给出了判定规则。

本文件适用于长蛸的种质鉴定与检测。

2　规范性引用文件

下列文件中的内容通过文中的规范性引用而构成本文件必不可少的条款。其中,注日期的引用文件,仅该日期对应的版本适用于本文件;不注日期的引用文件,其最新版本(包括所有的修改单)适用于本文件。

GB/T 18654.2　养殖鱼类种质检验　第 2 部分:抽样方法

GB/T 18654.12　养殖鱼类种质检验　第 12 部分:染色体组型分析

GB/T 22213　水产养殖术语

3　术语和定义

GB/T 22213 界定的以及下列术语和定义适用于本文件。

3.1

胴背长　dorsal mantle length

胴体部背面两眼中间至最后端的长度。

[来源:SC/T 2084—2018,3.1,有修改]

3.2

齿式　radula formula

软体动物齿舌由许多排小齿构成,为带状,通常每一横排小齿由中央齿 1 个、左右侧齿 1 个或多个以及边缘的缘齿 1 个或多个组成。表示软体动物齿舌上的小齿数目、形状及排列次序的公式称为齿式,是重要的分类特征。例如齿式为 3・1・3,表示每一横排小齿由中央齿 1 个、左右对称排列的侧齿 3 个组成;齿式为 2・2・1・2・2 表示每一横排小齿由中央齿 1 个、左右对称排列的侧齿和缘齿各 2 个组成。

3.3

漏斗外部长　funnel length

漏斗外侧基部中点至末端中点的直线长度。

3.4

漏斗内部长　free funnel length

漏斗内侧基部中点至末端中点的直线长度。

3.5

腕长　arm length

从腕的第一个吸盘近口端至腕末端的直线长度。

3.6

舌叶长　ligula length

雄性右 3 腕最后一个吸盘至腕末端的直线长度。

4　学名与分类

4.1　学名

长蛸 *Octopus minor*（Sasaki，1920）。

4.2 分类

软体动物门（Mollusca）头足纲（Cephalopoda）八腕目（Octopoda）蛸科（Octopodidae）蛸属（*Octopus*）。

5 主要形态特性

5.1 外形

个体小到中型，雌雄异体。胴体长卵形，胴长约为胴宽的2倍。体表光滑，具极细的色素斑。长腕型，腕长通常为胴背长的4倍～7倍，各腕长度不等，第1对腕最长且最粗。腕吸盘两行。雄性右侧第3腕茎化，约为左侧对应腕长度的1/2，腕尖端变形呈匙状，大而明显。口内具颚片和齿舌，齿舌的中央齿为五尖型，第1侧齿甚小，齿尖居中，第2侧齿基部边缘较平，齿尖略偏一侧，第3侧齿近似弯刀状，外侧具有发达的缘板结构。半鳃片数9个～10个。外部形态见图1。

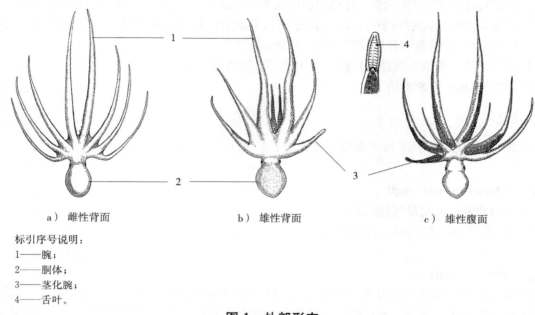

　　a）雌性背面　　　　　　　　　b）雄性背面　　　　　　　　c）雄性腹面

标引序号说明：
1——腕；
2——胴体；
3——茎化腕；
4——舌叶。

图1 外部形态

5.2 可数性状

5.2.1 腕

4对。

5.2.2 齿式

3·1·3。

5.2.3 茎化腕吸盘数

50个～62个。

5.3 可量性状

可量性状比值应符合表1的规定。

表1 长蛸可量性状比值

胴背长/胴体宽	茎化腕长/舌叶长	漏斗外部长/漏斗内部长
1.6～3.4	6.6～13.1	1.1～2.6

6 生长与繁殖特性

6.1 生长

体重数据个体胴背长和体重的关系应符合公式（1）。

$$W = 0.0002L^{3.1863}(R^2 = 0.954) \quad \cdots\cdots\cdots\cdots\cdots\cdots\cdots\cdots\cdots\cdots\cdots\cdots\cdots (1)$$

式中:

W ——体重的数值,单位为克(g);

L ——胴背长的数值,单位为毫米(mm);

R^2 ——相关系数。

6.2 繁殖

6.2.1 性成熟年龄

一般12月龄,雄性成熟较早。

6.2.2 繁殖期

5月—7月,繁殖一次,体内受精。

6.2.3 绝对怀卵量

50粒~240粒。

6.2.4 受精卵

白色,呈长茄形,具卵柄,基部具黏性,长径13 mm~20 mm,短径4 mm~6 mm。

7 细胞遗传学特性

7.1 染色体数

体细胞染色体数:2n=60。

8 分子遗传学特性

线粒体COI基因片段的碱基序列(共658 bp)。

```
AACACTATAT TTTATTTTTG GAATCTGATC AGGTCTTCTA GGAACTTCTT TAAGATTAAT   60
AATTCGTACT GAATTAGGTC AACCAGGTTC ACTACTCAAC GATGATCAAC TTTATAATGT  120
TATTGTAACT GCACATGCAT TTGTAATAAT TTTTTTTTTA GTAATACCTG TTATAATCGG  180
AGGATTTGGA AATTGATTAG TTCCTTTAAT ATTAGGTGCA CCAGATATAG CATTCCCCCG  240
AATAAATAAT ATAAGATTTT GACTTCTTCC TCCTTCCCTA ACCTTATTAT TAACCTCTGC  300
AGCTGTTGAA AGAGGAGTAG GAACAGGATG AACCGTATAT CCTCCTTTAT CAAGAAATCT  360
CGCTCATACA GGACCATCTG TAGACCTAGC AATTTTCTCACTCCATTTAG CAGGAATTTC  420
ATCTATTTTA GGAGCTATTA ACTTCATAAC TACTATTATC AATATACGAT GAGAAGGAAT  480
ACAAATAGAA CGTCTTCCTT TGTTTGTTTG ATCAGTATTT ATTACAGCTA TCCTTCTTCT  540
TTTATCATTA CCTGTTCTTG CTGGAGCTAT TACTATATTA TTAACTGATC GAAATTTTAA  600
TACTACTTTC TTTGACCCAA GAGGAGGAGG AGATCCAATC TTATACCAAC ATTTATTC    658
```

种内K2P遗传距离应小于2%。

9 检测方法

9.1 抽样方法

按照GB/T 18654.2的规定执行。

9.2 性状测定

9.2.1 可数性状

肉眼或解剖镜观测并计数。

9.2.2 可量性状

取新鲜样品,自然摆放于托盘中,用直尺(精度1 mm)或者游标卡尺进行测量,胴背长的测定方法按附录A的规定执行。

9.3 细胞遗传学特性

将长蛸活体置于含有浓度为 0.01%秋水仙素的海水溶液中避光充气暂养 24 h,经麻醉后,取鳃组织进行染色体制备,其他按照 GB/T 18654.12 的规定执行。

9.4 分子遗传学特性

线粒体 COI 片段序列测定方法按附录 B 的规定执行。

10 判定规则

10.1 当检测结果符合第 5 章和第 7 章的要求,可以判定物种时,按第 5 章和第 7 章的要求判定。

10.2 当出现下列情况之一时,增加检测第 6 章和第 8 章要求的内容,依据检测结果对物种进行辅助判定:

    a) 第 5 章和第 7 章的项目无法进行检测或准确判定时;

    b) 第三方提出要求时。

附　录　A
（规范性）
长蛸胴背长的测定

长蛸胴背长按照图 A.1 测定。

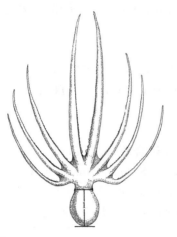

标引序号说明：
1——胴背长。

图 A.1　长蛸胴背长测定方法

附　录　B

（规范性）

线粒体 COI 基因片段的序列分析方法

B.1　总 DNA 提取

取长蛸肌肉组织剪碎并用 10％蛋白酶 K 消化后,采用酚-氯仿抽提法或使用试剂盒提取总 DNA。

B.2　引物序列

COI-F:5′-GGTCAACAAATCATAAAGATATTGG-3′;

COI-R:5′-TAAACTTCAGGGTGACCAAA AAATCA-3′。

B.3　序列扩增与测序

PCR 反应体系:1.25 U *Taq* DNA 聚合酶,0.2 μmol/L 的正反向引物,200 μmol/L 的 dNTP,10×PCR 缓冲液[200 mmol/L Tris-HCl,pH 8.4;200 mmol/L KCl;100 mmol/L(NH_4)$_2$$SO_4$;15 mmol/L $MgCl_2$]5 μL,总 DNA 约为 20 ng,加 ddH_2O 至 50 μL。

PCR 扩增参数:94 ℃预变性 4 min;94 ℃变性 40 s,52 ℃退火 30 s,72 ℃延伸 1 min,循环 35 次;72 ℃延伸 7 min。

PCR 产物经琼脂糖凝胶电泳、回收纯化后进行双向测序。

B.4　遗传距离分析

利用 Kimura 两参数模型(Kimura 2-parameter,K2P)计算样品间遗传距离。

参　考　文　献

[1]　SC/T 2084—2018　金乌贼

————————

ICS 65.150
CCS B 51

中华人民共和国水产行业标准

SC/T 2114—2022

近江牡蛎

Jinjiang oyster

2022-11-11 发布
2023-03-01 实施

中华人民共和国农业农村部 发布

前　言

本文件按照 GB/T 1.1—2020《标准化工作导则　第 1 部分：标准化文件的结构和起草规则》的规定起草。

请注意本文件的某些内容可能涉及专利。本文件的发布机构不承担识别专利的责任。

本文件由农业农村部渔业渔政管理局提出。

本文件由全国水产标准化技术委员会海水养殖分技术委员会(SAC/TC 156/SC 2)归口。

本文件起草单位：中国科学院海洋研究所。

本文件主要起草人：李莉、王威、黎奥、许飞、丛日浩、吴富村、张国范。

近江牡蛎

1 范围

本文件界定了近江牡蛎[*Crassostrea ariakensis*(Fujita，1913)]的术语和定义、学名与分类，规定了主要形态构造特征、生长与繁殖、细胞遗传学、分子遗传学等特性，描述了相应的检测方法，给出了判定规则。

本文件适用于近江牡蛎的种质检测与鉴定。

2 规范性引用文件

下列文件中的内容通过文中的规范性引用而构成本文件必不可少的条款。其中，注日期的引用文件，仅该日期对应的版本适用于本文件；不注日期的引用文件，其最新版本（包括所有的修改单）适用于本文件。

GB/T 22213　水产养殖术语
GB/T 32757　贝类染色体组型分析

3 术语和定义

GB/T 22213 界定的以及下列术语和定义适用于本文件。

3.1
壳高　shell height(SH)
壳顶至壳腹缘的最大距离。
[来源：SC/T 2107—2021，3.3]

3.2
壳长　shell length(SL)
壳左右端的最大距离。

4 学名与分类

4.1 学名
近江牡蛎 *Crassostrea ariakensis*(Fujita，1913)。

4.2 分类
软体动物门(Mollusca)双壳纲(Bivalvia)牡蛎目(Ostreida)牡蛎科(Ostreidae)巨蛎属(*Crassostrea*)。

5 主要形态构造特征

5.1 外部形态

5.1.1 外形
两壳尺寸近相等，壳质坚厚，壳型变化较大，附着于硬质底质的个体多见卵圆形，少见生长于软泥底质的为长形。左壳固着，比右壳厚，且颜色较浅，杯状或碟状凹陷。右壳相对左壳较平，只有轻微凸起，颜色较深，具多层同心生长的鳞片，无明显放射肋。闭壳肌痕肾形，南方个体闭壳肌痕多见紫黑色，北方个体多见白色。外部形态见图1。

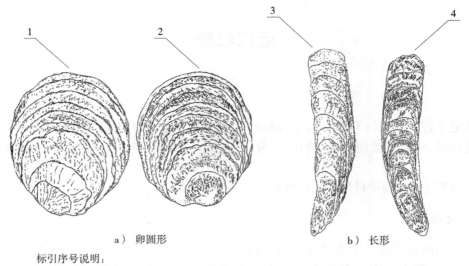

a) 卵圆形　　　　　　　　　　　b) 长形

标引序号说明：
1——卵圆形近江牡蛎左壳；
2——卵圆形近江牡蛎右壳；
3——长形近江牡蛎左壳；
4——长形近江牡蛎右壳。

图 1　近江牡蛎外部形态特征

5.1.2　可量性状

卵圆形壳高与壳长比为 0.8～2，长型壳高与壳长比大于 2。

5.2　内部结构特征

5.2.1　外套膜

外套膜分两片，在背面绞合部处愈合，属两孔型。

5.2.2　鳃间小室

右鳃上腔对外开放，露出两排鳃间小室。近江牡蛎右侧解剖图见图 2。

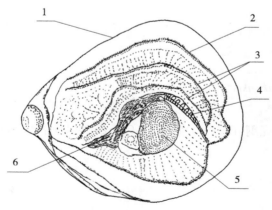

标引序号说明：
1——左壳；
2——外套膜（左）；
3——外套膜（右）；
4——鳃间小室；
5——闭壳肌；
6——内脏团。

图 2　近江牡蛎右侧解剖图

6 生长与繁殖

6.1 生长

6.1.1 壳高、壳长、体重实测值

近江牡蛎壳高、壳长和体重实测值及壳高与壳长的比值见表1。

表 1 近江牡蛎壳高、壳长和体重实测值

壳形	壳高(SH) cm	壳长(SL) cm	体重 g	壳高/壳长
卵圆形	10.88±1.10	8.44±0.95	160.13±34.39	1.31±0.18
长形	9.69±3.15	3.56±1.22	50.05±36.27	2.75±0.37

6.1.2 壳高与体重的关系

在壳高 6.53 cm～23.33 cm、体重 33.42 g～1 368.07 g 的条件下,卵圆形个体壳高与体重的关系应符合公式(1)。

$$W = 0.083SH^{3.20}(R^2 = 0.931\ 3) \quad\cdots\cdots\cdots\cdots\cdots\cdots (1)$$

式中:

SH ——壳高的数值,单位为厘米(cm);

W ——体重的数值,单位为克(g);

R^2 ——相关系数。

6.2 繁殖

6.2.1 性成熟年龄

1龄。

6.2.2 繁殖期

5月—9月,盛期6月—7月。

6.2.3 绝对怀卵量

壳高 7 cm～11 cm 的 1 龄成熟雌性个体,怀卵量在 100 万粒～1 100 万粒。

6.2.4 卵径

直径 55 μm～70 μm。

7 细胞遗传学特性

体细胞染色体数:2n=20。

8 分子遗传学特性

线粒体 COI 基因片段的碱基序列(642 bp):

```
TATATGGTGT TTGGATTTTG AGCCGTTCTT GTAGGAACTA GGTTCAGATC TCTTATTCGT    60
TGAAGTTTGT ATACCCCAGG GGCTAAGTTT TTAGACCCTG TAACCTATAA CGCAGTTGTA   120
ACCAGACATG CATTAGTTAT AATCTTTTTT TTTGTTATAC CGGTAATAAT CGGGGGGTTT   180
GGAAATTGGC TTATCCCATT AATGCTTCAA GTAGCAGATA TGCAGTTCC  TCGGTTAAAT   240
GCATTTAGAT TCTGGGTTTT GCCAGGCTCA CTTATCTTA  TGCTTATGTC TAATCTTGTA   300
GAAAGTGGGG TCGGGGCAGG ATGAACAATT TACCCTCCTT TATCAACTTA CTCTTATCAT   360
GGGGTCTGCA TAGACCTTGC AATTCTAAGC CTTCATTTAG CTGGAATTAG GTCTATTTTT   420
AGGTCAATTA ATTTCATAGT AACTATTAGA AATATGCGAT CTGTCGGTGG GCATTTGTTG   480
GCGCTATTTC CATGGTCTAT CAAAGTCACA TCATTTTTAC TTTTTAACAAC CCTTCCGGTA  540
CTAGCTGGAG GTCTTACCAT GCTTTTGACT GACCGGCATT TTAACACGTC TTTTTTTTGAT  600
```

CCTGTCGGAG GGGGCGATCC TGTTTTATTT CAGCATTTAT TC   642

种内 K2P 遗传距离应小于 2.5%。

9 检测方法

9.1 形态构造

9.1.1 抽样方法

随机抽样,形态性状测定的样本量不少于 30 个,繁殖性能测定样本量不少于 10 个。

9.1.2 外形

按 5.1 的规定,采用目视法观察外部特征。用游标卡尺测量壳高、壳长,精确至 0.01 cm,测量方法见附录 A。用电子天平测量体重,精确至 0.01 g。

9.1.3 内部构造

去除样品的右壳,露出完整的软体部,将右外套膜与内脏团连接处分离,暴露鳃间小室,按 5.2 的规定观察鳃间小室排列数量。

9.1.4 怀卵量

取性成熟雌性个体,解剖刀划开性腺组织表面,使用过滤海水和解剖刀将性腺组织中的卵子全部剥离冲洗到烧杯中,塑料滴管反复吹打卵块至均匀散开,使用 300 目筛绢滤除组织碎屑后,加海水定容。搅拌均匀,在不同位点等体积取卵液到细胞计数器,计数后计算卵子密度。重复取样计数 3 次以上,计算卵子密度平均值,根据定容后卵液体积计算总卵量。

9.2 细胞遗传学特性

按 GB/T 32757 的规定,其中染色体标本的制备采用成体剪鳃组织或样本繁育产生的担轮幼虫,在 0.5 g/L 的秋水仙素中浸泡处理 30 min。

9.3 分子遗传学特性

按附录 B 的规定执行。

10 判定规则

10.1 当检测结果符合第 5 章的要求,且 COI 测序结果与第 8 章序列比对,K2P 遗传距离小于 2.5%,可以判定物种时,按照第 5 章和第 8 章的要求判定。

10.2 当出现下列情况之一时,增加检测第 6 章和第 7 章要求的内容,依据检测结果对物种进行辅助判定:

a) 第 5 章和第 8 章的项目无法进行检测或准确判定时;

b) 第三方提出要求时。

附 录 A

（规范性）

近江牡蛎可量性状的测定

近江牡蛎可量性状按图 A.1 测定。

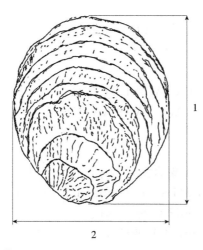

标引序号说明：

1——壳高；

2——壳长。

图 A.1 近江牡蛎壳高、壳长测定方法

附　录　B
（规范性）
线粒体 COI 基因片段序列分析方法

B.1　总 DNA 提取

取近江牡蛎鳃组织，采用酚-氯仿抽提法或使用试剂盒提取总 DNA。

B.2　引物序列

COI-F：5′-GGTCAACAAATCATAAAGATATTGG-3′；
COI-R：5′-TAAACTTCAGGGTGACCAAAAAATCA-3′。

B.3　序列扩增与测序

PCR 反应体系：1.25 U Taq DNA 聚合酶，0.2 μmol/L 的正反向引物，200 μmol/L 的 dNTP，10× PCR 缓冲液[200 mmol/L Tris-HCl，pH 8.4；200 mmol/L KCl；100 mmol/L $(NH_4)_2SO_4$；15 mmol/L $MgCl_2$]5 μL，总 DNA 约为 30 ng，加 ddH_2O 至 50 μL。

PCR 扩增参数：94 ℃预变性 3 min；94 ℃变性 30 s，55 ℃退火 30 s，72 ℃延伸 30 s，循环 35 次；72 ℃延伸 5 min。

PCR 产物经琼脂糖凝胶电泳、回收纯化后进行双向测序。

B.4　遗传距离分析

利用 Kimura 两参数模型（Kimura 2-parameter，K2P）计算样品间两两遗传距离。

参 考 文 献

[1] SC/T 2107—2021 单体牡蛎苗种培育技术规范

———————————

ICS 65.150
CCS B 51

中华人民共和国水产行业标准

SC/T 2115—2022

日本白姑鱼

Japanese meagre

2022-11-11 发布　　　　　　　　　　　　　　2023-03-01 实施

中华人民共和国农业农村部 发布

前　言

本文件按照 GB/T 1.1—2020《标准化工作导则　第 1 部分:标准化文件的结构和起草规则》的规定起草。

请注意本文件的某些内容可能涉及专利。本文件的发布机构不承担识别专利的责任。

本文件由农业农村部渔业渔政管理局提出。

本文件由全国水产标准化技术委员会海水养殖分技术委员会(SAC/TC 156/SC 2)归口。

本文件起草单位:浙江海洋大学、山东交通学院、浙江省海洋水产研究所、山东省海洋资源与环境研究院、厦门大学。

本文件主要起草人:高天翔、杨天燕、刘璐、徐冬冬、柴学军、任利华、李鹏飞、王晓艳、周涛。

日本白姑鱼

1 范围

本文件界定了日本白姑鱼[*Argyrosomus japonicus*(Temminck et Schlegel,1843)]的术语和定义、学名与分类,规定了主要形态构造特征、生长与繁殖、细胞遗传学和分子遗传学特性,描述了相应的检测方法,给出了判定规则。

本文件适用于日本白姑鱼的种质检测与鉴定。

2 规范性引用文件

下列文件中的内容通过文中的规范性引用而构成本文件必不可少的条款。其中,注日期的引用文件,仅该日期对应的版本适用于本文件;不注日期的引用文件,其最新版本(包括所有的修改单)适用于本文件。

GB/T 18654.2 养殖鱼类种质检验 第2部分:抽样方法

GB/T 18654.3 养殖鱼类种质检验 第3部分:性状测定

GB/T 18654.4 养殖鱼类种质检验 第4部分:年龄与生长的测定

GB/T 18654.6 养殖鱼类种质检验 第6部分:繁殖性能的测定

GB/T 18654.12 养殖鱼类种质检验 第12部分:染色体组型分析

GB/T 22213 水产养殖术语

3 术语和定义

GB/T 22213界定的术语和定义适用于本文件。

4 学名与分类

4.1 学名

日本白姑鱼[*Argyrosomus japonicus* (Temminck et Schlegel,1843)]。

4.2 分类地位

脊索动物门(Chordata)脊椎动物亚门(Vertebrata)硬骨鱼纲(Osteichthyes)辐鳍亚纲(Actinopterygii)鲈形目(Perciformes)石首鱼科(Sciaenidae)白姑鱼属(*Argyrosomus*)。

5 主要形态构造特征

5.1 外部形态

5.1.1 外形

体延长,侧扁。吻短而微突,吻上具4小孔,上行1个圆形小孔,下行3个孔。眼上侧位,眼间隔宽而平坦。鼻孔每侧2个,位于眼前方,前鼻孔圆形,后鼻孔半月形。上、下颌约等长,上颌骨伸达眼中后部下方。舌前端游离,半圆形。颏孔六孔型,无颏须。有假鳃,鳃孔大,鳃盖膜与峡部不相连,鳃腔灰黑色。体被栉鳞,吻被圆鳞。侧线前部稍弯曲,伸达眼上缘;后部平直,伸达尾鳍后端。第一背鳍与第二背鳍之间具一凹刻。臀鳍第一鳍棘短小,第二鳍棘强大,第二鳍棘长度约为眼径的2倍。尾鳍后缘双凹形。体侧上部褐色,下部灰色。腹部白色。背鳍边缘黑色,胸鳍腋部具1个黑斑,尾鳍深灰色。

日本白姑鱼外部形态见图1,颏孔见图2。

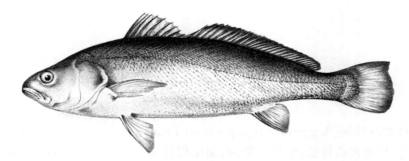

图 1　日本白姑鱼外部形态

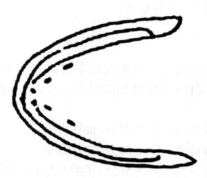

图 2　日本白姑鱼的颏孔

5.1.2　可数性状

5.1.2.1　鳍式

背鳍:Ⅸ～Ⅹ,Ⅰ—26～29;胸鳍:i—15～18;腹鳍:Ⅰ—5;臀鳍:Ⅱ—6～8。

5.1.2.2　鳞式

$$50\frac{8\sim9}{10A}64。$$

5.1.2.3　鳃耙数

左侧第一鳃弓外侧鳃耙数5～7＋9～11。

5.1.3　可量性状

体长 10.69 cm～57.63 cm、体重 22.88 g～1 790.30 g 的日本白姑鱼可量性状比值见表1。

表 1　日本白姑鱼可量性状比值

全长/体长	体高/体长	头长/体长	头长/眼径
1.09～1.26	0.23～0.32	0.20～0.31	2.58～4.82
头长/眼后头长	头长/吻长	头长/眼间距	尾柄长/尾柄高
1.55～3.45	2.69～5.67	2.77～4.87	2.07～3.76

5.2　内部构造

5.2.1　脊椎骨数

22～26。

5.2.2　腹膜

银白色。

5.2.3　鳔

1 室,前端圆形,两侧不突出成短囊,后端细尖,具侧支,26 对～31 对。具腹分支,无背分支。

6 生长与繁殖特性

6.1 生长

体长 10.69 cm～57.63 cm 的日本白姑鱼,其体长与体重关系应符合公式(1)。

$$W=0.0001L^{2.6371}(R^2=0.9385) \quad\cdots\cdots\cdots\cdots\cdots\cdots\cdots\cdots\cdots\cdots\cdots\cdots\cdots\cdots\cdots (1)$$

式中:

W——体重的数值,单位为克(g);

L——体长的数值,单位为厘米(cm)。

6.2 繁殖

6.2.1 性成熟年龄

雌鱼为 4 龄,雄鱼为 3 龄。

6.2.2 繁殖期

多次产卵型,产卵期一般在 1 月—4 月,产卵适温 17 ℃～23 ℃,孵化适温 20 ℃～24 ℃。

6.2.3 怀卵量

绝对怀卵量 0.73×10^6 粒～11.8×10^6 粒,相对怀卵量每克体重 125 粒～1 800 粒。

6.2.4 卵的性质

浮性卵,卵径 0.9 mm～1.0 mm,内有 1 个直径 0.3 mm 左右的油球。

7 细胞遗传学特性

7.1 染色体数

体细胞染色体数:$2n = 48$。

7.2 核型

染色体核型公式为:$2n = 48t$,NF $= 48$。染色体组型见图 3。

10 μm

图 3 日本白姑鱼染色体组型

8 分子遗传学特性

线粒体 COI 基因片段的碱基序列(655 bp):

```
AAAGATATCG GCACCCTTTAT CTCGTATTTG GTGCTTGAGC TGGAATAGTG GGGACCGCCT    60
TAAGCCTGCT CATCCGAGCC GAACTTAGCC AACCCGGGGC TCTCTTAGGA GACGACCAAA    120
TTTACAATGT AATTGTTACA GCTCATGCGT TTGTAATAAT TTTCTTTATA GTAATACCAA    180
TTATGATTGG AGGATTCGGG AATTGACTGG TACCACTTAT GATTGGTGCC CCCGATATAG    240
CATTCCCTCG TATGAACAAC ATAAGCTTCT GACTTCTCCC TCCATCATTT CTCCTATTAT    300
TAGCCTCTTC TGGAGTTGAG GCTGGGGCCG GTACCGGATG GACAGTCTAT CCTCCACTGG    360
CAGGGAATCT CGCCCATGCA GGTGCATCGG TCGACTTAAC TATCTTCTCC CTTCATCTAG    420
CCGGAGTTTC ATCTATTCTT GGAGCCATTA ATTTTATTAC TACTATCATT AACATGAAAC    480
```

CACCAGCTAT CTCACAATAT CAAACCCCTC TCTTTGTGTG GGCCGTTCTA ATTACTGCCG   540

TCCTGCTTCT CCTATCTCTT CCAGTTCTTG CCGCCGGGAT TACAATACTC CTTACAGACC   600

GAAACCTGAA TACCACCTTC TTCGATCCAG CTGGAGGAGG AGACCCAATT CTCTA   655

种内 K2P 遗传距离应小于 2%。

9 检测方法

9.1 抽样

按 GB/T 18654.2 的规定执行。

9.2 性状测定

9.2.1 外部形态

按 GB/T 18654.3 的规定执行。

9.2.2 内部构造

将鱼体解剖后,按 5.2 的规定采用目视法观察和计数检测。

9.3 年龄鉴定

年龄鉴定材料为耳石,按 GB/T 18654.4 的规定执行。

9.4 怀卵量的测定

按 GB/T 18654.6 的规定执行。

9.5 细胞遗传学检测

按 GB/T 18654.12 的规定执行。

9.6 分子遗传学检测

按附录 A 的规定执行。

10 判定规则

10.1 当检测结果符合第 5 章和第 7 章的要求,可以判定物种时,按第 5 章和第 7 章的要求判定。

10.2 当出现下列情况之一时,增加检测第 6 章和第 8 章要求的内容,依据检测结果对物种进行辅助判定:

    a) 第 5 章和第 7 章的项目无法进行检测或准确判定时;

    b) 第三方提出要求时。

附 录 A

(规范性)

线粒体 COI 基因序列分析方法

A.1 总 DNA 提取

取日本白姑鱼肌肉组织剪碎并用 10% 蛋白酶 K 消化后,按照酚-氯仿抽提法或者使用试剂盒进行总 DNA 的提取。

A.2 引物序列

扩增引物序列为 F(5′-GGTCAACAAATCATAAAGATATTGG-3′)和 R(5′-TAAACTTCAGGGT-GACCAAAAAATCA-3′)。

A.3 PCR 扩增

反应体系为 50 μL,每个反应体系包括 1 μL Taq DNA 聚合酶(5 U/μL);各 1 μL 的正反向引物 (10 μmol/L);4 μL 的每种 dNTP(2.5 mmol/L),10×PCR 缓冲液[200 mmol/L Tris-HCl,pH 8.4;200 mmol/L KCl;100 mmol/L (NH$_4$)$_2$SO$_4$;15 mmol/L MgCl$_2$]5 μL,加 ddH$_2$O 至 50 μL。总 DNA 约为 20 ng。

每组 PCR 均设阴性对照用来检测是否存在污染。PCR 参数包括 94 ℃预变性 4 min,94 ℃变性 40 s,52 ℃退火 30 s,72 ℃延伸 1 min,循环 35 次,然后 72 ℃后延伸 7 min。PCR 反应在热循环仪上完成,纯化后的 PCR 扩增产物经琼脂糖凝胶电泳检测后进行双向测序。

A.4 遗传距离分析

利用 Kimura 两参数模型(Kimura 2-parameter,K2P)计算样品间两两遗传距离。

ICS 65.150
CCS B 51

中华人民共和国水产行业标准

SC/T 2116—2022

条 石 鲷

Barred knifejaw

2022-11-11 发布
2023-03-01 实施

中华人民共和国农业农村部 发布

前　　言

本文件按照 GB/T 1.1—2020《标准化工作导则　第 1 部分：标准化文件的结构和起草规则》的规定起草。

请注意本文件的某些内容可能涉及专利。本文件的发布机构不承担识别专利的责任。

本文件由农业农村部渔业渔政管理局提出。

本文件由全国水产标准化技术委员会海水养殖分技术委员会(SAC/TC 156/SC 2)归口。

本文件起草单位：浙江海洋大学、中国科学院海洋研究所、山东交通学院、浙江省海洋水产研究所、威海圣航海洋科技有限公司、威海市文登区海和水产育苗有限公司、山东省渔业发展和资源养护总站。

本文件主要起草人：高天翔、杨天燕、徐冬冬、肖志忠、肖永双、刘淑德、宋宗诚、连昌、刘璐。

条 石 鲷

1 范围

本文件界定了条石鲷[*Oplegnathus fasciatus*（Temminck et Schlegel，1844）]的术语和定义、学名与分类，规定了主要形态构造特征、生长与繁殖、细胞遗传学和分子遗传学等特性，描述了相应的检测方法，给出了判定规则。

本文件适用于条石鲷的种质检测与鉴定。

2 规范性引用文件

下列文件中的内容通过文中的规范性引用而构成本文件必不可少的条款。其中，注日期的引用文件，仅该日期对应的版本适用于本文件；不注日期的引用文件，其最新版本（包括所有的修改单）适用于本文件。

GB/T 18654.2 养殖鱼类种质检验 第2部分：抽样方法

GB/T 18654.3 养殖鱼类种质检验 第3部分：性状测定

GB/T 18654.4 养殖鱼类种质检验 第4部分：年龄与生长的测定

GB/T 18654.6 养殖鱼类种质检验 第6部分：繁殖性能的测定

GB/T 18654.12 养殖鱼类种质检验 第12部分：染色体组型分析

GB/T 22213 水产养殖术语

3 术语和定义

GB/T 22213 界定的术语和定义适用于本文件。

4 学名与分类

4.1 学名

条石鲷[*Oplegnathus fasciatus*（Temminck et Schlegel，1844）]。

4.2 分类地位

脊索动物门（Chordata）脊椎动物亚门（Vertebrata）硬骨鱼纲（Osteichthyes）鲈形目（Perciformes）石鲷科（Oplegnathidae）石鲷属（*Oplegnathus*）。

5 主要形态构造特征

5.1 外部形态

5.1.1 外形

成鱼体色呈银白色，随着年龄增长，体色渐变成银灰色。繁殖季节横带颜色变浅逐渐消失，雄鱼头部口周围和躯干部胸鳍下缘变灰黑色。体侧具7条黑色横带，第一条横带斜穿过眼睛，第二条横带从背鳍起点出发穿过胸鳍基部达到腹鳍基部。体侧扁而高，背缘和腹缘圆弧形，背缘略斜直。吻圆锥形，钝尖。口小，端位，不能伸缩。眼上侧位。鼻孔每侧2个，互相接近；前鼻孔圆形，具鼻瓣；后鼻孔细狭。上下颌等长。前鳃盖骨边缘具锯齿，鳃盖骨边缘具一扁棘。体被细小栉鳞，吻部无鳞，颊部具鳞。背鳍及臀鳍基底具鳞鞘，背鳍、臀鳍、尾鳍鳍条均具鳞，胸鳍及腹鳍基底具鳞，侧线前部稍弯曲，后部平直，与背缘平行，伸达尾鳍基。

条石鲷外部形态见图1。

图 1 条石鲷外部形态

5.1.2 可数性状

5.1.2.1 鳍式

背鳍：XII—17～19；胸鳍：17-21；腹鳍：I—5；臀鳍：III—12～13。

5.1.2.2 鳞式

$76\dfrac{36\sim45}{63\sim78A}83$。

5.1.2.3 鳃耙数

左侧第一鳃弓外侧鳃耙数 6～7＋12～19。

5.1.3 可量性状

体长 12.7 cm～40.5 cm、体重 34 g～2 740 g 的条石鲷可量性状比值见表 1。

表 1 条石鲷可量性状比值

体长/体高	体长/全长	头长/全长	吻长/头长
1.49～2.73	0.69～0.90	0.19～0.37	0.17～0.55
眼径/头长	眼后头长/头长	上颌长/头长	尾柄长/尾柄高
0.16～0.45	0.32～0.86	0.16～0.49	0.97～1.46

5.2 内部构造

5.2.1 脊椎骨数

24～25。

5.2.2 腹膜

白色。

6 生长与繁殖特性

6.1 生长

体长 12.7 cm～40.5 cm 的条石鲷，其体长与体重关系见公式(1)。

$$W = 3.160 \times 10^{-5} L^{3.0727} (R^2 = 0.996\ 9) \quad\cdots\cdots\cdots\cdots\cdots\cdots\cdots\cdots (1)$$

式中：

W——体重的数值，单位为克(g)；

L——体长的数值，单位为厘米(cm)。

6.2 繁殖

6.2.1 性成熟年龄

雌鱼为 3 龄，雄鱼为 2 龄。

6.2.2 繁殖期

多次产卵型,产卵期一般在4月—7月,产卵水温20 ℃~26 ℃。

6.2.3 怀卵量

绝对怀卵量$1.32×10^6$粒~$3.41×10^6$粒,相对怀卵量每克体重456粒~1 086粒。

6.2.4 卵的性质

浮性卵,卵径0.79 mm~0.91 mm,内有1个直径0.15 mm~0.22 mm的油球。

7 细胞遗传学特性

7.1 染色体数

体细胞染色体数:$2n=48$(雌鱼),$2n=47$(雄鱼)。

7.2 核型

雌鱼染色体核型公式为:$2n=2m+46t$,$NF=50$。雄鱼染色体核型公式为:$2n=3m+44t$,$NF=50$。染色体组型见图2。

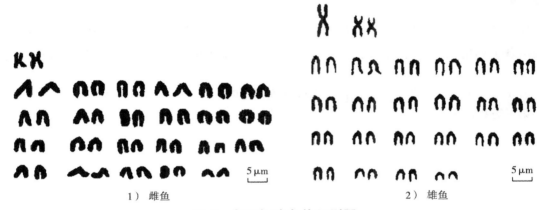

1)雌鱼   2)雄鱼

图2 条石鲷染色体组型图

8 分子遗传学特性

线粒体COI基因片段的碱基序列(606 bp):

GTGGCAATCA CACGTTGATT TTTCTCGACT AATCACAAAG ACATCGGCAC CCTCTATCTA	60
GTATTTGGTG CCTGAGCCGG CATAGTAGGC ACGGCCCTAA GCTTACTCAT CCGAGCAGAA	120
CTAAGCCAAC CAGGCGCTTT CCTCGGAGAC GACCAGATCT ATAATGTAAT TGTTACAGCA	180
CATGCCTTCG TAATAATCTT CTTTATAGTA ATGCCAATTA TGATTGGAGG TTTTGGAAAC	240
TGACTCATCC CCCTCATGAT TGGTGCGCCA GACATGGCAT TTCCTCGAAT AAATAACATG	300
AGCTTTTGAC TGCTCCCACC CTCTTTCTTG CTACTGCTGG CCTCCTCCGG AGTAGAAGCT	360
GGAGCAGGCA CCGGATGAAC CGTTTATCCG CCTCTCGCAG GTAATTTAGC CCATGCAGGA	420
GCGTCTGTTG ATTTAACAAT CTTCTCTCTA CACTTAGCAG GTATTTCCTC AATCCTCGGG	480
GCAATCAACT TTATTACAAC TATTATTAAC ATGAAACCCC CTGCCATTTC CCAATATCAA	540
ACACCACTAT TTGTGTGAGC AGTCCTAATT ACTGCTGTTC TACTTCTCCT TTCCCTCCCC	600
GTTCTC	606

种内K2P遗传距离应小于2%。

9 检测方法

9.1 抽样

按GB/T 18654.2的规定执行。

9.2 性状测定

9.2.1 外部形态

按 GB/T 18654.3 的规定执行。

9.2.2 内部构造

将鱼体解剖后,按 5.2 的规定采用目视法观察和计数检测。

9.3 年龄鉴定

年龄鉴定材料为耳石,按 GB/T 18654.4 的规定执行。

9.4 怀卵量的测定

按 GB/T 18654.6 的规定执行。

9.5 细胞遗传学检测

按 GB/T 18654.12 的规定执行。

9.6 分子遗传学检测

按附录 A 的规定执行。

10 判定规则

10.1 当检测结果符合第 5 章和第 7 章的要求,可以判定物种时,按第 5 章和第 7 章的要求判定。

10.2 当出现下列情况之一时,增加检测第 6 章和第 8 章要求的内容,依据检测结果对物种进行辅助判定:

a) 第 5 章和第 7 章的项目无法进行检测或准确判定时;

b) 第三方提出要求时。

附 录 A

（规范性）

线粒体 COI 基因序列分析方法

A.1 总 DNA 提取

取条石鲷肌肉组织剪碎并用 10% 蛋白酶 K 消化后，按照酚-氯仿抽提法或者使用试剂盒进行总 DNA 的提取。

A.2 引物序列

扩增引物序列为 F(5′-GGTCAACAAATCATAAAGATATTGG-3′) 和 R(5′-TAAACTTCAGGGT-GACCAAAAAATCA-3′)。

A.3 PCR 扩增

反应体系为 50 μL，每个反应体系包括 1 μL *Taq* DNA 聚合酶(5 U/μL)；各 1 μL 的正反向引物(10 μmol/L)；4 μL 的每种 dNTP(2.5 mmol/L)，10 × PCR 缓冲液[200 mmol/L Tris-HCl，pH 8.4；200 mmol/L KCl；100 mmol/L $(NH_4)_2SO_4$；15 mmol/L $MgCl_2$]5 μL，加 ddH_2O 至 50 μL。总 DNA 约为 20 ng。

每组 PCR 均设阴性对照用来检测是否存在污染。PCR 参数包括 94 ℃ 预变性 4 min，94 ℃ 变性 40 s，52 ℃ 退火 30 s，72 ℃ 延伸 1 min，循环 35 次，然后 72 ℃ 后延伸 7 min。PCR 反应在热循环仪上完成，纯化后的 PCR 扩增产物经琼脂糖凝胶电泳检测后进行双向测序。

A.4 遗传距离分析

利用 Kimura 两参数模型(Kimura 2-parameter，K2P)计算样品间两两遗传距离。

ICS 65.150
CCS B 51

中华人民共和国水产行业标准

SC/T 2117—2022

三疣梭子蟹良种选育技术规范

Technology specification on selective breeding of swimming crab

2022-11-11 发布

2023-03-01 实施

中华人民共和国农业农村部 发布

前　言

本文件按照 GB/T 1.1—2020《标准化工作导则　第 1 部分:标准化文件的结构和起草规则》的规定起草。

请注意本文件的某些内容可能涉及专利。本文件的发布机构不承担识别专利的责任。

本文件由农业农村部渔业渔政管理局提出。

本文件由全国水产标准化技术委员会海水养殖分技术委员会(SAC/TC 156/SC 2)归口。

本文件起草单位:中国水产科学研究院黄海水产研究所、昌邑市海丰水产养殖有限责任公司。

本文件主要起草人:刘萍、高保全、李健、吕建建、孟宪亮、王学忠。

三疣梭子蟹良种选育技术规范

1 范围

本文件界定了三疣梭子蟹（*Portunus trituberculatus* Miers，1876）良种选育技术的术语和定义，确立了选育目标及方案，规定了场地环境、基础群体组建、群体选育、家系选育要求，描述了性能测定、选育效果评价、质量控制及检测方法，给出了判定规则。

本文件适用于三疣梭子蟹良种选育。

2 规范性引用文件

下列文件中的内容通过文中的规范性引用而构成本文件必不可少的条款。其中，注日期的引用文件，仅该日期对应的版本适用于本文件；不注日期的引用文件，其最新版本（包括所有的修改单）适用于本文件。

GB 11607　渔业水质标准

GB/T 18654.2　养殖鱼类种质检验　第2部分：抽样方法

NY 5362　无公害食品　海水养殖产地环境条件

SC/T 1116　水产新品种审定技术规范

SC/T 2014　三疣梭子蟹　亲蟹

SC/T 2015　三疣梭子蟹　苗种

SC/T 2096　三疣梭子蟹人工繁育技术规范

SC/T 7234　白斑综合征病毒（WSSV）环介导等温扩增检测方法

SC/T 7239　三疣梭子蟹肌孢虫病诊断规程

3 术语和定义

下列术语和定义适用于本文件。

3.1

基础群体　base population

通过收集自然海域野生地理群体或培育品种（系）组建，具有丰富遗传变异性状的群体。

3.2

核心育种群体　nucleus breeding population

通过表型、性状及遗传测定，从基础群中筛选出符合选育目标性状优异个体组成的群体。

3.3

群体选育　mass selection

基础群体收集后，封闭群体，并在封闭群内逐代根据生产性能、外部形态、系谱来源等进行相应的选育。

3.4

家系选育　family selection

不同雌性和雄性亲本个体两两交配繁育产生的全同胞家系或者由同一雄性亲本个体与不同雌性亲本个体两两交配繁育产生的半同胞家系等，以家系作为一个选择单位，根据家系选育性状的均值决定个体是否选留。

3.5

留种率　proportion of the selected individuals

被选留种用个体的数量占被测定个体数量的百分比。

4 选育目标及方案

4.1 凡通过选育可获得改良的性状均可作为目标性状,如全甲宽、体高、体重、存活率、抗病能力以及环境胁迫耐受能力等。

4.2 可对一个或多个性状进行选育,生长性状应规定全甲宽、体高、体重等,繁殖性状应规定繁殖力、孵化率等,抗病(逆)性状应规定对病原(逆境)的耐受力、存活率等。

4.3 应在育种工作开始之前制订选育方案,主要包括目标性状与选育目标确定、基础群体组建、选育技术确立、性能测定、选育效果评价等。

4.4 主选性状的选育目标宜高于对照群体10%以上。

5 场地环境

5.1 选育场地环境应符合 NY 5362 的规定。

5.2 水源水质应符合 GB 11607 的规定,盐度20～30、pH 7.8～8.6 为宜。

6 基础群体组建

收集不少于3个具有遗传分化的不同地理群体或选育群体,每个群体的亲蟹数量应不少于500只(雌雄比例为1∶1),组建基础群体。

7 群体选育

根据选育方案构建核心育种群体,在封闭群内逐代根据目标性状进行选种,每个世代核心育种群体亲蟹数量应符合 SC/T 1116 的规定,保种群体不少于500只,留种率应控制在3%～5%。

8 家系选育

根据选育方案构建家系,家系选育每个世代家系数量应不少于30个,每个家系收获时个体数量应不少于30只,根据家系的性状平均值,以家系为单位进行选择。

9 性能测定

9.1 每代均采用抽样的方法对选育性状进行统一测定,测定结果记录应准确、完整,并具连续性和系统性。

9.2 群体选育宜采用大群体测定,家系选育应有完整的系谱记录(遵照附录 A 规定)和性能测试记录。

10 选育效果评价

10.1 选育4个世代后,通过连续两年生产性养殖对比试验进行选育效果评价。

10.2 主选性状应达到确定的选育目标,如达不到,需要进一步优化选育方案。

11 质量控制

对亲本的生长性状进行抽样检测,全甲宽应在15 cm 以上;亲蟹的人工繁育按 SC/T 2096 的规定执行;对亲蟹和苗种进行肌孢虫、白斑综合征病毒(WSSV)病原检测。

12 检测方法

12.1 亲本质量检测

按 SC/T 2014 的规定执行。

12.2 抽样方法

按 GB/T 18654.2 的规定执行。

12.3 选育性状测试

在相同条件下,对选育群体(家系)和对照群体(家系)进行选育(生长、繁殖、抗病、抗逆等)性状测试;如果选育群体(家系)和对照群体(家系)不能在同一养殖设施内混合养殖测试,应分别建立 3 个平行,每个平行测试样品 30 个以上,根据平均值,计算选育进展。

12.4 苗种检测

按 SC/T 2015 的规定执行。

12.5 病原检测

各群体及家系须进行亲蟹、苗种病原检测,淘汰感染个体。亲蟹、苗种肌孢虫的检测分别按 SC/T 7239、SC/T 2015 的规定执行,白斑综合征病毒的检测按 SC/T 7234 的规定执行。

13 判定规则

选育群体(家系)主选性状达到确定的选育目标,判定为合格。

附　录　A
（规范性）
家系系谱记录表

表 A.1 规定了文件中家系系谱记录内容。

表 A.1　家系系谱记录表

个体编号	父本编号	父本群体编号	母本编号	母本群体编号	家系编号	性别	池塘编号	排幼日期	测试日龄	全甲宽	体重	世代

ICS 65.150
CCS B 51

中华人民共和国水产行业标准

SC/T 2118—2022

浅海筏式贝类养殖容量评估方法

Assessment method for suspended bivalve mariculture
carrying capacity assessment

2022-11-11 发布

2023-03-01 实施

中华人民共和国农业农村部 发布

前　言

本文件按照 GB/T 1.1—2020《标准化工作导则　第 1 部分:标准化文件的结构和起草规则》的规定起草。

请注意本文件的某些内容可能涉及专利。本文件的发布机构不承担识别专利的责任。

本文件由农业农村部渔业渔政管理局提出。

本文件由全国水产标准化技术委员会海水养殖分技术委员会(SAC/TC 156/SC 2)归口。

本文件起草单位:中国水产科学研究院黄海水产研究所、威海长青海洋科技股份有限公司。

本文件主要起草人:张继红、吴文广、刘毅、赵云霞、张紫轩、白昌明、常丽荣。

浅海筏式贝类养殖容量评估方法

1 范围

本文件界定了浅海筏式贝类养殖容量评估方法的术语和定义,给出了参数指标法、简化箱式模型法及食物网模型法的计算方法和相关参数的测定方法。

本文件适用于浅海筏式贝类养殖生产容量和生态容量的评估。

2 规范性引用文件

下列文件中的内容通过文中的规范性引用而构成本文件必不可少的条款。其中,注日期的引用文件,仅该日期对应的版本适用于本文件;不注日期的引用文件,其最新版本(包括所有的修改单)适用于本文件。

GB/T 12763.2 海洋调查规范 第2部分:海洋水文观测

GB/T 12763.4—2007 海洋调查规范 第4部分:海水化学要素调查

GB/T 12763.5—2007 海洋调查规范 第5部分:海洋声、光要素调查

GB/T 12763.6—2007 海洋调查规范 第6部分:海洋生物调查

GB 17378.4—2007 海洋监测规范 海水分析

GB 17378.6—2007 海洋监测规范 第6部分:生物体分析

GB 17378.7—2007 海洋监测规范 第7部分:近海污染生态调查和生物监测

GB/T 22213 水产养殖术语

3 术语和定义

GB/T 22213界定的以及下列术语和定义适用于本文件。

3.1

滤食性贝类 filter-feeding bivalve

通过鳃过滤水体中食物的贝类,通常具有双壳,两侧对称。

3.2

筏式养殖 suspended culture

在海域中设置筏架,其上挂养海洋经济动植物的生产方式。

[来源:GB/T 22213—2008,2.8]

3.3

养殖容量 mariculture carrying capacity

对于某一特定海域和确定的养殖对象,在保护环境、节约资源和保证应有效益等方面都符合可持续发展要求的最大养殖密度或养殖量。滤食性贝类的养殖容量可分为物理容量、生产容量、生态容量和社会容量,本文件只涉及生产容量和生态容量。

3.4

生产容量 production carrying capacity

对于某一特定海域可支持的确定养殖对象达到商品规格的最大养殖密度或生物量。

3.5

生态容量 ecological carrying capacity

对于某一特定海域可支持的确定养殖对象,在不危害环境、保持生态系统相对稳定条件下的最大养殖密度或生物量。

3.6

贝类滤水率　filtration rate of bivalve(FR)

滤食性贝类单位时间所过滤水的总体积。

3.7

贝类滤水时间　clearance time of bivalve (CT)

滤食性贝类将某一特定海域全部海水滤过一遍所需的时间。

3.8

浮游植物的周转时间　phytoplankton turnover time (PPT)

养殖海域浮游植物现存量与浮游植物初级生产力的比值。

3.9

生物量　biomass（B）

在一定时期内,某一海域单位面积或单位体积内所有生物的总质量。

3.10

生物资源　bio-resource

海域中与食物网结构相关的渔业生物和非渔业生物。

3.11

生态营养转换效率　ecotrophic transfer efficiency（EE）

在海域食物网中,生产量从食物网的一个营养级传递到下一个营养级的效率,其取值范围为0～1。

3.12

食物网模型　food web model

利用 Ecopath 模型原理,通过生态系统内物种间营养关系进行生态关联的功能组划分,定量描述能量在生态系统各功能组间的转换效率,可系统地研究食物网的结构与功能,分析养殖活动对生态系统产生的影响。

4　参数指标法

4.1　适用条件

适用于水体混合均匀的养殖海域。对于面积<500 km^2、水深较浅<20 m 的海域,推荐使用本方法。本方法可评估生产容量和生态容量。

4.2　判定阈值

比值 $CT/PPT = 1$ 为生产容量的阈值;比值 $CT/PPT = 20$ 为生态容量的阈值。

注:RT 为海水更新时间,计算方法见附录 A。

4.3　评估

根据 CT/RT 比值和 CT/PPT 比值采取以下方法进行评估:

a) $CT/RT>1$,养殖贝类的生物量低于养殖容量,可增加养殖贝类的生物量至 $CT/RT≤1$,然后按照下边流程计算。

b) $CT/RT≤1$,通过水交换带入食物不能满足贝类食物需求,贝类的生长依赖于海域浮游植物的初级生产力。计算 CT/PPT 比值。

c) $CT/PPT>20$,贝类的滤水能力低于浮游植物的周转能力,对浮游植物不形成下行控制,可提高养殖贝类的生物量至 $CT/PPT=20$ 达到生态容量;$CT/PPT=1$ 达到生产容量;$CT/PPT<1$,贝类的生物量已超生产容量,需降低生物量。

参数指标法评估流程见图 1,评估流程中主要参数的计算方法见附录 A。

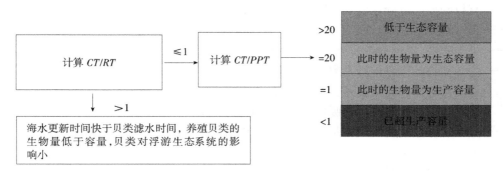

图 1　参数指标法评估浅海筏式贝类养殖容量的技术流程

5　简化箱式模型法

5.1　适用条件

简化箱式模型适用于不考虑空间维度、水体混合均匀的养殖海域。本方法可评估生产容量。

5.2　判定阈值

运行简化箱式模型,在养殖周期内贝类可达到商品规格条件下,养殖区域内浮游植物生物量不低于初始生物量的 1/2 时的贝类养殖密度或生物量为生产容量。

5.3　模型公式

简化箱式模型涉及 6 个微分方程,方程中主要参数的调查与测定方法见附录 B。

5.3.1　贝类生长率

贝类生长率[dM_w/dt,单位为毫克碳每天(mg C/d)]的计算见公式(1)。

$$\frac{dM_w}{dt} = [\varepsilon_M f_{MI} I_M - f_{MRS}\beta_{MRS} - \sigma_{rM}\varepsilon_M f_{MI} I_M]M_w \quad\cdots\cdots\cdots\cdots\cdots\cdots\cdots\cdots (1)$$

式中:

M_w　——贝类个体的生物量,单位为毫克碳(mg C);

ε_M　——贝类的同化效率,无量纲;

f_{MI}　——贝类的吸收效率,无量纲;

I_M　——贝类的吸收率,单位为每天(/d);

f_{MRS}　——贝类的呼吸常数,无量纲;

β_{MRS}　——标准呼吸率,单位为每天(/d);

σ_{rM}　——贝类生长系数,无量纲。

公式右边第一项表示贝类摄食导致的生物量增加;第二项和第三项表示贝类呼吸和代谢导致的生物量降低。

5.3.2　有机碎屑含量变化率

有机碎屑含量变化率{dD/dt,单位为毫克碳每立方米每天[mg C/(m³ · d)]}的计算见公式(2)。

$$\frac{dD}{dt} = K_{XO}(D_\infty - D) + K_{XB}(D_{XB} - D) - \frac{\omega_s}{h}D - c_M\left(\frac{\mu_M D}{Phy + \mu_M D}\right)f_{MI} I_M M_w M_N -$$

$$\left(\frac{\mu_z D}{Phy + \mu_z D}\right)f_{ZI} I_z Z \quad\cdots\cdots\cdots\cdots\cdots\cdots\cdots\cdots (2)$$

式中:

K_{XO}　——养殖区与外部海域的海水交换系数,单位为每天(/d);

D　——养殖区有机碎屑含量,单位为毫克碳每立方米(mg C/m³);

D_∞　——养殖区外部海域的有机碎屑含量,单位为毫克碳每立方米(mg C/m³);

K_{XB}　——相邻养殖区域之间的海水交换系数,单位为每天(/d);

D_{XB}　——相邻养殖区域中的有机碎屑含量,单位为毫克碳每立方米(mg C/m³);

ω_s ——有机碎屑的沉降速度,单位为米每天(m/d);

h ——水深,单位为米(m);

M_N ——贝类密度,单位为个每立方米(ind/m³);

μ_Z ——浮游动物的摄食偏好系数,无量纲;

f_{ZI} ——浮游动物的同化摄食函数,无量纲;

I_Z ——浮游动物对有机碎屑的吸收率,单位为每天(/d);

Z ——养殖区浮游动物的生物量,单位为毫克碳每立方米(mg C/m³);

c_M ——贝类参考质量的缩放常数,无量纲;

μ_M ——贝类摄食偏好系数,无量纲;

Phy ——养殖区浮游植物的生物量,单位为毫克碳每立方米(mg C/m³)。

5.3.3 浮游植物生物量变化速率

浮游植物生物量变化速率{dP/dt,单位为毫克碳每立方米每天[mg C/(m³/d)]}的计算见公式(3)。

$$\frac{dP}{dt} = K_{XO}(P_\infty - Phy) + K_{XB}(P_{XB} - Phy) + \gamma_P\left(\frac{\xi}{k_\xi - \xi}\right)Phy - c_M(1+c_f)\left(\frac{Phy}{Phy+\mu_M D}\right)f_{MI}I_M M_w M_N - \left(\frac{Phy}{Phy+\mu_Z D}\right)f_{ZI}I_Z Z - \lambda_P Phy \quad\cdots\cdots (3)$$

式中:

P_∞ ——养殖区外部海域浮游植物的生物量,单位为毫克碳每立方米(mg C/m³);

P_{XB} ——相邻养殖区域的浮游植物生物量,单位为毫克碳每立方米(mg C/m³);

γ_P ——浮游植物日平均净生长速率,单位为每天(/d);

ξ ——限制浮游植物生长的营养盐浓度,本方法以氮为例,单位为毫克氮每立方米(mg N/m³);

k_ξ ——营养盐半饱和常数,单位为毫克氮每立方米(mg N/m³);

c_f ——附着生物常数,介于0～1,无量纲;

λ_P ——浮游植物死亡率,单位为每天(/d)。

5.3.4 浮游动物生物量变化速率

浮游动物生物量变化速率{dZ/dt,单位为毫克碳每立方米每天[mg C/(m³/d)]}的计算见公式(4)。

$$\frac{dz}{dt} = K_{XO}(Z_\infty - Z) + k_{XB}(Z_{XB} - Z) + \varepsilon_z f_{ZI} I_Z Z - f_{ZR}\beta_{ZR} Z - \lambda_z Z \quad\cdots\cdots\cdots (4)$$

式中:

Z_∞ ——养殖区外部海域的浮游动物生物量,单位为毫克碳每立方米(mg C/m³);

Z_{XB} ——养殖区相邻海域中的浮游动物生物量,单位为毫克碳每立方米(mg C/m³);

ε_Z ——同化项,无量纲;

f_{ZR} ——浮游动物呼吸函数,无量纲;

β_{ZR} ——浮游动物标准呼吸速率,单位为每天(/d);

λ_Z ——浮游动物死亡率,单位为每天(/d)。

5.3.5 硝酸盐浓度变化速率

硝酸盐浓度变化速率{dN_N/dt,单位为毫克氮每立方米每天[mg N/(m³·d)]}的计算见公式(5)。

$$\frac{dN_N}{dt} = K_{XO}(N_{N\infty} - N_N) + K_{XB}(N_{NXB} - N_N) - \left(\frac{N_N}{k_\xi + \xi}\right)\frac{\gamma_P}{P_{C/N}}Phy \quad\cdots\cdots (5)$$

式中:

N_N ——养殖区的硝酸盐浓度,单位毫克氮每立方米(mg N/m³);

$N_{N\infty}$ ——养殖区外部海域的硝酸盐浓度,单位毫克氮每立方米(mg N/m³);

N_{NXB} ——养殖区相邻海域中的硝酸盐浓度,单位毫克氮每立方米(mg N/m³);

$P_{C/N}$ ——浮游植物碳氮比,单位毫克碳每毫克氮(mg C/mg N)。

5.3.6 氨氮浓度变化速率

氨氮浓度变化速率$\{dN_A/dt$，毫克氮每立方米每天$[\text{mg N}/(\text{m}^3 \cdot \text{d})]\}$的计算见公式(6)。

$$\frac{\mathrm{d}N_A}{\mathrm{d}t} = K_{XO}(N_{A\infty} - N_A) + K_{XB}(N_{AXB} - N_A) - \xi_{Z+M} - \left(\frac{N_A}{k_\xi + \xi}\right)\frac{\gamma_P}{P_{C/N}}Phy \quad\cdots\cdots\cdots\cdots (6)$$

式中：

N_A ——养殖区的氨氮浓度，单位为毫克氮每立方米($\text{mg N}/\text{m}^3$)；

$N_{A\infty}$ ——养殖区外部海域的氨氮浓度，单位为毫克氮每立方米($\text{mg N}/\text{m}^3$)；

N_{AXB} ——养殖区相邻海域中的氨氮浓度，单位为毫克氮每立方米($\text{mg N}/\text{m}^3$)；

ξ_{Z+M} ——浮游动物和贝类排泄的氨氮，单位为毫克氮每立方米每天$[\text{mg N}/(\text{m}^3 \cdot \text{d})]$。

5.4 评估

本评估方法按以下流程进行：

a) 边界条件：将所评估海域分为多个箱体，确定箱体外部海域与箱体之间的物质交换关系。可依据海域的物理特性或养殖布局来划分。

b) 建立模型：现场调查或查阅文献确定箱体内理化生环境因素的时空分布数据，确定4.2.3中6个微分方程中相关参数，建立滤食性贝类、浮游动物、浮游植物、有机碎屑及营养盐等状态变量动态变化方程，构建简化箱式模型。

c) 模型验证：运行箱式模型，模拟筏式贝类养殖对评估海域氮、磷循环及浮游植物等的影响，并通过与实测数据比较，进行敏感性分析，验证模型可靠性。

d) 容量评估：基于模型开展不同贝类养殖密度的情景模拟，分析贝类养殖对箱体内浮游生物的影响，在养殖周期内贝类可达到商品规格条件下，养殖区域内浮游植物生物量不低于初始生物量的1/2时的贝类养殖密度或生物量为生产容量。

简化箱式模型法评估流程见图2。

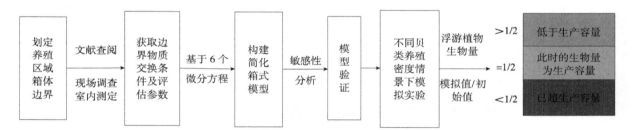

图2 简化箱式模型法评估浅海筏式贝类养殖容量的技术流程

6 食物网模型法

6.1 适用条件

本方法通过生态系统中营养级间各功能组的能量流动来评估养殖贝类的生态容量，适用于评估面积较大的区域。

6.2 判定阈值

以各功能组的生态营养转换效率(EE)在0～1范围为判定指标，调整养殖贝类生物量，当某一功能组的转换效率超出0～1范围时，此时的贝类生物量即为该海域养殖贝类的生态容量。

6.3 模型计算公式

Ecopath模型用一组联立方程定义一个生态系统的能量流动，其中每一个线性方程代表系统中的一个功能组，计算见公式(7)；6个基本参数：生物量(B)、生产量与生物量比值(P/B)、消耗量与生物量比值(Q/B)、被捕食组占捕食组的总捕食食物的比例(DC)、捕捞量(EX)以及EE，输入其中的4个参数，另外一个参数(如最难获取的参数EE)由模型计算给出。其中的相关参数测定方法见附录C。

$$B_i \times (P/B)_i \times EE_i - \sum_{i=1}^{n} B_j \cdot (Q/B)_j \times DC_{ji} - EX_i = 0 \quad\cdots\cdots\cdots\cdots\cdots\cdots (7)$$

式中：

B_i ——第 i 组的生物量，单位为吨每平方公里（t/km²）；

$(P/B)_i$ ——第 i 组的生产量与生物量比值，无量纲；

$(Q/B)_j$ ——第 j 组的消耗量与生物量比值，无量纲；

DC_{ji} ——被捕食组 i 占捕食组 j 的总捕食食物的比例，无量纲；

EX_i ——第 i 组的产出，这里指捕捞量，单位为吨每平方公里（t/km²）；

EE_i ——第 i 组的生态营养转换效率，无量纲。

6.4 评估

本评估方法按以下流程进行：

a) 首先获取研究海域生态系统生物种类，并根据生物的生态位（摄食方式、摄食组成、个体大小等）划分功能组，将生态位近似的生物种类划归到同一功能组以简化食物网结构，目标贝类列为独立功能组。

b) 然后获取 Ecopath 模型输入参数，主要包括各功能组生物的生物量；P/B 系数；Q/B 系数；通过胃含物或同位素分析方法获取各功能组生物的摄食组成及比例，构建食物组成矩阵。

c) 利用 Ecopath with Ecosim 模型软件，调试并构建研究海域生态系统 Ecopath 模型，得出生态系统中各个功能组的营养转换效率 EE。

d) 通过不断提高目标贝类的生物量数值直至该功能组的营养转换效率 EE 值达到 1，此时对应的生物量即为该物种的生态容量。

食物网模型法评估流程见图 3。

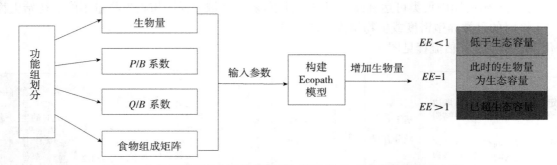

图 3 食物网模型法评估浅海筏式贝类养殖容量的技术流程

附　录　A

（规范性）

参数指标法中参数的测定

A.1　初级生产力

按照 GB/T 12763.6—2007 规定的方法测定。

A.2　海水更新时间（RT）

在条件允许的情况下,应采取水动力模型和观测相结合的方法进行海域水交换时间的估测。也可采用以下简易方法测定：

a)　潮流导致的水交换为主时,海水更新时间为特定海域高潮时的海水总体积除以平均潮差与海域面积的乘积。

b)　在假定研究海域内水体充分混合的前提下,根据水量守恒和指标物质守恒,利用实测到的养殖区内外及边界指标物质浓度差计算的湾内海水完全更新一次所需要的时间。计算见公式（A.1）。

$$RT = \frac{V_a + P_a}{Q_t(1-\beta_a) + Q_r} \times 3600 \quad\cdots\cdots\cdots\cdots\cdots\cdots\cdots\cdots\cdots\cdots\cdots\cdots\cdots \text{（A.1）}$$

式中：

RT　——海水更新时间,单位为小时（h）；

V_a　——研究海域低潮时平均体积,单位为立方米（m³）；

P_a　——平均纳潮量,单位为立方米（m³）；

Q_t　——平均潮流量,单位为立方米每秒（m³/s）；

Q_r　——平均径流量,单位为立方米每秒（m³/s）；

Q_t、Q_r 按照 GB/T 12763.2 规定的方法测定。

其中,β_a 为海水的滞留常数,根据公式（A.2）模拟得出。

$$\frac{\partial S_b}{\partial t} = \frac{S_0 \times Q_t \times (1-\beta_a) + S_b \times Q_t \times \beta_a - S_b(Q_t + Q_r)}{V_a + P_a} \quad\cdots\cdots\cdots\cdots \text{（A.2）}$$

式中：

S_b　——养殖区内指标物质平均浓度（如 COD 等）；

S_0　——开边界处的物质浓度。

其中,P_a 根据公式（A.3）得出。

$$P_a = \frac{1}{2}(S_1 + S_2) \times H \quad\cdots\cdots\cdots\cdots\cdots\cdots\cdots\cdots\cdots\cdots\cdots \text{（A.3）}$$

式中：

S_1　——高潮时的水域面积,单位为平方米（m²）；

S_2　——低潮时的水域面积,单位为平方米（m²）；

H　——平均潮差,单位为米（m）。

A.3　贝类滤水时间（CT）

计算见公式（A.4）。

$$CT = V_z/(B_z \times FR) \quad\cdots\cdots\cdots\cdots\cdots\cdots\cdots\cdots\cdots\cdots\cdots\cdots \text{（A.4）}$$

式中：

CT ——贝类滤水时间，单位为小时(h)；

V_z ——海域海水总体积，单位为升(L)；

B_Z ——贝类的数量，单位为个(ind.)；

FR ——单位贝类滤水率，单位为升每小时每个[L/(h·ind.)]。

其中，单位贝类滤水率的测定方法可采用以下方法测定：

a) 静水系统法计算见公式(A.5)。

$$FR = V_r \times (\ln C_t - \ln C_o)/(t \times N) \quad \cdots\cdots\cdots\cdots\cdots\cdots \quad (A.5)$$

式中：

C_o ——实验起始时的食物浓度，单位为毫克每升(mg/L)；

C_t ——实验进行 t 时间的食物浓度，单位为毫克每升(mg/L)；

V_r ——实验海水体积，单位为升(L)；

N ——实验贝的数量，单位为个(ind)；

t ——实验时间，单位为小时(h)。

b) 流水系统法计算见公式(A.6)。

$$FR = F \times (C_1 - C_2)/(C_1 \times N) \quad \cdots\cdots\cdots\cdots\cdots\cdots \quad (A.6)$$

式中：

C_1 ——流入实验箱的水中食物浓度，单位为毫克每升(mg/L)；

C_2 ——流出实验箱的水中食物浓度，单位为毫克每升(mg/L)；

F ——水流速度，单位为米每秒(m/s)。

A.4 浮游植物周转时间(PPT)

计算见公式(A.7)。

$$PPT = k_{c/chla} \times C_{chla}/P_p \quad \cdots\cdots\cdots\cdots\cdots\cdots \quad (A.7)$$

式中：

PPT ——浮游植物周转时间，单位为小时(h)；

C_{chla} ——养殖海域叶绿素 a 浓度，单位为毫克每立方米(mg/m³)；

$k_{c/chla}$ ——每毫克叶绿素 a 转换为毫克碳的系数，范围为10～150，通常取值为50；

P_p ——浮游植物初级生产力，单位为毫克碳每立方米每小时[mg C/(m³·h)]。

附 录 B

（规范性）

简化箱式模型法主要参数的调查与测定方法及参考值

B.1 简化箱式模型法中主要参数的测定方法

见表 B.1。

表 B.1 简化箱式模型中主要参数的测定方法

参数符号	测定参数	单位	调查与测定方法
M_w	贝类个体生物量	mg C	GB/T 12763.6—2007 第 12 章、GB 17378.6—2007 第 4 章
M_N	贝类密度	ind/m³	GB/T 12763.6—2007 第 12 章
P_∞	养殖区外部海域的浮游植物的生物量	mg C/m³	GB/T 12763.6—2007 第 7 章、GB 17378.7—2007 第 5 章
P_{XB}	相邻养殖区域的浮游植物生物量	mg C/m³	GB/T 12763.6—2007 第 7 章、GB 17378.7—2007 第 5 章
D	养殖区有机碎屑含量	mg C/m³	GB/T 12763.6—2007 第 6 章、GB/T 12763.4—2007 第 4 章
Z	浮游动物生物量	mg C/m³	GB/T 12763.6—2007 第 7 章、GB 17378.7—2007 第 5 章
$N_{A\infty}$	养殖区外部海域的氨氮浓度	mg N/m³	GB/T 12763.4—2007 第 12 章
N_{AXB}	养殖区相邻海域中的氨氮浓度	mg N/m³	GB/T 12763.4—2007 第 12 章
$Z_{C/N}$	浮游动物的碳氮比	mg C/mg N	GB/T 12763.6—2007 第 7 章、GB 17378.4—2007 第 34 章
I	平均入射深度的照度	$\mu mol/(m^2 \cdot s)$	GB/T 12763.5—2007 第 9 章
I_O	光合作用的最佳照度	$\mu mol/(m^2 \cdot s)$	参考文献：Mccree，1972
$P_{C/N}$	浮游植物碳氮比	mg C/mg N	GB/T 12763.6—2007 第 7 章、GB 17378.4—2007 第 34 章
$M_{C/N}$	贝类的碳氮比	mg C/mg N	GB 17378.6—2007 第 4 章、GB 17378.4—2007 第 34 章

B.2 浮游动物相关指标的参考值

见表 B.2。

表 B.2 浮游动物相关指标的参考值

参数符号	测定参数	单位	参考值	参考文献
μ_Z	浮游动物的摄食偏好系数	无量纲	1.2	Kawamiya et al.，1995
f_{ZI}	浮游动物的同化摄食函数	无量纲	0.8	Kawamiya et al.，1995
I_Z	浮游动物对碎屑物质的吸收率	/d	0.2～1.5	Conover，1966；Dagg & Grill，1980
Q_{ZI}	浮游动物摄食的温度速率常数	/℃	0.055	Kawamiya et al.，1995
k_Z	浮游动物摄食的半饱和常数	mg C/m³	14～28	Li et al.，2000
β_{ZR}	浮游动物标准呼吸速率	/d	0.1～0.75	Bougis，1976；Parsons et al.，1984
λ_Z	浮游动物死亡率	/d	0.05～0.2	Aksnes & Magnesen，1988；Jørgensen et al.，1991
ε_{ZP}	浮游动物对浮游植物的同化效率	无量纲	0.2～0.6	Bayne & Widdows，1978；Kiørboe et al.，1980
ε_{ZD}	浮游动物对碎屑的同化效率	无量纲	0.2～0.6	Bayne & Widdows，1978；Kiørboe et al.，1980
C_{ZR}	浮游动物呼吸缩放常数	无量纲	0.138	Kawamiya et al.，1995
Q_{ZR}	浮游动物呼吸的温度速率常数	/℃	0.054	Eppley et al.，1969；史洁等，2010

B.3 浮游植物相关指标的参考值

见表 B.3。

表 B.3　浮游植物相关指标的参考值

参数符号	测定参数	单位	参考值	参考文献
γ_P	浮游植物日平均净生长速率	/d	1.5	Eppley et al.，1969
ξ	限制浮游植物生长的营养盐浓度	mg N/m³	1	Yanagi and Onitsuka，2000
k_ξ	营养盐半饱和常数	mg N/m³	2	Fisher et al.，1992
λ_P	浮游植物死亡率	/d	0.02～0.1	Li et al.，2000；Duarte et al.，2003
P_{max}	浮游植物最大生长速率	/d	1.5	Eppley et al.，1969
$Q_{\gamma P}$	浮游植物生长的温度速率常数	/℃	0.054	Eppley et al.，1969；史洁等，2010
k_d	光的衰减系数	/m	0.1～4.5	Kuhn et al.，1999；Tian et al.，2000

B.4　贝类的生理生态学相关指标的参考值

见表 B.4。

表 B.4　贝类的生理生态学相关指标的参考值

参数符号	测定参数	单位	参考值 长牡蛎	贻贝	虾夷扇贝	参考文献
ε_M	同化效率	无量纲	0.57～0.73	0.2～0.6	0.31～0.66	王俊等，2000；Bayne & Widdows，1978；Kiørboe et al.，1980；张继红等，2007
I_M	吸收率	/d	0.19～0.55	0.05～0.2	0.98～9.86	王俊等，2000；Widdows et al.，1979；Bayne et al.，1989；张继红等，2017
f_{MRS}	呼吸常数	无量纲	0.44～1.09	0.44～1.09	0.48～0.98	王芳等，1998；Bayne，1983；Kautsky & Evans，1987；刘勇等，2007
β_{MRS}	标准呼吸率	/d	0.01～0.025	0.01～0.025	0.01～0.025	Bayne et al.，1976；Dowd，1997
σ_{rM}	生长系数	无量纲	0.1～0.3	0.1～0.3	0.1～0.3	Bayne & Newell，1983；Clausen & Riisgård，1996
ε_{MP}	对浮游植物的同化效率	无量纲	0.2～0.6	0.2～0.6	0.2～0.6	Bayne & Widdows，1978；Kiørboe et al.，1980
ε_{MD}	对碎屑的同化效率	无量纲	0.2～0.6	0.2～0.6	0.2～0.6	Bayne & Widdows，1978；Kiørboe et al.，1980
c_M	参考质量的缩放常数	无量纲	0.1～0.3	0.1～0.3	0.1～0.3	Bayne & Newell，1983；Clausen & Riisgård，1996
k_M	摄食的半饱和常数	mg C/m³	0～28	0～28	0～28	Li et al.，2000；张继红等，2017
b_{MI}	摄食的等速指数	无量纲	−0.6～−0.2	−0.6～−0.2	−0.6～−0.2	Bayne & Newell，1983
Q_{MRS}	标准呼吸的温度速率常数	/℃	1.13～4.72	1.0～2.5	0.49～2.07	张继红等，2017
b_{MR}	呼吸的异速指数	无量纲	−0.33～−0.22	−0.33～−0.22	−0.33～−0.22	Bayne & Newell，1983

B.5　碎屑物质沉降速度

碎屑物质沉降速度通过水柱沉降法测定。用滴管吸取碎屑物质并放置于海水液面中央,记录碎屑物质沉降一定距离所需的时间,计算见公式(B.1)。

$$V_s = D_s / t \quad\cdots\cdots\cdots\cdots\cdots\cdots\cdots\cdots\cdots (B.1)$$

式中:

V_s——沉降速度,单位为厘米每秒(cm/s);

D_s——沉降距离,单位为厘米(cm);

T ——沉降时间,单位为秒(s)。

B.6 海水交换系数

计算见公式(B.2)。

$$K = Q_j/V_a \quad\cdots\cdots\cdots\cdots\cdots\cdots\cdots\cdots\cdots\cdots\cdots\cdots\cdots\cdots\cdots\cdots\cdots\cdots\cdots\cdots \quad (B.2)$$

式中:

K ——海水交换系数,单位为每天(/d);

Q_j——一个潮周期内通过该海域截面的净流出海水量,可通过实测海流资料计算(悬挂海流计)单位为立方米每天(m^3/d);

V_a——研究海域的总体积,可通过平均水深与海域面积的乘积求得,单位为立方米(m^3)。

附 录 C
（规范性）
Ecopath 食物网模型法中主要参数的测定方法

C.1 生物量(B)

见表 C.1。

表 C.1 生物量调查方法

调查项目	调查内容	调查方法
有机碎屑	有机碎屑有机碳含量	GB/T 12763.6—2007 第 6 章、GB/T 12763.4—2007 第 4 章、GB 17378.4—2007 第 34 章
浮游动物、浮游植物、底栖动物、着生藻类	种类组成、密度、生物量	《海洋生物生态调查技术规程》第 8、9、11 章
渔业资源	种类组成、现存量、主要鱼类种群结构、渔获量	《海洋生物生态调查技术规程》第 10、15 章

C.2 生产量(P)

可通过 fishbase 数据库(https://fishbase.cn/)查询得到；也可通过以下方法测定：

浮游植物初级生产量：根据 GB 12763.6—2007 规定的方法测算；

浮游动物、底栖动物、着生藻类、渔业资源的生产量：通过监测种群生长和生物量变化估算。

C.3 消耗量与生物量比值(Q/B)

消耗量与生物量比值可通过 fishbase 数据库(https://fishbase.cn/)查询；也可根据公式(C.1)计算。

$$\ln Q/B = -0.1775 - 0.2018\ln W_\infty + 0.612\ln T_c + 0.5156\ln A + 1.26F_t \quad\cdots\cdots\cdots (C.1)$$

式中：

Q/B ——消耗量与生物量比值，无量纲；

W_∞ ——渐进体重，单位为克(g)；

T_c ——平均周年栖息温度，单位为摄氏度(℃)；

A ——尾鳍外形比，无量纲；

F_t ——摄食类型指数，肉食性为 0，植食性和碎屑食性为 1，无量纲。

其中，W_∞ 根据公式(C.2)计算。

$$W_\infty = \frac{W_t}{[1-e^{-k(t-t_0)}]^b} \quad\cdots\cdots\cdots\cdots\cdots\cdots\cdots\cdots\cdots (C.2)$$

式中：

W_t —— t 龄时鱼体的体重值，单位为克(g)；

t_0 ——理论体重等于 0 时的年龄，是一个假定的理论常数，通常为负数，无量纲；

K ——生长曲线的平均曲率，表示趋近渐进值的相对速度，无量纲。

其中，A 根据公式(C.3)计算。

$$A = h^2/s \quad\cdots\cdots\cdots\cdots\cdots\cdots\cdots\cdots\cdots\cdots\cdots\cdots\cdots\cdots\cdots (C.3)$$

式中：

h ——尾鳍高度,单位为厘米(cm);

s ——尾鳍面积,单位为平方厘米(cm^2)。

C.4 生产量与生物量比值(P/B)

计算见公式(C.4)。

$$P/B = M + F \quad\cdots\cdots\cdots\cdots\cdots\cdots\cdots\cdots\cdots\cdots\cdots\quad (C.4)$$

式中:

P/B ——生产量与生物量比值,无量纲;

M ——自然死亡率,无量纲;

F ——捕捞死亡率,无量纲;

其中,M 可通过经验公式(C.5)计算得出。

$$\lg M = -0.2107 - 0.0824\lg W_\infty + 0.6757\lg K + 0.4627\lg T \cdots\cdots\cdots\cdots\quad (C.5)$$

式中:

W_∞ ——渐进体重,单位为克(g);

K ——生长曲线的平均曲率,表示趋近渐进值的相对速度,无量纲;

T ——水体的年平均温度,单位为开尔文(K)。

M 也可通过经验公式(C.6)计算得出。

$$\lg M = -0.0066 - 0.279\lg L_\infty + 0.6543\lg K + 0.4634\lg T \cdots\cdots\cdots\cdots\quad (C.6)$$

式中:

L_∞ ——渐进体长,单位为厘米(cm)。

捕捞死亡率(F)的计算见公式(C.7)。

$$C/N = F \times [1 - e^{-(F+M)}]/(F+M) \quad\cdots\cdots\cdots\cdots\cdots\cdots\cdots\quad (C.7)$$

式中:

C ——当年的渔获量,可通过渔业统计年鉴查询,单位为吨(t);

N ——当年年初的资源量,单位为吨(t);

M ——自然死亡率,无量纲。

C.5 生态营养转化效率(EE)

由模型计算获得,位于0~1范围。

C.6 食物组成

食物组成矩阵包含了每个功能组所摄食的其他功能组的类型以及所占的比例,即公式(C.7)中的 DC_{ji} 值是 Ecopath 模型输入参数之一,可根据胃含物分析法和稳定同位素法获得。

其中,稳定同位素法是通过 $\delta^{15}N$ 均值计算食物网中某种生物的营养级,计算见公式(C.8)。

$$TL_1 = a + (\delta^{15}N_1 - \delta^{15}N_0)/b \cdots\cdots\cdots\cdots\cdots\cdots\cdots\cdots\cdots\quad (C.8)$$

式中:

TL_1 ——食物网中捕食者的营养级,无量纲;

a ——海洋食物网中初级消费者(浮游动物)的营养级,通常定为1,无量纲;

b ——在食物网中一个营养级的氮稳定同位素富集度,富集度由一些主要摄食关系生物的平均氮稳定同位素比值差异获得,无量纲。

$\delta^{15}N_1$ ——捕食者氮稳定同位素比值,无量纲;

$\delta^{15}N_0$ ——基线生物的氮稳定同位素平均比值,基线生物一般为生态系统中常年存在、食性简单的浮游动物或底栖动物等消费者。选定基线生物后测定 $\delta^{15}N_0$ 的值,无量纲。

运用稳定同位素分析软件 IsoSource 得到每种潜在生物被摄食的比例。

参 考 文 献

[1] GB/T 22213 水产养殖术语

_____

ICS 65.150
CCS B 51

中华人民共和国水产行业标准

SC/T 2119—2022

坛紫菜苗种繁育技术规范

Technical specification of seedling breeding for Neoporphyra haitanensis

2022-11-11 发布
2023-03-01 实施

中华人民共和国农业农村部 发布

前　言

本文件按照 GB/T 1.1—2020《标准化工作导则　第 1 部分:标准化文件的结构和起草规则》的规定起草。

请注意本文件的某些内容可能涉及专利。本文件的发布机构不承担识别专利的责任。

本文件由农业农村部渔业渔政管理局提出。

本文件由全国水产标准化技术委员会海水养殖分技术委员会(SAC/TC 156/SC 2)归口。

本文件起草单位:中国水产科学研究院黄海水产研究所、福建海洋职业技术学校。

本标准主要起草人:汪文俊、宋武林、张岩、鲁晓萍、马爽、梁洲瑞、刘福利、孙修涛。

坛紫菜苗种繁育技术规范

1 范围

本文件界定了坛紫菜(*Neoporphyra haitanensis*)苗种繁育的术语和定义,规定了环境与设施、育苗准备、接种、培育、壳孢子采苗的技术要求,描述了相应的检测方法。

本文件适用于坛紫菜的苗种繁育。

2 规范性引用文件

下列文件中的内容通过文中的规范性引用而构成本文件必不可少的条款。其中,注日期的引用文件,仅该日期对应的版本适用于本文件;不注日期的引用文件,其最新版本(包括所有的修改单)适用于本文件。

GB 5009.3—2016 食品安全国家标准 食品中水分的测定

GB 11607 渔业水质标准

NY 5052 无公害食品 海水养殖用水水质

NY 5362 无公害食品 海水养殖产地环境条件

SC/T 2064 坛紫菜 种藻和苗种

3 术语和定义

SC/T 2064 界定的以及下列术语和定义适用于本文件。

3.1

立体育苗 three dimensional seedling breeding

将丝状体贝壳吊挂成串,垂挂培养的育苗方式。

3.2

平面育苗 plane seedling breeding

将丝状体贝壳单层平铺在育苗池底培养的育苗方式。

4 环境与设施

4.1 场址

选择无污染、交通便利、取海水和淡水方便的海滨区域,以岩石或沙质底质为宜,远离城市污水、工业污水排放口和大型河流入海口,其他条件应符合 NY 5362 的要求。

4.2 水质

pH 7.9～8.5,盐度 15～32;其他指标水源水质应符合 GB 11607 的要求,养殖水质应符合 NY 5052 的要求。

4.3 设施

4.3.1 育苗室

宜东西走向,层高 2.5 m～4.0 m。天窗面积宜占育苗池面积的 1/6～1/3,侧窗面积宜占四周墙面积的 1/3 左右,天窗和侧窗内侧安装分开控制的白色和黑色窗帘。屋顶采用隔热保温材料。育苗室面积根据养殖面积确定,每 180 m² 栽培网帘,立体育苗需要 0.4 m²～0.8 m² 育苗面积,平面育苗需要 0.8 m²～1.5 m² 育苗面积。

4.3.2 育苗池

立体育苗,与育苗室平行,池宽 1.5 m～2 m,池深 0.5 m～0.7 m。平面育苗,与育苗室平行或垂直,池深 0.3 m～0.4 m。

池底坡度 1‰～2‰,在最低处设长 0.5 m、宽 0.5 m、深 0.3 m 的排水井,或安装直径 9 cm～11 cm 塑料阀门 1 个。相邻池可用管道连通。

4.3.3 沉淀池

为有顶或加盖的暗池,池底坡度 1‰～2‰,最低处设排污阀。储水量为育苗水体的一半以上,宜分隔成 2 个～3 个小池,以便轮换使用。

4.3.4 进排水系统

包括水泵和进排水管道系统,进水口与排水口设在水池的两端,进水管径应确保在 30 min 内将育苗池加满水,排水管径应大于进水管径。

4.3.5 温控设施

宜配备温控设施。

5 育苗准备

5.1 育苗池处理

新建育苗池应浸泡去碱,宜用海水浸泡 1 个月以上,其间每隔 2 d～5 d 换水 1 次,使池水的 pH 稳定在 7.9～8.5。旧池应洗刷干净后方可使用。

5.2 进水处理

宜黑暗沉淀 7 d 以上。

5.3 附着基

5.3.1 贝壳处理

选用新文蛤壳、牡蛎壳、扇贝壳、河蚌壳等,洗刷剔除残留物,用次氯酸钠溶液浸泡 1 h～2 h,再用淡水冲洗 1 遍～2 遍,晾干备用。

5.3.2 贝壳设置

立体育苗,将壳顶穿孔吊挂成串,每串贝壳大小不宜相差太大,新文蛤壳 8 对/串～10 对/串、扇贝壳 4 对/串～7 对/串,贝壳对层距 4 cm～10 cm,每串长 40 cm～55 cm,贝壳串间距 20 cm～40 cm。每串贝壳数和层距应根据贝壳大小和采光情况而定,贝壳大或采光条件不佳,应减少每串贝壳数、增加层距;贝壳小或采光条件好,应加大每串贝壳数、减小层距。平面育苗,将贝壳内面朝上挨个单层平铺在育苗池底。

6 接种

6.1 种源及要求

种藻或自由丝状体。提倡使用通过全国水产原种和良种审定委员会审定的品种。新鲜种藻用干净海水清洗去除杂藻浮泥,经脱水阴干使之含水率为 10％～30％,待用;或于−18 ℃以下密封保存备用。自由丝状体应健康无杂藻污染。

6.2 时间

12 月至翌年 5 月。

6.3 制作果孢子水或藻丝液

6.3.1 果孢子水

将种藻放入盛有海水的容器内,海水与种藻的体积重量比不低于 10∶1(单位:mL/g),搅拌刺激果孢子放散。冷冻保藏的种藻,先放入干净海水中解冻后,再清洗 1 遍～2 遍以去除杂藻等附着物,然后放入海水中搅拌刺激果孢子放散。1 h～2 h 后,取出种藻,用 60 目～120 目筛绢过滤果孢子水。种藻可重复利用。

6.3.2 藻丝液

用组织搅拌机将丝状体切割成长 200 μm～500 μm 的藻丝段。

6.4 密度

立体育苗,300 ind. /mL～800 ind. /mL 果孢子或 300 ind. /mL～1 000 ind. /mL 藻丝段;平面育苗, 100 ind. /cm²～200 ind. /cm² 果孢子或 100 ind. /cm²～300 ind. /cm² 藻丝段。

6.5 方法

用喷壶将果孢子或藻丝段均匀喷洒在准备好贝壳的池水中,并搅拌池水以确保采苗均匀;遮光静置 3 d。

6.6 萌发量

以每平方厘米 2 个～10 个藻落为宜。若萌发量过低,应及时补采。

7 培育

7.1 培育条件

紫菜丝状体生长发育分为 4 个阶段:萌发、丝状藻丝生长、孢子囊枝形成、壳孢子形成与放散,各阶段培育条件按表 1 执行。

表 1 坛紫菜贝壳丝状体培育条件

培育阶段	温度 ℃	光照度 lx	光时(24 h 光周期) h	氮 mg/L	磷 mg/L
萌发	7～26	500～3 000	自然日照	0	0
丝状藻丝生长	7～30	1 500～3 000	自然日照或＞12	5～15	0.5～3
孢子囊枝形成	22～30	1 000～3 000	自然日照或≤12	10～15	3～5
壳孢子形成	24～30	500～1 200	8～10	2～3	15～20
壳孢子放散	17～28	3 000	自然日照	—	—

7.2 管理与调控

7.2.1 巡查与记录

每天巡查,详细记录天气、光照、水温、盐度、pH、洗刷、换水、施肥以及丝状体生长、发育与病害发生等情况。

7.2.2 温度

按表 1 的要求调节温度;在壳孢子形成阶段温度需保持在 28 ℃以上 30 d～45 d 至壳孢子采苗前。若无温控设施,则采取通风、加大水体、白天遮阳防晒、晚上开窗通风等措施降温,采取加热、减少水体、关闭门窗等措施升温。

7.2.3 光照

按表 1 的要求,通过天窗和侧窗的窗帘调节光照度和光周期,应避免强光和直射光。

7.2.4 营养盐

按表 1 的要求施加氮、磷营养盐。当育苗水源营养盐含量较高、换水频率高、生长发育过快时,不施肥。

7.2.5 换水与洗刷

首次换水在接种至少 3 周后。以后应视水质、贝壳上杂藻污物附着以及丝状体生长发育情况确定洗刷与换水频次,正常生长发育情况下,不脏、不洗刷、不换水;生长发育缓慢或污物较多情况下,10 d～30 d 洗刷换水 1 次;壳孢子采苗前 20 d～40 d 不洗刷、不换水。洗刷时应避免贝壳干露和损坏,彻底清洗育苗池,倒置贝壳串促使上下层受光和生长均匀。换水时应注意水温和盐度变化,温差应不大于 2 ℃,盐度确保在 15～32 范围。

7.2.6 促熟

在壳孢子采苗前 20 d～40 d 进行缩光促熟,光时 8 h～10 h,光照度 500 lx～1 200 lx,其间勤施肥、勤检查。

7.2.7 病害与防治

见附录 A。

8 壳孢子采苗

8.1 时间

南方,9 月中下旬,白露与秋分之间;北方,8 月下旬。

8.2 方法

在天气晴好、海况适宜(无大风浪)、壳孢子日放散量达 10 万个/枚贝壳以上时,开始采苗,12:00 前结束。每 180 m² 苗帘需要 6 亿个~12 亿个壳孢子,1 200 个~1 500 个贝壳。室外采苗:大潮时,下午将贝壳打包装入网袋中,每个网袋装 1 200 个~1 500 个贝壳,将网袋挂在船沿并浸在海水中刺激 12 h~18 h,翌日 6:00 前移入采苗池或船舱中使其大量放散壳孢子,将壳孢子水均匀地喷洒到网帘上。室内采苗:前一晚采用水泵连续冲水刺激 6 h 以上;翌日 6:00 前将网帘与贝壳均匀铺至采苗池中,经常翻动、对调上下网帘;光照度宜在 3 000 lx 以上。

8.3 密度

以单丝散头计,80 ind. /cm~100 ind. /cm;以单丝网线计,12 个/视野~15 个/视野(放大倍数 100 倍)。

8.4 出池

达到附苗要求后,苗帘宜及时出池并下海张挂栽培。

9 检测方法

9.1 种藻和苗种质量

按 SC/T 2064 的规定执行。

9.2 种藻含水率

按 GB 5009.3—2016 中"第一法　直接干燥法"的规定测量种藻的干重,按公式(1)计算种藻含水率。

$$WC = \frac{W_1 - W_0}{W_0} \times 100 \quad\cdots\cdots\cdots\cdots\cdots\cdots\cdots\cdots\cdots\cdots\cdots\cdots\cdots\cdots\cdots \quad (1)$$

式中:

WC ——含水率,单位为百分号(%);

W_0 ——干重,单位为克(g);

W_1 ——阴干后的重量,单位为克(g)。

9.3 果孢子或藻丝段计数

果孢子(藻丝段)溶液搅拌均匀后,稀释 100 倍~200 倍,稀释液搅拌均匀后取 50 μL 藻液滴于 0.1 mL 浮游生物计数框上,静置 3 min~5 min 待果孢子(藻丝段)全部下沉后,用显微镜(放大倍数 100 倍~160 倍)计数每个视野果孢子(藻丝段)的数量,取平均值,计算果孢子(藻丝段)的密度。

9.4 萌发量

接种果孢子或藻丝段后 15 d~20 d,检查贝壳丝状体萌发情况。每池随机取 5 个~10 个贝壳,放置显微镜下(放大倍数 100 倍)直接检测,每个贝壳随机计数 5 个~10 个视野,取平均值,计算每平方厘米贝壳上藻落的数量。计数时应保持壳面湿润。

9.5 丝状体生长发育情况

将贝壳敲碎,取小块贝壳碎片用柏兰尼液(1%硝酸 4 份、85%~95%酒精 3 份、0.5%铬酸 3 份混合而成)浸泡 5 min~10 min,然后用刀片、镊子或小薄竹片将丝状体剥离下来平铺于载玻片上,用显微镜(物镜 10 倍~40 倍)观察丝状体生长发育情况。

9.6 壳孢子日放散量

早上 6:00 从每个育苗池随机取 3 个~10 个贝壳,清洗后放入盛有 300 mL~500 mL 海水的容器内,静置至 12:00~14:00,取出贝壳,将海水搅匀后取壳孢子水按照 9.3 的方法计数,取平均值计算每个贝壳的壳孢子日放散量。

9.7 壳孢子附苗量

每个育苗池随机取 2 个~4 个检查点,每个点取 1 段长 1.0 cm~2.0 cm 的单丝散头或单丝网线,置于显微镜下(放大倍数 100 倍~160 倍)观察计数。计算出每厘米单丝散头或单丝网线上附着的壳孢子量。

附 录 A

（规范性）

坛紫菜贝壳丝状体常见病害及其防治方法

坛紫菜贝壳丝状体常见病害及其防治方法见表 A.1。

表 A.1 坛紫菜贝壳丝状体常见病害及其防治方法

序号	名称	主要特征	防治方法
1	黄斑病	壳面出现黄色圆形斑点，逐渐扩大，严重时连成片。开始多发生在贝壳边缘，逐渐向中心蔓延。该病多发于高温季节，发展迅速，具有传染性	日常加强散热通风，防止温度过高；更换的海水要经充分暗沉淀，勤换水。患病后及时隔离病壳，排净发病池水，用淡水浸泡 1 d～2 d，至病斑颜色转淡，冲洗干净，转入正常培养。严重时，用 1 mg/L～2 mg/L 次氯酸钠溶液浸泡育苗池与发病贝壳 1 d～2 d。发病期间停止施肥
2	泥红病	壳面成片出现砖红色斑块，有黏滑感、腥臭味。该病多发于高温季节，传染快，发展迅速	日常加强散热通风，防止温度过高；更换的海水要经充分暗沉淀，勤换水。患病后及时隔离病壳，排净发病池水，用淡水浸泡 1 d～2 d，至病斑颜色转淡，冲洗干净，转入正常培养。严重时，用 1 mg/L～2 mg/L 次氯酸钠溶液浸泡育苗池与发病贝壳 1 d～2 d。发病期间停止施肥
3	色圈病	壳面出现许多由里到外不同颜色组成的同心圆，逐渐蔓延，严重时可覆盖整个贝壳	日常保持育苗水质清洁无污染。患病后，用 5 mg/L 次氯酸钠溶液浸泡育苗池与发病贝壳 2 d～3 d，冲洗干净，转入正常培养
4	鲨皮病	壳面粗糙，出现沙粒点，手触像鲨鱼皮	在育苗过程中注意光照、温度、营养盐的协调，预防发病。发病初期，及时换水，减弱光强
5	绿变病	整个壳面先变成黄绿色，后变白死亡。由光线、温度不均，营养盐不足引起	重在预防，日常避免光线过强和直射光，勤洗刷、换水、施肥
6	拟泥红病	壳面呈砖红色斑块，无黏滑感和腥臭味，不具传染性，多发生在洗刷贝壳后的 1 d～2 d	保持育苗室良好的通风及相对稳定的光照度，发病面积较大时用淡水浸泡 1 d～2 d，至病变颜色转淡，冲洗干净，转入正常培养

ICS 65.150
CCS B 51

中华人民共和国水产行业标准

SC/T 2120—2022

半滑舌鳎人工繁育技术规范

Technical specification of artificial breeding for half-smooth tongue sole

2022-11-11 发布
2023-03-01 实施

中华人民共和国农业农村部 发布

前　　言

本文件按照 GB/T 1.1—2020《标准化工作导则　第 1 部分:标准化文件的结构和起草规则》的规定起草。

请注意本文件的某些内容可能涉及专利。本文件的发布机构不承担识别专利的责任。

本文件由农业农村部渔业渔政管理局提出。

本文件由全国水产标准化技术委员会海水养殖分技术委员会(SAC/TC 156/SC 2)归口。

本文件起草单位:中国水产科学研究院黄海水产研究所、鲁渔水产(威海)有限公司、威海市海洋发展研究院。

本文件主要起草人:张岩、陈四清、汪文俊、鲁晓萍、姬广磊、马爽。

半滑舌鳎人工繁育技术规范

1 范围

本文件规定了半滑舌鳎（*Cynoglossus semilaevis*）人工繁育的环境及设施、亲鱼培育、产卵与孵化、仔稚鱼培育、中间培育和病害防治的技术要求，描述了相应的检测方法。

本文件适用于半滑舌鳎的人工繁育。

2 规范性引用文件

下列文件中的内容通过文中的规范性引用而构成本文件必不可少的条款。其中，注日期的引用文件，仅该日期对应的版本适用于本文件；不注日期的引用文件，其最新版本（包括所有的修改单）适用于本文件。

GB/T 22213　水产养殖术语

GB/T 32758　海水鱼类鱼卵、苗种计数方法

NY 5051　无公害食品　淡水养殖用水水质

NY 5362　无公害食品　海水养殖产地环境条件

SC/T 1132　渔药使用规范

SC/T 2008　半滑舌鳎

SC/T 2009　半滑舌鳎　亲鱼和苗种

SC/T 9103　海水养殖水排放要求

3 术语和定义

GB/T 22213 界定的术语和定义适用于本文件。

4 环境及设施

4.1 环境

育苗场环境应符合：

a) 场址应符合当地养殖水域滩涂规划的要求，环境应符合 NY 5362 的要求；

b) 临近海边，海区潮流通畅，不易受大潮侵袭；

c) 水质清新，海水常年盐度应在 28 以上；

d) 通信、交通便利，电力充足，养殖用水方便，有淡水水源，淡水水质符合 NY 5051 的规定。

4.2 设施

4.2.1 亲鱼培育车间

环境安静，具备防风雨、保温、控光的条件，内建有若干个圆形或方形（圆角）的水池，池深 1.0 m～1.5 m，面积 30 m²～50 m²，每池设 1 个～2 个进水管，以中心排水方式为宜，池底从周边到中心有 4%～6% 的坡度，配备必要的充气和集卵设施，直接购买受精卵开展育苗生产的育苗场可以不设亲鱼培育车间。

4.2.2 育苗车间

具备保温、防风雨和控光条件，内建有若干圆形或方形（圆角）的池子，面积 20 m²～30 m²、池深 0.8 m～1.2 m，每池设 1 个～2 个进水管，以中心排水方式为宜，池底从周边到中心有 4%～6% 的坡度。

4.2.3 饵料车间

可包括单胞藻培养室（宜分为保种室和一、二、三级培养室）、轮虫培养室和卤虫孵化室（包括孵化、分离、强化设备）。饵料室屋顶应采用透光材料，透光率在 70% 以上，并配备调光装置、生物效应灯和采暖升

温设施。直接购买生物饵料的育苗场可以根据实际情况省略相应的设施。

4.2.4 给排水系统

包括水泵、沉淀池、砂滤池(砂滤罐)和进排水管道系统,高差较小的区域,可通过建设高位水池调整。取水口应在低潮线以下 1.5 m～2.5 m,与海底的距离应大于 0.6 m,也可采用砂滤井取水。有条件的单位可采用循环水培育,尾水排放应符合 SC/T 9103 的要求。

4.2.5 充气系统

包括充气设备、输气管道、阀门和散气石(管)。应保证所有育苗池、亲鱼池 24 h 不间断均匀供气。

4.2.6 控温系统

应配备供暖系统,由热源设备、供热管道、热交换器、预热水池及输水管道和阀门等组成,应能满足育苗用水升温需要;热源设备可根据情况采用电热、地热、太阳能等;对于设计为循环水系统的育苗场,控温系统宜与水处理系统协调设计。

4.2.7 其他系统

宜配备水质分析室、生物检查室、配电室等,还应自备应急发电设备。

5 亲鱼培育

5.1 亲鱼来源和质量要求

可以采捕野生鱼经驯养后作为亲鱼,也可以从养殖群体中选择亲鱼。亲鱼种质应符合 SC/T 2008 的规定,质量要求应符合 SC/T 2009 的规定,雌鱼全长大于 46 cm、体重大于 1 500 g,雄鱼全长大于 26 cm、体重大于 200 g。

5.2 亲鱼运输

遵守 SC/T 2009 的规定。

5.3 培育

5.3.1 培育条件

放养密度为 2 ind. /m²～3 ind. /m²,雌雄比例 1∶(2～3),采用充气流水培养,每日换水率 200%～400%,水温控制在 22 ℃～23 ℃,日温差控制在 2 ℃以内,盐度保持在 28～32,pH 7.8～8.4,溶解氧5 mg/L 以上,光照度宜在 1 000 lx 以内。

5.3.2 投喂

早晚各投喂 1 次,饵料种类有沙蚕、双壳贝肉、虾类和鲜杂鱼肉,投饵量为亲鱼体重的 1%～3%,以饱食及稍有残饵为宜;刚捕获的野生亲鱼需要经过驯化才能正常摄食。

5.3.3 日常管理

每天清底 1 次,及时清除残饵、污物及死鱼。培育期间保持水质清洁,不能有悬浮物。10 d～15 d 倒池 1 次,用碘制剂对亲鱼进行 1 次药浴消毒(使用方法参考产品说明书);培育期间尽量保持安静,各种操作动作要轻缓,减少对亲鱼的惊扰。采捕的野生鱼用碘制剂(使用方法参考产品说明书)或戊二醛(使用方法参考产品说明书)药浴 3 d～5 d 后,放入沙底的池塘或铺沙的水泥池中暂养,待其适应后再移入亲鱼培育池中人工培育。

5.4 亲鱼越冬

当秋季水温下降至 12 ℃以下时,进入越冬管理阶段。越冬期间水温应保持在 8 ℃以上,每 1 d～2 d 换水 1 次,每天清污 1 次。体表有损伤时用碘制剂药浴消毒(使用方法参考产品说明书),越冬期间以投喂贝肉为主,搭配投喂配合饲料、沙蚕,投喂量为亲鱼体重的 1%～2%。

5.5 亲鱼度夏

当水温高于 26 ℃时,应降低养殖密度至 1 ind. /m²～2 ind. /m²,加大流水量,及时清污,每 10 d 用碘制剂药浴消毒 1 次(使用方法参考产品说明书)。

5.6 亲鱼强化培养

预计产卵前 2 个月～3 个月开始强化培育。将经过优选的亲鱼按雌雄比 1∶(2～3)的比例移入专门的培育池进行培育,每天升温 0.5 ℃～1 ℃,后期保持在 24 ℃,当温度升至 18 ℃～20 ℃时开始控光,光照度 300 lx 左右,光照时间由每天的 8 h 逐渐增至 12 h,维持 15 d～20 d 后开始逐渐缩短光照至 10 h。培育期间投饵量为亲鱼体重的 2%～3%,饵料种类按 5.3.2 的规定执行,并逐渐加大活沙蚕的投喂比例,当光照降至 10 h 后,宜全部投喂活沙蚕,投喂量为体重的 3%。

6 产卵与孵化

6.1 产卵

性成熟的雌鱼腹部明显隆起,从腹腔后缘至接近尾部,由粗到细凸起呈"胡萝卜"状。用手轻轻抚摸雌鱼腹部凸起,成熟度好的性腺呈松软状。雄鱼性腺隆起不明显,但发育成熟的雄鱼游动活泼,有明显的追尾现象。性腺发育良好的亲鱼可以在池中自然产卵受精。半滑舌鳎属分批成熟多次产卵类型,其产卵时间一般在 18:00～24:00。

6.2 受精卵收集、计数

半滑舌鳎的受精卵为浮性卵,宜采用溢水孔或虹吸表层水的方法收集,或结合 80 目筛绢网捞取。将收集的受精卵用 5 mg/L 的含碘消毒剂浸洗 3 min～5 min(使用方法参考产品说明书),用清洁海水冲洗干净,放入量筒中静置分离,弃掉下沉的死卵后计数,计数数量可参考 1 100 ind./g～1 200 ind./g,400 ind./mL～1 100 ind./mL。

6.3 孵化

6.3.1 孵化方法

可采用孵化网箱孵化,也可以直接在育苗池中孵化。孵化网箱采用 80 目筛绢制成,规格以 80 cm×60 cm×60 cm 为宜,孵化期间不间断微量充气。

6.3.2 孵化密度

以 $5×10^5$ ind./m³～$8×10^5$ ind./m³ 为宜。

6.3.3 孵化条件

水温 20 ℃～24 ℃为宜,pH 7.8～8.2,溶解氧 5 mg/L 以上,光照度 1 000 lx 以下。可采取换水或流水孵化,微充气。

6.3.4 日常管理

每天测量并记录水温变化,在显微镜下观察胚胎发育情况并做好记录,每天将沉在底部的死卵吸出。

7 仔稚鱼培育

7.1 前期培育

7.1.1 培育条件

培育密度以 $0.5×10^4$ ind./m³～$1.0×10^4$ ind./m³ 为宜,也可以用即将孵化的受精卵布池。培育水温 23 ℃～24 ℃,pH 7.8～8.2,光照度 500 lx～800 lx 为宜,溶解氧保持在 5 mg/L 以上,连续充气,使池水保持缓慢波动状态。

7.1.2 饵料与投喂

仔鱼孵化后即向培育池投放小球藻,保持池水中小球藻的浓度为 $3×10^5$ cell/mL～$5×10^5$ cell/mL。孵出后第 3 天开始投喂营养强化的轮虫,至 20 日龄～24 日龄为止,每天分 2 次～3 次投喂,投喂时间以 9:00、18:00 或 9:00、12:00、18:00 为宜,投喂量前期 2 ind./mL～5 ind./mL,后期增加至 5 ind./mL～10 ind./mL。自 12 日龄～15 日龄开始投喂营养强化的卤虫无节幼体,至 35 日龄～40 日龄为止,按培育水体 0.5 ind./mL～6 ind./mL 投喂,当轮虫和卤虫无节幼体并喂时,宜提前 0.5 h 投喂轮虫。25 日龄～30 日龄开始驯化投喂配合饲料,每次投喂轮虫、卤虫幼体前投喂,逐渐增加投喂量至鱼体重 3%～5%,分 3 次～4 次投喂,投喂时间以 9:00、12:00、15:00、18:00 为宜。半滑舌鳎培育饵料系列及投喂量见图 1。

配合饲料（25 d~30 d 起，体重的3%~5%）

卤虫无节幼体（12 d~15 d 至 35 d~40 d，0.5 ind./mL~6.0 ind./mL）

轮虫（3 d 至 20 d~24 d，前期 2 ind./mL~5 ind./mL，后期增至 5 ind./mL~10 ind./mL）

```
0    5    10   15   20   25   30   35   40   45   50   55   60
                           日龄
```

图 1　半滑舌鳎仔稚鱼培育饵料系列

7.1.3　日常管理

孵化后第 2 天开始换水，每天 2 次，初期每日换水量 10%～20%，后期增加至 20%～40%，10 日龄开始吸底，2 d～3 d 1 次，变态期间停止吸底。

7.2　后期培育

7.2.1　培育条件

孵化后 20 d 左右，仔鱼完成变态开始伏底生活，进入后期培育。培育密度 1 000 ind./m^3～5 000 ind./m^3，水温 22 ℃～25 ℃，pH 7.8～8.2，光照度 500 lx～2 000 lx，溶解氧 5 mg/L 以上。

7.2.2　饵料与投喂

饵料主要有卤虫无节幼体和配合饲料，日投饵 3 次，投喂时间以 18:00、21:00、24:00 为宜。投喂量：卤虫幼体 2 ind./mL～6 ind./mL，至 35 日龄～40 日龄为止，配合饲料为体重的 3%～5%。应根据摄食情况和残饵量随时调整投饵量。

7.2.3　日常管理

采用自流循环水，日换水量为总水体的 1/2 左右，微量充气，投喂生物饵料时，为减少饵料流失，白天可减少流水量，夜间加大换水量，定期吸底。

8　中间培育

8.1　培育条件

30 mm 以上的苗种应及时分池，降低培育密度，进入中间培育阶段。培育密度 800 ind./m^3～1 500 ind./m^3，适宜水温 16 ℃～25 ℃，最适水温 22 ℃～24 ℃，日温差变化不超过 2 ℃，pH 7.8～8.2，光照度 500 lx～1 000 lx，溶解氧 5 mg/L 以上。

8.2　饵料与投喂

饵料种类主要为配合饲料，每天投喂 3 次～4 次，也可搭配投喂部分卤虫成虫，投喂量为体重的 3%～5%，并根据鱼苗摄食情况随时调整。

8.3　日常管理

微流水培育，日换水率 400%～600%，20 d 倒池 1 次，微量充气，定期吸底。

8.4　出池和运输

当鱼苗生长到全长 50 mm 以上时，即可出池，可采用排水法或虹吸法出苗，苗种运输按照 SC/T 2009 的规定执行。

9　病害防治

应遵循以防为主的原则，重点做好以下几个方面：
a)　选择健康、不同地理群体来源的亲鱼，避免近亲繁殖；
b)　加强亲鱼培育期的管理，重视饵料的营养，适量投喂沙蚕，保证精卵的质量；
c)　吸底、分苗等操作时动作轻柔，避免鱼苗受伤；

d) 饵料转换期要循序渐进,避免操之过急;

e) 渔药使用符合 SC/T 1132 的规定;

f) 提倡使用疫苗进行疾病的预防。

10 检测方法

相关指标检测方法如下:

a) 海水中溶解氧的含量可用溶氧仪测定;

b) 光照度用照度计测定;

c) 受精卵、苗种计数符合 GB/T 32758 的规定;

d) 微藻密度用血细胞计数板测定;

e) 轮虫、卤虫无节幼体取样后用碘液杀死,按 GB/T 32758 的规定计数。

ICS 67.120.30
CCS B 53

中华人民共和国水产行业标准

SC/T 3003—2022
代替 SC/T 3003—1988

渔获物装卸技术规范

Technical specification for loading and unloading the catch

2022-11-11 发布
2023-03-01 实施

中华人民共和国农业农村部 发布

前　　言

本文件按照 GB/T 1.1—2020《标准化工作导则　第 1 部分：标准化文件的结构和起草规则》的规定起草。

本文件代替 SC/T 3003—1988《渔获物装卸操作技术规程》。与 SC/T 3003—1988 相比，除结构调整和编辑性改动外，主要技术变化如下：

a)　更改了标准名称（见封面，1988 年版的封面）；

b)　更改了设备、场地设施、容器、人员的部分内容（见第 4 章，1988 年版的第 3 章）；

c)　更改了装卸渔获物的操作的部分内容（见第 5 章，1988 年版的第 4 章）；

d)　增加了记录管理（见第 6 章）。

请注意本文件的某些内容可能涉及专利。本文件的发布机构不承担识别专利的责任。

本文件由农业农村部渔业渔政管理局提出。

本文件由全国水产标准化技术委员会水产品加工分技术委员会（SAC/TC 156/SC 3）归口。

本文件起草单位：宁波市海洋与渔业研究院、浙江大学舟山海洋研究中心、象山县水产技术推广站、浙江万里学院、浙江大洋兴和食品有限公司。

本文件主要起草人：郑丹、段青源、柴丽月、陈挺、蔡勇、陈琳、焦海峰、杨家锋、王剑萍、项德胜、郑刚。

本文件及其所代替文件的历次版本发布情况为：

——1988 年首次发布为 SC/T 3003—1988《渔获物装卸操作技术规程》；

——本次为第一次修订。

渔获物装卸技术规范

1 范围

本文件规定了渔获物装卸的场地设施、设备与工器具、人员、装卸操作及记录管理。

本文件适用于渔获物从起舱至场地堆放及处理过程中的技术要求。

2 规范性引用文件

下列文件中的内容通过文中的规范性引用而构成本文件必不可少的条款。其中,注日期的引用文件,仅该日期对应的版本适用于本文件;不注日期的引用文件,其最新版本(包括所有的修改单)适用于本文件。

GB 3097 海水水质标准

GB 5749 生活饮用水卫生标准

GB 14930.1 食品安全国家标准 洗涤剂

GB 14930.2 食品安全国家标准 消毒剂

GB/T 36193 水产品加工术语

QB/T 1649 聚苯乙烯泡沫塑料包装材料

SC 5010 塑料鱼箱

SC/T 6006.1 渔业码头用皮带输送机 型式、基本参数与技术要求

SC/T 9001 人造冰

3 术语和定义

GB/T 36193 界定的及下列术语和定义适用于本文件。

3.1

场地 stacking area

供渔获物装卸、暂时堆放及交易的地方。

4 场地设施、设备与工器具、人员

4.1 场地设施

4.1.1 应有防止外界环境对渔获物质量造成影响的隔离设施。照明灯具应配备防爆装置。露天装卸、搬运时应有预防天气影响的措施。

4.1.2 地面应平整、防滑、不透水、不积水,易于清洁、消毒。墙面、隔断应使用无毒、无味的防渗透材料,在操作高度范围内的墙面应光滑、易于清洁。

4.1.3 配有充足的水源和畅通的排水系统。与渔获物直接接触用水,淡水应符合 GB 5749 的规定,海水应符合 GB 3097 海水中微生物的规定,其他用水应符合相关环境要求。

4.1.4 应配备清洁、消毒设施。洗涤剂应符合 GB 14930.1 的规定,消毒剂应符合 GB 14930.2 的规定。洗涤剂、消毒剂应标识明显、单独存放、专人管理。

4.1.5 卫生间设置应远离渔获物堆放区域,配备水冲式卫生器具和洗手、消毒设施。

4.2 设备与工器具

4.2.1 应配备与装卸作业能力相适应的设备和工器具。工器具应有专门的存放区域。

4.2.2 装卸渔获物的设备(起舱机、吊机、皮带输送机、车辆、叉车、吸鱼泵等)和工具(滑道、起舱钩、手拉车等)应保持完好、清洁,运行平稳正常,对渔获物不应有机械损伤,不应有外溢的润滑油等物质污染

渔获物。

4.2.3 直接接触渔获物的设备和工具表面,其材质应无毒无害、光滑、耐腐蚀、易清洁消毒。皮带输送机应符合 SC/T 6006.1 的规定。

4.2.4 容器应用无毒无害、便于清洁的材料制成,具有一定的强度,底部设有沥水孔(除泡沫保温箱外)。塑料鱼箱应符合 SC 5010 的规定,泡沫保温箱应符合 QB/T 1649 的规定,其他容器的材质及要求应符合相关国家标准规定。重复使用的洁净容器应晾干、整齐叠放备用。

4.2.5 应建立设备与工具维护和保养制度,定期检修,并按制度要求进行记录。

4.3 人员

4.3.1 渔获物装卸人员应经过专业培训。

4.3.2 直接接触渔获物的装卸人员应建立健康档案,定期健康检查,持健康证明上岗。有碍食品安全的病症者不应进行渔获物装卸操作。

4.3.3 装卸人员应保持个人卫生,作业期间宜穿戴适合作业的手套、工作服、帽、靴,并及时清洁、消毒、更换。

5 装卸操作

5.1 起舱

5.1.1 起舱过程应避免践踏或锐器损伤渔获物,保持渔获物完好。应快起快运,保持渔获物鲜度。

5.1.2 装有渔获物的容器在起舱过程中应采取措施防止翻落。

5.1.3 鲜渔获物装入容器时,应层货层冰,或用泡沫保温箱盛装,不应装箱过满,防止外溢压伤。用冰应符合 SC/T 9001 的规定。

5.1.4 活渔获物起舱时应避免长时间离水失活。

5.1.5 冷冻包装渔获物用起舱机、吊机等机械起舱时,应叠放整齐,缓慢起吊,防止跌落、破损。

5.2 搬运

5.2.1 搬运时,应轻搬轻放,叠放不宜过高,避免锐器损伤容器或渔获物。

5.2.2 冷冻包装渔获物应按产品包装标志要求进行搬运。

5.2.3 应及时将渔获物搬运至适宜的储藏环境和卫生安全的场地堆放。

5.2.4 应避免日晒雨淋,不应与有毒有害、有异味和其他影响渔获物质量的物品混装混运。

5.3 堆放

5.3.1 渔获物应按品种、规格等分别堆放,装有渔获物的容器应整齐堆放。远离有毒有害、有异味和其他影响渔获物质量的物品。

5.3.2 活渔获物应放置其适宜的生存环境。鲜渔获物应覆盖足量碎冰,避免脱冰升温。冷冻渔获物应及时搬运至冷藏车(库)内。

5.3.3 装卸作业结束后,应及时对堆放场地进行清洁,定期消毒和虫害消杀。消毒剂应按产品说明要求规范使用。

5.3.4 有毒渔获物(如野生河豚)应进行收集管理,不应流入市场。

6 记录管理

6.1 应建立渔获物装卸操作记录,内容应包括渔获物名称、生产者、销售者、捕捞海区、捕捞日期、规格、数量、重量等。

6.2 应制定清洁消毒制度,建立清洁消毒记录。内容应包括消毒时间、消毒对象、消毒剂名称和用量、消毒方法、实施人员等。

6.3 应建立人员记录。内容应包括人员名单、培训记录、健康证明等。

6.4 记录应字迹清晰、规范、完整、准确。

6.5 所有记录应存档,保存期限不应少于 24 个月。

_____

ICS 67.020
CCS X 20

中华人民共和国水产行业标准

SC/T 3013—2022
代替 SC/T 3013—2002

贝类净化技术规范

Technical specification for shellfish depuration

2022-11-11 发布

2023-03-01 实施

中华人民共和国农业农村部 发布

前　　言

本文件按照 GB/T 1.1—2020《标准化工作导则　第 1 部分:标准化文件的结构和起草规则》的规定起草。

本文件代替 SC/T 3013—2002《贝类净化技术规范》,与 SC/T 3013 相比,除结构调整和编辑性改动外,主要技术变化如下:

a) 更改了范围(见第 1 章,2002 年版的第 1 章);

b) 更改了规范性引用文件(见第 2 章,2002 年版的第 2 章);

c) 更改了贝类原料和净化贝产品要求(见 5.4.1,2002 年版的第 3 章);

d) 更改了选址(见 4.1,2002 年版的 5.1);

e) 更改了微生物实验室(见 4.2.7,2002 年版的 4.2.7);

f) 更改了贝类净化工艺和技术要求(见第 5 章,2002 年版的第 5 章);

g) 增加了证实方法(见第 6 章)。

请注意本文件的某些内容可能涉及专利。本文件的发布机构不承担识别专利的责任。

本文件由农业农村部渔业渔政管理局提出。

本文件由全国水产标准化技术委员会水产品加工分技术委员会(SAC/TC 156/SC 3)归口。

本文件起草单位:中国水产科学研究院东海水产研究所、中国海洋大学。

本文件主要起草人:蔡友琼、史永富、沈晓盛、牟海津、王媛、朱常亮。

本文件及其所代替文件的历次版本发布情况为:

——2002 年首次发布为 SC/T 3013—2002;

——本次为第一次修订。

贝类净化技术规范

1 范围

本文件确立了贝类净化技术要求,规定了贝类净化工厂选址、设计和建造、贝类净化工艺和技术要求,并描述了证实方法及质量管理与记录。

本文件适用于滤食性海产瓣鳃纲(Lamellibranchia)双壳贝类浅水池系统净化处理,清除贝类体内微生物和泥沙等。

2 规范性引用文件

下列文件中的内容通过文中的规范性引用而构成本文件必不可少的条款。其中,注日期的引用文件,仅该日期对应的版本适用于本文件;不注日期的引用文件,其最新版本(包括所有的修改单)适用于本文件。

GB 2733　食品安全国家标准　鲜、冻动物性水产品

GB 4789.3　食品安全国家标准　食品微生物学检验　大肠菌群计数

GB 4789.4　食品安全国家标准　食品微生物学检验　沙门氏菌检验

GB 4789.7　食品安全国家标准　食品微生物学检验　副溶血性弧菌检验

GB 5749　生活饮用水卫生标准

GB 11607　渔业水质标准

QB/T 1172　紫外线消毒器

QB/T 4972　暂养型海水精

SC/T 3009　水产品加工质量管理规范

SC/T 3035　水产品包装、标识通则

3 术语和定义

本文件没有需要界定的术语和定义。

4 贝类净化工厂选址、设计和建造要求

4.1 选址

贝类净化工厂的地址应符合下列要求:

a) 工厂所在地应高于最高潮位,有符合 GB 11607 规定的清洁充足的海水和符合 GB 5749 规定的生活饮用水供应,附近无生活和工业废水排放,海水应有较大潮汐落差。

b) 不受外界条件的影响,避免净化中的或储存中的贝类被污染。

4.2 设计和建造

4.2.1 水池

净化池、循环池、沉淀池和储水池表面应光滑、平整和坚硬。净化池应排水充分和易于用压力水冲刷,大型的净化池的坡度不应少于 1∶100,没有死角和接口,防止积水和碎屑残渣等沉积。储水池、循环池、沉淀池的底部也应有斜坡,不积水。此外,水池应安装水位指示器。位于户外的水池应有覆盖物以防风雨的侵袭。

4.2.2 管道

进水管道应安装在水池的上部、排水管道应安装在水池的下部,避免使用透明或半透明的给排水管道。在管道系统中应安装可拆卸的连接件,以便于对管道工程的清洗、检查和维修保养。

SC/T 3013—2022

4.2.3 容器和工具

直接与贝类和海水接触的工具、器具应由无毒且抗海水腐蚀的材料制成,可承受反复冲刷和清洗。用于净化系统的盛贝容器应坚固,而且易于清洗,在其侧面和底部有开孔允许水和碎屑自由通过,但不应使贝类落出,容器的尺寸应适应净化池的横截面。

4.2.4 建造材料

与贝类和净化用水接触的净化池、所有的设备、管道、阀门系统应由无毒、不透水且又抗海水腐蚀的材料建造,不宜使用铜或铜合金材料及镀锌钢材。不锈钢和玻璃钢可作净化池的材料,表面光滑无缝的混凝土也可用于建造水池,并可用高性能的涂料涂于表面,食品工业用的各种无毒涂料都可适用,颜色优选浅色。

4.2.5 水流布置

净化系统的水泵都应安装于低位,便于泵的自灌启动。从泵出来的水应通过控制阀和流量计来调节流量,水在进入净化池之前应预先处理。在循环系统中,水进入净化池之前通常需要充气增氧,充气装置应设在净化池进水口一端,且不应惊扰贝类。从净化池出口排出的海水回到循环泵的管道应安装在池底上部 150 mm～200 mm 以防碎屑等杂质进入再循环。净化池的底部与盛贝容器之间至少应有 50 mm 的距离便于碎屑和残渣沉于池底。净化结束,移去贝类之前,净化池水可通过三向阀门排到循环池或废水池。

当净化系统在较高温度运作时,应进行充气,以维持水中的溶解氧浓度。任何充气方法不应对贝类和水流造成干扰,也不应使碎屑和残渣重新浮起。

4.2.6 电气及其他设备

所有在潮湿地方使用的电气设备应有保护箱(罩),所有电气设备的控制器尽可能组装在一起,放在净化系统的一端或一侧,由一个主控制箱操纵,但应远离贝类的装卸区和排水区。净化工厂应配备温度、盐度及溶解氧等相应的监测设备。净化设备应保持完好、清洁、能正常运转,各种设备应进行定期检查和维护保养。

4.2.7 检测能力

4.2.7.1 每个净化工厂应建有微生物检验室,配备有必要的仪器设备,能按 GB 4789.3 的要求对净化的原料、成品、水质进行大肠菌群的检验。

4.2.7.2 净化工厂具有测定 GB 2733 规定的,以及沙门氏菌和副溶血性弧菌等有关指标的能力;自身不能检测时,可由法定检验机构检验。

5 贝类净化技术要求

5.1 工厂设施和人员要求

贝类的原料处理、净化和净化后的包装应分别在各自的车间内进行,防止对贝类净化过程的污染。车间地面应平整、易于清洗。车间排水系统应保持畅通,便于清除污物。车间内应保持清洁,每次操作前后应将净化池和地面冲洗干净,定期进行消毒处理;贝类净化操作人员应保持个人卫生,定期进行身体健康检查,有传染性疾病的患者不应参与贝类净化操作。

5.2 净化用海水供应与处理

5.2.1 天然海水

净化用海水应符合 GB 11607 的要求。海水的汲入口应固定在海平面下的海床上部,也可以打井获取海水。

5.2.2 人造海水

净化用水一般取自天然海水,也可使用人造海水。配制人造海水的原料应符合 QB/T 4972 的要求,配制人造海水用的淡水质量应符合 GB 5749 的规定。

5.2.3 海水的处理

初始浊度较高的海水应经沉淀、过滤等工序处理,使海水清澈无杂质。海水进入净化池前,应经过杀菌处理。本文件推荐使用按 QB/T 1172 的规定生产的紫外线灭菌器处理海水。

海水需要加热时,推荐将加热元件浸入净化池或储水池中。海水需要冷却时,推荐将机械制冷的冷凝管浸入净化池或储水池中,或者将海水通过一个冷却装置。加热和冷却海水时,应安装海水的温度指示和恒温控制装置。

5.3 贝类净化工艺流程

常见的贝类净化工艺流程见图 1。

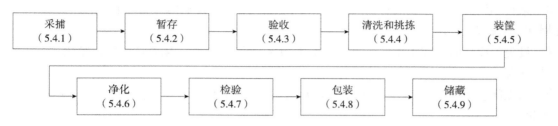

图 1　贝类净化工艺流程图

5.4 净化工艺要求

5.4.1 采捕

净化用贝类原料应捕自海水贝类养殖生产区的第二类、第三类生产区域。贝类安全指标应符合 GB 2733 的规定。采捕的方法不应对贝壳或肌肉组织造成损伤。

注:贝类养殖生产区划分应根据中华人民共和国农业部农办渔〔2007〕18 号的要求进行。

5.4.2 暂存

贝类原料在净化前应储藏在阴凉的场所,贝类从起捕到开始净化的时间不应超过 12 h。不同海域捕捞的贝类和不同品种的贝类应分开存放。

5.4.3 验收

每批贝类原料应由专职质量检验人员进行验收,记录品种、数量、捕捞地点、日期、捕捞者的姓名,并进行编号。贝类外壳色泽、鲜度、活力、对碰撞的反应和气味等感官应符合活贝固有特征。

5.4.4 清洗和挑拣

净化前,贝类原料应清洗干净,贝的外壳不应带有泥沙。在进入净化池前,贝类应进行挑拣,除去死贝、碎壳贝及其他杂质。

5.4.5 装筐

挑拣好的贝类装入净化筐中,净化筐规格宜不大于 50 cm×50 cm×20 cm,每筐中装入的贝类量以二分之一左右的筐高度为宜。

5.4.6 净化

5.4.6.1 净化条件应根据不同贝类的生活习性进行确定,应符合表 1 的规定。

表 1　贝类净化的推荐条件

项目	推荐条件
溶解氧	≥4 mg/L
温度	应控制在 15 ℃～25 ℃
盐度	应控制在被净化贝类生长区海水盐度的±20%范围内
水位	以淹没所有净化筐为宜
水交换量	≥10 次/24 h

5.4.6.2 净化后的贝类微生物要求应符合表 2 的规定。

表 2　净化后贝类微生物要求

项目	指标
大肠菌群	<300 MPN/100 g
副溶血性弧菌ᵃ	<100 MPN/g
沙门氏菌ᵃ	不应检出
ᵃ　贝类净化工厂应定期对副溶血性弧菌和大肠杆菌进行检验或送检。	

5.4.6.3　来自不同产区或不同品种的贝类应分别放在不同的净化池内进行净化。循环水仅限于使用一个净化周期,不应重复使用。

5.4.6.4　贝类的净化时间应根据原料贝类的微生物含量确定,达到净化要求后终止净化。净化时间应控制在 36 h 以内。

5.4.6.5　双壳闭合不紧密、易于失去水分的贝类,不适宜进行净化。一年中体质最弱或产卵期的贝类也不适宜净化。

5.4.7　检验

5.4.7.1　每批贝类净化完成后需要进行大肠杆菌检验。

5.4.7.2　贝类净化过程应定期对副溶血弧菌和大肠杆菌进行检验或送检。

5.4.8　包装

5.4.8.1　净化后的贝类应用消毒过的清洁海水清洗,挑除死贝和碎贝。

5.4.8.2　净化后的贝类应进行包装,标签应符合 SC/T 3035 要求,产品名称标明"净化××(贝类)"字样。

5.4.9　储藏

净化后贝类的储藏温度应控制在 3 ℃~12 ℃,储藏时间一周内为宜。

6　证实方法

6.1　大肠菌群检验

按 GB 4789.3 的规定执行。

6.2　沙门氏菌检验

按 GB 4789.4 的规定执行。

6.3　副溶血性弧菌检验

按 GB 4789.7 的规定执行。

7　质量管理与记录

贝类净化工厂(车间)应严格按照 SC/T 3009 的规定,特别要加强净化用贝生产区或养殖场的环境卫生监测工作,为净化用贝原料的选择和净化工艺的制定提供依据,以确保净化后贝类的质量。

参 考 文 献

[1]　中华人民共和国农业部农办渔〔2007〕18 号　《农业部办公厅关于开展海水贝类养殖生产区划型工作的通知》

———————————

ICS 67.120.30
CCS X 20

中华人民共和国水产行业标准

SC/T 3014—2022

代替 SC/T 3014—2002

干条斑紫菜加工技术规程

Technical code of practice for dried *Neopyropia yezoensis*

2022-11-11 发布

2023-03-01 实施

中华人民共和国农业农村部 发布

前　言

本文件按照 GB/T 1.1—2020《标准化工作导则　第 1 部分：标准化文件的结构和起草规则》的规定起草。

本文件代替 SC/T 3014—2002《干紫菜加工技术规程》，与 SC/T 3014—2002 相比，除结构调整和编辑性改动外，主要技术变化如下：

a)　更改了标准名称；

b)　更改了"范围"（见第 1 章，2002 年版的第 1 章）；

c)　更改了"通则"（见第 4 章，2002 年版的第 3 章、第 4 章）；

d)　增加了"加工工艺流程"（见第 5 章）；

e)　更改了"加工操作"中相关内容（见第 6 章，2002 年版的第 5 章）；

f)　增加了"追溯方法"（见第 7 章）。

请注意本文件的某些内容可能涉及专利。本文件的发布机构不承担识别专利的责任。

本文件由农业农村部渔业渔政管理局提出。

本文件由全国水产标准化技术委员会水产品加工分技术委员会（SAC/TC 156/SC 3）归口。

本文件起草单位：中国水产科学研究院黄海水产研究所、江苏省紫菜协会、连云港市赣榆紫菜加工协会、中国海洋大学、山东省海洋科学研究院。

本文件主要起草人：江艳华、王联珠、郭莹莹、戴卫平、万磊、王鹏、李娜、刘天红、朱文嘉、姚琳、蒋昕。

本文件及其所代替文件的历次版本发布情况为：

——SC/T 3014—2002。

干条斑紫菜加工技术规程

1 范围

本文件确立了干条斑紫菜（*Neopyropia yezoensis*）的加工流程，规定了原料验收、暂存、去杂和清洗、脱水、切菜、二次清洗、调和、浇饼和脱水、干燥、分拣、二次干燥、定级分级、包装、储存等工序的操作指示，以及各工序之间的转换条件，描述了原料记录、生产记录和档案管理等追溯方法。

本文件适用于干条斑紫菜的加工企业生产操作，以及判定加工企业是否履行规定程序的依据。

2 规范性引用文件

下列文件中的内容通过文中的规范性引用而构成本文件必不可少的条款。其中，注日期的引用文件，仅该日期对应的版本适用于本文件；不注日期的引用文件，其最新版本（包括所有的修改单）适用于本文件。

GB 3097 海水水质标准

GB 5749 生活饮用水卫生标准

GB 20941 食品安全国家标准 水产制品生产卫生规范

GB/T 23597 干紫菜

3 术语和定义

本文件没有需要界定的术语和定义。

4 通则

4.1 加工企业选址与厂区环境、厂房和车间、设施与设备、卫生管理、生产过程的食品安全控制等应符合GB 20941 的要求。

4.2 暂存和加工用海水应符合 GB 3097 中第二类水质的要求，应经过 24 h 以上沉淀，温度应低于 15 ℃，盐度为 15～25。加工用淡水应符合 GB 5749 的要求，温度应低于 15 ℃。

4.3 生产车间应配备控制环境温湿度的装置、空气循环系统。干燥室温度宜设定在 34 ℃～55 ℃，绝对湿度宜保持在 15 g/m³～19 g/m³。分拣室和包装室温度宜低于 20 ℃，相对湿度宜低于 60%。

4.4 加工过程不应使用食品添加剂和加工助剂。

5 加工工艺流程

干条斑紫菜加工工艺包括 14 个工序，如果能及时加工，工序 2 可省略。加工工艺流程如图 1 所示。

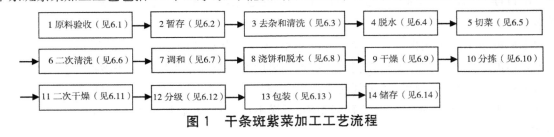

图 1 干条斑紫菜加工工艺流程

6 加工操作

6.1 原料验收

6.1.1 检查进厂的每批原藻的养殖海域、新鲜度、色泽、气味、是否掺杂泥沙、杂藻和病烂菜占比等。

6.1.2 只准许来自经主管部门许可的养殖海域,且新鲜、品质良好、无红变、无异味、无掺杂泥沙、未经淡水浸泡的原藻可以进入加工。不能及时加工的原藻进入暂存。

6.2 暂存

不同采收时间、不同产区的原藻分开暂存,暂存的操作有以下 2 种方式:

    a) 常温晾放:选择阴凉通风处,避免日晒,将原藻摊开于晾晒架上,保持透气,暂存时间不超过 24 h;

    b) 海水暂存:将原藻放入盛有海水的暂存池中,机械搅拌,必要时可充氧,暂存时间根据水温确定。

6.3 去杂和清洗

6.3.1 将原藻摊开于晾晒架上,采用人工剔除杂藻、塑料丝、草屑及其他可见杂物。

6.3.2 挑拣后的原藻放入盛有海水的清洗池中,机械搅拌(必要时可充氧),采用流水清洗原藻上附着的泥沙和其他杂质。根据原藻的泥沙含量、杂质附着程度适时调整清洗用水量及清洗时间,清洗至排水口无泥沙排出。

6.3.3 原藻清洗后采用异物去除机再次去除杂物。

6.4 脱水

去杂后的紫菜用离心机进行脱水,也可采用其他方式脱水。

6.5 切菜

脱水后的紫菜采用切菜机切碎。根据原藻采收时期的不同选用适宜的刀片、孔盘和机器转速。保持切菜刀片锋利。

6.6 二次清洗

6.6.1 切碎后的紫菜用淡水进行二次清洗。根据原藻采收时期的不同调整洗涤时间和用水量,清洗 2 次。

6.6.2 清洗过程中可采用磁棒去除金属异物。

6.7 调和

6.7.1 将切碎的紫菜和淡水分别输送入调和机中,制成均匀的紫菜混悬液。

6.7.2 根据紫菜片张的厚薄(重量)要求调整紫菜和淡水的比例。

6.8 浇饼和脱水

6.8.1 通过浇饼机将紫菜混悬液注入浇饼框中,确保各浇饼框内的菜量均匀一致。浇饼时保持浇饼阀无漏水现象、目板水平。

6.8.2 采用海绵挤压浇饼框脱水 2 次,二次脱水压力略大于一次脱水压力,保持脱水压力均衡。挤压过程中保持脱水海绵及脱水海绵罩洁净,根据清洁度定期更换海绵。

6.8.3 在荧光灯下检查脱水后的饼菜是否厚薄均匀、有无空洞、有无毛边、同一帘架菜的透光量是否一致。

6.8.4 只准许厚薄均匀、无空洞、无毛边、同一帘架菜的透光量一致的饼菜进入干燥。

6.9 干燥

6.9.1 脱水后的饼菜随传送带进入干燥室进行干燥,干燥后紫菜片的含水量不宜高于 14%。

6.9.2 干燥后的紫菜片从帘片上自动剥离。检查剥离后的紫菜片是否出现片张破损、光洁度不足、缩边、提前剥离、干燥不足、白斑等现象,若出现这些现象时,调整室内温湿度,必要时停机检查。

6.9.3 有片张破损、光洁度不足、缩边、提前剥离、干燥不足、白斑等缺陷的紫菜片不能进入分拣。

6.10 分拣

干燥后的紫菜每 50 张为 1 组进行分拣,采用人工分拣或异物自动选别机剔除皱、破损、有空洞及含贝壳、沙砾、金属物或其他异物等次品菜。

6.11 二次干燥

6.11.1 分拣后的紫菜每百张以硬纸板分隔装入再干屉内,放入二次干燥机中进行干燥。采用阶段升温或曲线升温方式进行干燥,温度与时间根据菜质和水分含量进行调整。

6.11.2 经二次干燥后终产品的水分含量不能高于7%。

6.12 分级

根据 GB/T 23597 的规定进行产品分级。

6.13 包装

6.13.1 采用清洁、干燥、无毒、无异味、符合相关食品安全标准的包装材料密封包装产品。

6.13.2 将密封包装后的产品装入牢固、防潮、不易破损的纸箱,箱中产品排列整齐。

6.14 储存

6.14.1 产品储存在阴凉、避光、干燥和通风的库房内,储存库应清洁、卫生、无异味,防止受潮、日晒、虫害和有毒有害物质的污染及其他损害。

6.14.2 不同规格、等级、批次的产品分别堆垛,标识清楚,并用垫板垫起,与地面距离不少于 10 cm,与墙壁距离不少于 30 cm,堆放高度以外包装纸箱受压不变形为宜。

7 追溯方法

7.1 原料记录

每批进厂的原料都应进行记录,记录的内容包括:

a) 采收时间;

b) 采收海区;

c) 重量;

d) 检验验收情况;

e) 其他。

7.2 过程记录

在执行第 6 章所规定的各个工序过程中,记录并保持以下内容:

a) 生产批号;

b) 生产日期;

c) 生产班组;

d) 产品数量;

e) 执行的具体操作内容;

f) 操作的结果或观察到的现象;

g) 其他。

7.3 档案管理

建立完整的质量管理档案,各种记录分类装订、归档,保留时间应在 2 年以上。

ICS 67.120.30
CCS X 20

中华人民共和国水产行业标准

SC/T 3055—2022

藻类产品分类与名称

Classification and nomenclature of algae products

2022-11-11 发布
2023-03-01 实施

中华人民共和国农业农村部 发布

前　言

本文件按照 GB/T 1.1—2020《标准化工作导则　第 1 部分：标准化文件的结构和起草规则》的规定起草。

请注意本文件的某些内容有可能涉及专利。本文件的发布机构不承担识别专利的责任。

本文件由农业农村部渔业渔政管理局提出。

本文件由全国水产标准化技术委员会水产品加工分技术委员会(SAC/TC 156/SC 3)归口。

本文件起草单位：中国水产科学研究院黄海水产研究所、全国水产技术推广总站、中国藻业协会、青岛明月海藻集团有限公司、青岛聚大洋藻业集团有限公司、山东洁晶集团股份有限公司、中国海洋大学、大连海洋大学、中国水产科学研究院南海水产研究所、山东省海洋科学研究院、山东省海洋资源与环境研究院。

本文件主要起草人：郭莹莹、王联珠、于秀娟、代国庆、林洪、张国防、吴仕鹏、赵丽、朱文嘉、汪秋宽、杨贤庆、叶乃好、刘福利、江艳华、刘天红、刘涛、赵艳芳、李娜、姚琳、徐英江、蒋昕。

藻类产品分类与名称

1 范围

本文件规定了经济藻类产品的术语和定义、分类原则、命名规则及产品分类。

本文件适用于经济藻类产品的统计、生产、流通及其他相关领域。本文件规定的藻类产品不包括水产养殖育苗用的藻类。

2 规范性引用文件

下列文件中的内容通过文中的规范性引用而构成本文件必不可少的条款。其中，注日期的引用文件，仅该日期对应的版本适用于本文件；不注日期的引用文件，其最新版本（包括所有的修改单）适用于本文件。

GB 19643　食品安全国家标准　藻类及其制品

GB/T 36193　水产品加工术语

3 术语和定义

GB 19643、GB/T 36193 界定的以及下列术语和定义适用于本文件。

3.1

藻类　algae

一类水生的没有真正根、茎、叶分化的最原始的低等植物，如海带、紫菜、裙带菜、羊栖菜等海水藻类和螺旋藻、小球藻等淡水藻类。

［来源：GB/T 19643—2016，2.1，有修改］

3.1.1

鲜、冻藻类　fresh or frozen algae

采收的原藻，以及经清洗、切割、冷藏或冷冻等简单处理的产品。

3.2

藻类制品　algae product

以藻类（3.1）为主要原料，添加或不添加辅料和食品添加剂，经相应工艺加工制成的产品。

［来源：GB 19643—2016，2.2，有修改］

3.2.1

藻类干制品　dried algae product

以藻类（3.1）为主要原料，经预处理、添加或不添加辅料和食品添加剂、粉碎或不粉碎，采用自然干燥或机械干燥等方式加工而成的产品。

［来源：GB 19643—2016，2.2.2，有修改］

3.2.2

藻类盐渍品　salted algae product

以藻类（3.1）为主要原料，经漂烫、冷却、盐渍等加工工艺制成的产品。

3.2.3

即食藻类制品　ready-to-eat algae product

以藻类（3.1）为主要原料，经切割、脱水、烘烤、调味（或配以调料包）、熟制、膨化、杀菌等其中的几种加工工艺制成的可直接食用的产品。

［来源：GB/T 19643—2016，2.2.1，有修改］

3.2.4

藻类调味品　flavouring made from algae

以藻类（3.1）为主要原料，添加或不添加辅料和食品添加剂，经破碎、提取、分离、浓缩、复配等其中的几种加工工艺制成的具有藻类鲜香味的调味品。

3.2.5

藻类提取物　algae extraction

以藻类（3.1）为原料，经物理法、化学法、生物法的一种或几种方法复合提取的，含有来自藻类自身的某种特定成分的一类物质。例如，糖类、蛋白及肽类、多酚类、色素类、脂类等。

3.2.5.1

海藻胶　seaweed hydrocolloid

从海藻中提取的多糖类胶质，包括褐藻胶、琼胶、卡拉胶等。

［来源：GB/T 36193—2018，11.2，有修改］

3.2.6

藻类植保产品　plant protection product made from algae

以海藻胶（3.2.5.1）、海藻多糖、海藻寡糖等为主要成分制成的具有促进植物生长或杀虫、杀菌、抗旱、抗盐碱等功效的海藻源农用产品。

3.2.7

藻类凝胶食品　gelled algae food

以藻类（3.1）为主要原料，经干燥、提取、添加或不添加辅料和食品添加剂、成型、冷却后制成的凝胶状食品。

3.2.8

藻类饲用产品　algae feed product

以藻类（3.1）为主要原料，经干燥、粉碎或化学提取，添加或不添加辅料和饲料添加剂等加工工艺制成的饲料产品。

4　分类原则

4.1　按照藻类产品的基本属性、加工工艺及用途进行分类。

4.2　产品分类原则上取其一个主要特征属性，对于多属性产品，可用两个或两个以上的特征属性进行分类。

5　命名规则

5.1　产品的名称以其学名或常用名命名，括号内为传统名称或地方名称。经整理或加工后获得的产品应加以相应说明。

5.2　性质、用途及加工工艺相同的产品，应采用统一的名称命名，不应附加与其属性无关的说明。

5.3　新的加工产品的命名应按产品属性并兼顾原料名称，用规范术语表达，用词应简明、通俗。

5.4　不应将外来语直接作为产品名称。

6　产品分类

6.1　鲜、冻藻类

海带、裙带菜、羊栖菜、铜藻、鼠尾藻、巨藻、墨角藻、鹿角菜、泡叶藻、海茸（海松茸）；条斑紫菜、坛紫菜、石花菜（鸡毛菜、海冻菜）、真江蓠、脆江蓠、龙须菜、麒麟菜（卡帕藻）、角叉菜、海萝、红皮藻、红毛菜（红毛藻）；浒苔（苔菜）、石莼（海菜、海莴苣）、松藻、礁膜、长茎葡萄蕨藻（海葡萄）、盐藻（杜氏藻）、红球藻、小球藻、新月藻、栅列藻；螺旋藻、发状念珠藻（发菜、地毛菜）、拟球状念珠藻（葛仙米、天仙米）、金藻（金褐藻）；三角褐指藻等藻类的鲜、冻品。

6.2 藻类干制品

干海带、干海带丝、干海带结、干海带条、干海带片、干条斑紫菜、干坛紫菜、干裙带菜叶、干裙带菜孢子叶、干裙带菜梗丝、干海茸、干江蓠、干龙须菜、干鼠尾藻、干石花菜、干浒苔(苔条)、干麒麟菜、干鹿角菜、干羊栖菜、干海萝、干石莼、干红皮藻、干红毛菜;海带粉、江蓠粉、浒苔粉(苔条粉)、螺旋藻粉、红球藻粉、小球藻粉、石莼粉、红皮藻粉、红毛菜粉、金藻粉、新月藻粉、栅列藻粉;速食干海带片、速食干海带丝、速食干海带结、压缩海带饼;其他藻类干制品。

6.3 藻类盐渍品

盐渍海带、盐渍海带丝、盐渍海带结、盐渍海带片、盐渍海带头、盐渍海带苗、盐渍小海带、盐渍裙带菜、盐渍裙带菜梗、盐渍裙带菜叶、盐渍江蓠、盐渍鹿角菜、盐渍羊栖菜、盐渍铜藻、盐渍浒苔、盐渍海萝、盐渍石莼、盐渍海葡萄及其他盐渍藻类产品。

6.4 即食藻类制品

调味海带丝、调味海带结、调味海带片、调味裙带菜叶、调味裙带菜孢子叶、调味裙带菜梗丝(海藻沙拉)、调味羊栖菜、调味麒麟菜;烤紫菜、调味烤紫菜(海苔、紫菜卷)、夹心烤紫菜、烤紫菜蛋卷酥、香酥紫菜碎(拌饭海苔)、浒苔酥(苔条饼);海带脆片(香酥海带)、海带脯、海带糕;海带酱、紫菜酱、浒苔酱、羊栖菜酱;其他即食藻类制品。

6.5 藻类调味品

海带汤料、裙带菜汤料、紫菜汤料、海藻碘盐、海带酱油(昆布酱油)及其他藻类调味品。

6.6 藻类提取物

6.6.1 海藻胶

6.6.1.1 褐藻胶

褐藻酸(海藻酸)、褐藻酸钠(海藻酸钠)、褐藻酸钙(海藻酸钙)、褐藻酸钾(海藻酸钾)、褐藻酸铵(海藻酸铵)及其他褐藻胶。

6.6.1.2 红藻胶

琼胶(琼脂、冻粉)、琼脂糖、卡拉胶及其他红藻胶。

6.6.2 其他藻类提取物

岩藻多糖(褐藻糖胶、岩藻聚糖硫酸酯)、红藻硫酸半乳糖、绿藻多糖、螺旋藻多糖、念珠藻多糖;褐藻胶寡糖、琼胶寡糖、卡拉胶寡糖、褐藻多酚、岩藻黄素(岩藻黄质)、甘露醇、藻蓝蛋白、藻红蛋白、海藻碘、海藻膳食纤维及其他藻类提取物。

6.7 其他藻类制品

6.7.1 藻类植保产品

海藻植物促生长剂(海藻植物营养剂、海藻素、海藻精)、海藻糖酶抑制素及其他藻类植保产品。

6.7.2 藻类凝胶食品

模拟鱼翅、模拟海蜇皮、模拟海蜇丝、海藻凉粉、海藻果冻及其他藻类凝胶食品。

6.7.3 藻类饲用产品

饲用海藻粉、海藻饲料添加剂及其他藻类饲用产品。

6.7.4 其他产品

微藻油、海藻纤维、海藻酸丙二醇酯(藻胶酯)、藻酸双酯钠、海藻渣粉及其他藻类制品。

参 考 文 献

[1] GB/T 7635.1 全国主要产品分类与代码 第 1 部分:可运输部分
[2] GB/T 41545 水产品及水产加工品分类与名称
[3] NY/T 3177 农产品分类与代码

ICS 67.120.30
CCS X 20

中华人民共和国水产行业标准

SC/T 3056—2022

鲟鱼子酱加工技术规程

Technical code of practice for sturgeon caviar

2022-11-11 发布

2023-03-01 实施

中华人民共和国农业农村部 发布

SC/T 3056—2022

前　言

本文件按照 GB/T 1.1—2020《标准化工作导则　第 1 部分:标准化文件的结构和起草规则》的规定起草。

请注意本文件的某些内容可能涉及专利。本文件的发布机构不承担识别专利的责任。

本文件由农业农村部渔业渔政管理局提出。

本文件由全国水产标准化技术委员会水产品加工分技术委员会(SAC/TC 156/SC 3)归口。

本文件起草单位:中国水产科学研究院南海水产研究所、衢州鲟龙水产食品科技开发有限公司、山东美佳集团有限公司、杭州千岛湖鲟龙科技股份有限公司。

本文件主要起草人:杨贤庆、郝淑贤、李来好、黄卉、马海霞、王斌、郭晓华、赵永强、魏涯、夏永涛、白帆。

鲟鱼子酱加工技术规程

1 范围

本文件确立了鲟鱼子酱的加工流程，规定了原料鱼检查、致昏、放血、清洗、取卵、搓卵、除杂、拌盐、装罐、熟化、包装、储存等工序的操作指示，以及各工序之间的转换条件，描述了原料记录、过程记录和档案管理等追溯方法。

本文件适用于指导鲟鱼子酱加工企业生产操作，以及判定加工企业是否履行规定程序的依据。

2 规范性引用文件

下列文件中的内容通过文中的规范性引用而构成本文件必不可少的条款。其中，注日期的引用文件，仅该日期对应的版本适用于本文件；不注日期的引用文件，其最新版本（包括所有的修改单）适用于本文件。

GB 2760　食品安全国家标准　食品添加剂使用标准

GB 5461　食用盐

GB 5749　生活饮用水卫生标准

GB 14930.2　食品安全国家标准　消毒剂

GB 20941　食品安全国家标准　水产制品生产卫生规范

GB/T 25915.1—2010　洁净室及相关受控环境　第1部分：空气洁净度等级

GB 28050　食品安全国家标准　预包装食品营养标签通则

GB/T 36193　水产品加工术语

JJF 1070　定量包装商品净含量计量检验规则

SC/T 3035　水产品包装、标识通则

3 术语和定义

GB/T 36193界定的术语和定义适用于本文件。

4 通则

4.1　厂房和车间、设施与设备、卫生管理、生产过程的食品安全控制等应符合GB 20941的要求，鱼卵加工间洁净等级宜符合GB/T 25915.1—2010表1中ISO 5级～6级。

4.2　加工用盐应符合GB 5461的要求。

4.3　加工用水及制冰用水应符合GB 5749的要求。

4.4　食品添加剂的种类和用量应符合GB 2760的要求。

4.5　工厂的设备和器具消毒剂应符合GB 14930.2的要求。

4.6　所有用于腹部切割的工具、用于卵巢转移和储存的器具等应经过灭菌处理。每处理一条鱼均应更换器具。从事鱼卵加工人员应戴手套，每处理一条鱼后均应洗手、消毒。

4.7　取卵至装罐操作时间不宜超过30 min。

4.8　取卵后至包装操作间的温度不宜超过15 ℃。

5 加工流程

鲟鱼子酱加工工艺流程包括12个工序。加工工艺流程如图1所示。

SC/T 3056—2022

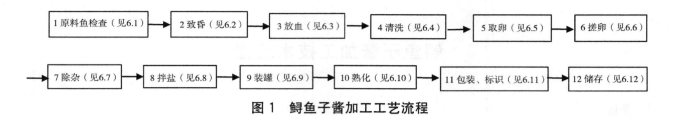

图 1 鲟鱼子酱加工工艺流程

6 加工操作

6.1 原料鱼检查

6.1.1 原料鱼为健康、无污染的养殖鲟科雌性活鱼,只准许鱼卵成熟度达到Ⅳ期,卵粒容易剥离才可以进行加工。

6.1.2 生产前逐条检查原料鱼的鱼卵成熟度和卵径大小,卵粒直径宜大于 2.5 mm。

6.2 致昏

6.2.1 将 10 ℃以下预冷超过 6 h 的鲟鱼放入冰水,时间为 10 min～15 min。鱼体无明显应激反应时,转移到操作台上,采用外力击打鱼头部使鱼昏迷。

6.2.2 只准许昏迷的鱼体进入放血程序。

6.3 放血

迅速将鱼体用链钩套住鱼尾、倒挂,用利刃割断鳃弓动脉,也可同时割断背鳍部位的背主动脉,放血时间宜控制在 60 min 以内。

6.4 清洗

6.4.1 放血后的鱼体用喷淋水冲洗,去除刀口处的血污。而后转移到取卵台,腹部朝上,用硬毛刷洗刷鱼身上的黏液,边刷边用水冲洗,清洗过程中水温宜控制在 15 ℃以下。

6.4.2 只准许体表无黏腻感的鱼进入取卵程序。

6.5 取卵

取卵按下列步骤操作:
a) 用无菌利刃自肛门插入,刀刃向上,不能损伤内脏器官;
b) 将腹部的肌肉向两侧翻开,另换刀具将卵巢与鱼体剥离;
c) 取盆底铺放碎冰、上覆塑料薄膜的不锈钢盆,将卵巢置于薄膜上;
d) 卵巢盆通过无菌操作窗口转移到鱼卵加工操作间。

6.6 搓卵

6.6.1 将孔径为 5 mm 的网筛放在不锈钢盆上,卵巢置于网筛上,轻轻揉搓卵巢。

6.6.2 只准许卵块分离成卵粒后进行除杂。

6.7 除杂

人工挑除卵粒中夹杂的血块等杂质,可将卵粒加入 0 ℃～4 ℃的无菌水,轻轻搅动,待卵粒下沉后,及时倾倒弃去上层污水,漂洗 2 次～3 次,沥水。

6.8 拌盐

卵粒放进腌制容器,称重,将食用盐均匀撒在鱼卵上面,根据需求确定加盐量,范围宜控制在 1.5%～5%,同向搅拌均匀,沥水。

6.9 装罐

鱼卵装入包装容器内、加盖,装卵量宜超过净重的 0.5%,轻压盖顶,及时清理溢出的水渍。

6.10 熟化

6.10.1 装罐后的鲟鱼子酱放置在熟化间,温度宜控制在-2 ℃～2 ℃。

6.10.2 熟化时间 1 周,其间每天宜翻罐 1 次。

6.11 包装、标识

6.11.1 应符合 SC/T 3035 的要求。

6.11.2 预包装产品净含量应符合 JJF 1070 的要求。

6.11.3 所用包装材料应洁净、无毒、无异味,并符合食品安全相关标准的要求。

6.11.4 标志、标签应标注原料鱼品种。

6.11.5 营养标签应符合 GB 28050 的要求。

6.11.6 实施可追溯的产品应有可追溯标识。

6.12 储存

6.12.1 产品储存期间实时监测温度,温度宜保持在－2 ℃～2 ℃。

6.12.2 储存期间 1 个月内每周宜翻罐 1 次。

6.12.3 不同批次、品种的产品应分别堆垛,排列整齐,各品种、批次、规格应挂标识牌。

7 追溯方法

7.1 原料记录

每条鱼都应进行记录,记录内容包括以下内容:

a) 鱼种;

b) 体重;

c) 检验验收情况;

d) 其他。

7.2 过程记录

在执行第 6 章所规定的各个阶段的程序指示过程中,记录并保持以下内容:

a) 生产批号;

b) 生产日期;

c) 生产班组;

d) 产品数量;

e) 执行的具体操作内容;

f) 操作的结果或观察到的现象;

g) 其他。

7.3 档案管理

建立完整的质量管理档案,各种记录分类装订、归档,保留时间应在 2 年以上。

————————————

ICS 67.050
CCS X 20

中华人民共和国水产行业标准

SC/T 3057—2022

水产品及其制品中磷脂含量的测定
液相色谱法

Determination of phosphatide in fish and fishery products—
Liquid chromatography

2022-11-11 发布　　　　　　　　　　　2023-03-01 实施

中华人民共和国农业农村部　发布

前　言

本文件按照 GB/T 1.1—2020《标准化工作导则　第 1 部分：标准化文件的结构和起草规则》的规定起草。

请注意本文件的某些内容可能涉及专利。本文件的发布机构不承担识别专利的责任。

本文件由农业农村部渔业渔政管理局提出。

本文件由全国水产标准化技术委员会水产品加工分技术委员会(SAC/TC 156/SC 3)归口。

本文件起草单位：中国水产科学研究院黄海水产研究所、国家水产品质量检验检测中心、中国水产科学研究院黑龙江水产研究所。

本文件主要起草人：王联珠、彭吉星、孙言春、谭志军、郭莹莹、赵新楠、朱文嘉、文艺晓、吴海燕、郭萌萌、郑关超。

水产品及其制品中磷脂含量的测定 液相色谱法

1 范围

本文件描述了用液相色谱法测定水产品及其制品中磷脂含量的原理、试剂和材料、仪器和设备、试样制备与保存、测定步骤、结果计算、方法灵敏度和精密度。

本文件适用于鱼、贝、虾等水产品及其制品中磷脂酰乙醇胺、磷脂酰肌醇、磷脂酰胆碱、鞘磷脂、溶血磷脂酰胆碱5种磷脂含量的测定。

2 规范性引用文件

下列文件中的内容通过文中的规范性引用而构成本文件必不可少的条款。其中，注日期的引用文件，仅该日期对应的版本适用于本文件；不注日期的引用文件，其最新版本（包括所有的修改单）适用于本文件。

GB/T 6682 分析实验室用水规格和试验方法

GB/T 15687 动植物油脂 试样的制备

GB/T 30891—2014 水产品抽样规范

3 术语和定义

本文件没有需要界定的术语和定义。

4 原理

试样中磷脂经氯仿-甲醇溶液提取，固相萃取柱净化，液相色谱-蒸发光散射检测器检测，外标法定量。

5 试剂和材料

警示：应当严格遵循有毒物质的使用规程。采取有效措施保证组织和个人安全。

除另有说明，所有试剂均为色谱纯，试验用水应符合GB/T 6682一级水的要求。

5.1 试剂

5.1.1 正己烷（C_6H_{14}）。

5.1.2 异丙醇（C_3H_8O）。

5.1.3 氯仿（$CHCl_3$）。

5.1.4 甲醇（CH_3OH）。

5.1.5 乙酸（CH_3COOH）。

5.1.6 乙醚（$C_4H_{10}O$）。

5.1.7 三乙胺（$C_6H_{15}N$）。

5.1.8 盐酸（HCl）：优级纯。

5.1.9 氯化钠（NaCl）：优级纯。

5.1.10 无水硫酸钠（Na_2SO_4）：优级纯，120 ℃烘干4 h，干燥器内冷却至室温，储于密封瓶中备用。

5.1.11 正己烷-异丙醇溶液（2+3）：量取40 mL正己烷和60 mL异丙醇，混匀。

5.1.12 氯仿-甲醇溶液（9+1）：量取9 mL氯仿和1 mL甲醇，混匀。

5.1.13 氯仿-甲醇溶液（2+1）：量取200 mL氯仿和100 mL甲醇，混匀。

5.1.14 0.9%氯化钠溶液：称取9 g氯化钠，加1 000 mL水溶解。

5.1.15 氯仿-异丙醇溶液(2+1):量取 200 mL 氯仿和 100 mL 异丙醇,混匀。

5.1.16 乙酸-乙醚溶液(1+72):量取 4 mL 乙酸和 288 mL 乙醚,混匀。

5.1.17 2%盐酸溶液:量取 5.4 mL 盐酸,加水定容至 100 mL,混匀。

5.1.18 氯仿-甲醇-盐酸溶液(200+100+1):取 200mL 氯仿和 100 mL 甲醇,加入 1 mL 2%盐酸溶液,混匀。

5.1.19 0.04%三乙胺正己烷溶液:准确量取 0.4 mL 三乙胺,加正己烷定容至 1 000 mL,混匀。

5.1.20 13%乙酸溶液:准确量取 130 mL 乙酸,加水定容至 1 000 mL,混匀。

5.2 标准品

宜选择动物性来源标准品,5 种磷脂标准品详细信息见附录 A。

5.3 标准溶液配制

5.3.1 单一标准储备液

分别准确称取各磷脂标准品适量(精确至 0.1 mg),其中磷脂酰乙醇胺、磷脂酰胆碱、鞘磷脂和溶血磷脂酰胆碱用正己烷-异丙醇溶液(5.1.11)溶解,磷脂酰肌醇先用 0.5 mL 氯仿-甲醇溶液(5.1.12)溶解后再加入正己烷-异丙醇溶液(5.1.11)稀释并定容,配制成质量浓度分别为磷脂酰乙醇胺 1 000 mg/L、磷脂酰肌醇 1 000 mg/L、磷脂酰胆碱 3 000 mg/L、鞘磷脂 1 000 mg/L 和溶血磷脂酰胆碱 2 000 mg/L 的单一标准储备液,于−18 ℃下避光密封保存,有效期为 1 个月。

5.3.2 混合标准中间液

分别准确移取 1.8 mL 各磷脂单一标准储备液于同一 10 mL 棕色容量瓶中,用正己烷-异丙醇溶液(5.1.11)稀释并定容,配制成质量浓度分别为磷脂酰乙醇胺 180 mg/L、磷脂酰肌醇 180 mg/L、磷脂酰胆碱 540 mg/L、鞘磷脂 180 mg/L 和溶血磷脂酰胆碱 360 mg/L 的混合标准中间液,现用现配。

5.3.3 系列混合标准工作溶液

分别准确移取适量混合标准中间液于 10 mL 棕色容量瓶中,用正己烷-异丙醇溶液(5.1.11)稀释配制成质量浓度分别为磷脂酰乙醇胺、磷脂酰肌醇和鞘磷脂:10 mg/L、30 mg/L、45 mg/L、90 mg/L、180 mg/L,磷脂酰胆碱:30 mg/L、90 mg/L、135 mg/L、270 mg/L、540 mg/L;溶血磷脂酰胆碱:20 mg/L、60 mg/L、90 mg/L、180 mg/L、360 mg/L 的系列混合标准工作溶液,现用现配。

5.4 材料

氨基固相萃取柱:1 000 mg/6 mL,或性能相当者。

6 仪器和设备

6.1 液相色谱仪:配蒸发光散射检测器。

6.2 天平:感量为 0.1 mg、0.001 g 和 0.01 g。

6.3 涡旋振荡器。

6.4 离心机:转速≥4 000 r/min。

6.5 氮吹仪。

6.6 超声波清洗仪。

6.7 固相萃取装置。

7 试样制备与保存

7.1 试样制备

湿基试样制备按照 GB/T 30891—2014 中附录 B 的规定执行;干制品试样至少 200 g,粉碎后全部过 0.42 mm 孔径分析筛,充分混匀后装入洁净容器中密封备用;油脂试样参照 GB/T 15687 的规定执行,分取 50 g 装入洁净容器中密封备用。

7.2 试样保存

—18 ℃以下避光保存。

8 测定步骤

8.1 提取和净化

8.1.1 固体试样

8.1.1.1 提取

湿基试样称取 1 g～2 g(精确至 0.01 g),干制品试样称取 0.1 g～0.2 g(精确至 0.001 g),置于50 mL 离心管中,加入 15 mL 氯仿-甲醇溶液(5.1.13),涡旋混合后超声提取 30 min,4 000 r/min 离心 5 min,收集上清液,残渣再加入 15 mL 氯仿-甲醇溶液(5.1.13)重复上述操作 2 次,合并上清液至分液漏斗中,加入 10 mL 氯化钠溶液(5.1.14),振荡摇匀后静置分层,收集下层提取液,加入适量无水硫酸钠(5.1.10)脱水过滤,30 ℃氮吹至近干,加入 2 mL 氯仿(5.1.3)溶解,待净化。

8.1.1.2 净化

氨基固相萃取柱先用 5 mL 氯仿活化,将待净化液移入氨基固相萃取柱(5.4),依次用 10 mL 氯仿-异丙醇溶液(5.1.15)和 10 mL 乙酸-乙醚溶液(5.1.16)淋洗小柱,再依次用 10 mL 甲醇和 10 mL 氯仿-甲醇-盐酸溶液(5.1.18)洗脱,收集全部洗脱液,于 30 ℃下氮吹至近干,加入正己烷-异丙醇溶液(5.1.11)溶解并定容至 10 mL,过 0.45 μm 尼龙滤膜后待测。

8.1.2 油脂试样

称取 0.2 g～0.5 g 油脂试样(精确至 0.001 g),加入氯仿(5.1.3)溶解并定容至 10 mL,准确移取 1 mL按照 8.1.1.2 进行净化操作。

8.2 测定

8.2.1 色谱参考条件

a) 色谱柱:硅胶整体柱（100 mm×4.6 mm),或性能相当者;
b) 柱温:30 ℃;
c) 进样量:20 μL;
d) 流速:1.5 mL/min;
e) 载气压力:50 PSI;
f) 漂移管温度:65 ℃,喷雾器:加热模式 75%;
g) 流动相:A 相 0.04%三乙胺正己烷溶液(5.1.19),B 相异丙醇(5.1.2),C 相 13%乙酸溶液(5.1.20);梯度洗脱程序见表 1。

表 1 流动相梯度洗脱程序

时间,min	流动相,%		
	A 相	B 相	C 相
0.0	40	57	3
8.0	40	50	10
15.0	40	50	10
15.1	40	57	3
20.0	40	57	3

8.2.2 标准曲线绘制

将系列混合标准工作液(5.3.3)分别注入液相色谱仪中,以系列标准溶液中各磷脂质量浓度的对数值为横坐标、以相应色谱峰峰面积的对数值为纵坐标,绘制标准曲线。5 种磷脂混合标准工作溶液的液相色谱图见附录 B。标准曲线方程依蒸发光散射检测原理,按公式(1)计算。

$$\lg y = b \lg x + \lg a \quad\cdots\cdots\cdots\cdots (1)$$

式中:

y ——峰面积；

x ——磷脂标准溶液质量浓度的数值，单位为毫克每升（mg/L）；

a、b ——与蒸发温度、流动相性质等条件有关的常数。

8.2.3 试样溶液测定

取试样溶液注入液相色谱仪中，按8.2.1的色谱条件进行测定，记录色谱峰的保留时间和峰面积，外标法定量。试样溶液中各磷脂色谱峰保留时间与相应磷脂标准色谱峰保留时间的相对偏差不应大于5.0%。试样溶液中各磷脂的响应值应在标准曲线范围内，超出范围的试样溶液可适当稀释后再进行测定。

8.3 空白试验

除不称取试样外，采用完全相同的测定步骤进行测定。

9 结果计算

试样中各磷脂的含量按公式（2）计算。

$$X_i = \frac{C_i \times V \times F}{m \times 1000} \cdots\cdots\cdots\cdots\cdots\cdots\cdots\cdots\cdots\cdots\cdots\cdots\cdots\cdots\cdots (2)$$

式中：

X_i ——试样中各磷脂含量的数值，单位为毫克每克（mg/g）；

C_i ——从标准曲线得到的试样溶液中各磷脂质量浓度的数值，单位为毫克每升（mg/L）；

V ——试样溶液最终定容体积的数值，单位为毫升（mL）；

F ——稀释倍数；

m ——试样质量的数值，单位为克（g）；

1 000——换算系数。

计算结果以重复性条件下2次独立测定结果的算术平均值表示，结果保留至小数点后2位。

10 方法灵敏度和精密度

10.1 方法检出限和定量限

固体试样的方法检出限和定量限见表2，油脂试样的方法检出限和定量限见表3。

表2 固体试样方法检出限和定量限

磷脂类化合物	检出限，mg/g	定量限，mg/g
磷脂酰乙醇胺	0.10	0.20
磷脂酰肌醇	0.10	0.20
磷脂酰胆碱	0.30	0.60
鞘磷脂	0.10	0.20
溶血磷脂酰胆碱	0.20	0.40

表3 油脂试样方法检出限和定量限

磷脂类化合物	检出限，mg/g	定量限，mg/g
磷脂酰乙醇胺	2.00	4.00
磷脂酰肌醇	2.00	4.00
磷脂酰胆碱	6.00	12.00
鞘磷脂	2.00	4.00
溶血磷脂酰胆碱	4.00	8.00

10.2 精密度

在重复性条件下获得的2次独立测定结果的绝对差值不得超过算术平均值的10%。

附 录 A
（资料性）
5种磷脂标准品详细信息

5种磷脂标准品详细信息见表A.1。

表A.1　5种磷脂标准品详细信息

序号	中文名称	英文名称	英文缩写	CAS号	纯度，%	生物来源
1	磷脂酰乙醇胺	Phosphatidylethanolamine	PE	39382-08-6	≥97	鸡蛋黄
2	磷脂酰肌醇	Phosphatidylinositol	PI	383907-33-3	≥99	牛肝脏
3	磷脂酰胆碱	Phosphatidylcholines	PC	8002-43-5	≥99	鸡蛋黄
4	鞘磷脂	Sphingomyelin	SM	85187-10-6	≥98	鸡蛋黄
5	溶血磷脂酰胆碱	Lysophosphatidylcholine	LPC	9008-30-4	≥99	鸡蛋黄

附　录　B

（资料性）

5 种磷脂混合标准溶液的液相色谱图

5 种磷脂混合标准溶液的液相色谱图见图 B.1。

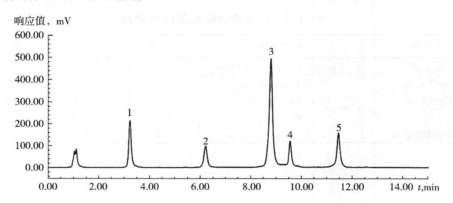

标引序号说明：

1——磷脂酰乙醇胺（90 mg/L）；　　　　4——鞘磷脂（90 mg/L）；

2——磷脂酰肌醇（90 mg/L）；　　　　　5——溶血磷脂酰胆碱（180 mg/L）。

3——磷脂酰胆碱（270 mg/L）；

图 B.1　5 种磷脂混合标准溶液的液相色谱图

ICS 67.120.30
CCS X 20

中华人民共和国水产行业标准

SC/T 3115—2022
代替 SC/T 3115—2006

冻 章 鱼

Frozen octopus

2022-11-11 发布
2023-03-01 实施

中华人民共和国农业农村部 发布

前　言

本文件按照 GB/T 1.1—2020《标准化工作导则　第 1 部分:标准化文件的结构和起草规则》的规定起草。

本文件代替 SC/T 3115—2006《冻章鱼》,与 SC/T 3115—2006 相比,除结构调整和编辑性改动外,主要技术变化如下:

a) 更改了范围(见第 1 章,2006 年版的第 1 章);

b) 更改了感官要求的相关要求(见 4.4,2006 年版的 3.3);

c) 更改了理化指标的相关要求(见 4.5,2006 年版的 3.4);

d) 更改了安全指标应符合 GB 2733 的相关要求(见 4.6,2006 年版的 3.5);

e) 更改了净含量应符合 JJF 1070 的相关要求(见 4.7,2006 年版的 3.4);

f) 更改了试验方法(见第 5 章,2006 年版的第 4 章);

g) 更改了检验规则(见第 6 章,2006 年版的第 5 章);

h) 更改了标签、标志、包装、运输、储存的相关要求(见第 7 章,2006 年版的第 6 章)。

请注意本文件的某些内容可能涉及专利。本文件的发布机构不承担识别专利的责任。

本文件由农业农村部渔业渔政管理局提出。

本文件由全国水产标准化技术委员会水产品加工分技术委员会(SAC/TC 156/SC 3)归口。

本文件起草单位:福建省水产研究所、浙江国际海运职业技术学院、山东省海洋科学研究院、浙江省海洋水产研究所、厦门医学院、福州大学、集美大学、福建罗屿岛食品有限公司。

本文件主要起草人:刘智禹、苏永昌、方旭波、王颖、张小军、刘淑集、许旻、乔琨、陈贝、潘南、吴靖娜、陈晓婷、汪少芸、翁武银、林志良。

本文件及其所代替文件的历次版本发布情况为:

——2006 年首次发布为 SC/T 3115—2006;

——本次为第一次修订。

冻 章 鱼

1 范围

本文件规定了冻章鱼的原料、食品添加剂、加工用水、感官要求、理化指标、安全指标和净含量等要求，描述了相应的试验方法、检验规则、标签、标志、包装、运输和储存等。

本文件适用于短蛸（*Octopus ocellatus*）、长蛸（*Octopus variabilis*）、真蛸（*Octopus vulgaris*）、卵蛸（*Octopus ovalum*）等蛸属（*Octopus*）的章鱼，经去脏或不去脏、漂洗、切割或不切割、冷冻等工艺，进行的冻章鱼生产、管理和贸易。

2 规范性引用文件

下列文件中的内容通过文中的规范性引用而构成本文件必不可少的条款。其中，注日期的引用文件，仅该日期对应的版本适用于本文件；不注日期的引用文件，其最新版本（包括所有的修改单）适用于本文件。

GB/T 191 包装储运图示标志

GB 2733 食品安全国家标准 鲜、冻动物性水产品

GB 2760 食品安全国家标准 食品添加剂使用标准

GB 5009.228 食品安全国家标准 食品中挥发性盐基氮的测定

GB 5749 生活饮用水卫生标准

GB/T 30891 水产品抽样规范

GB/T 36193 水产品加工术语

JJF 1070 定量包装商品净含量计量检验规则

SC/T 3035 水产品包装、标识通则

SC/T 3054 冷冻水产品冰衣限量

3 术语和定义

GB/T 36193 界定的术语和定义适用于本文件。

3.1

干耗 dehydration

冷冻水产品在冻藏过程中由于蒸发失去水分，表面出现异常的白色或黄色，并渗透到表层以下，影响水产品外观和品质的现象。

[来源：GB/T 36193—2018，6.21]

3.2

冻烧 freezing burn

冻结烧

冻结水产品在冻藏过程中由于肌肉中冰晶升华和油脂氧化所引起的肌肉组织、色泽等发生变化的现象。

[来源：GB/T 36193—2018，6.20]

4 要求

4.1 原料

应新鲜、清洁、未泡水、品质良好，符合 GB 2733 的规定。

4.2 食品添加剂

食品添加剂的使用应符合 GB 2760 的规定。

4.3 加工用水

应符合 GB 5749 的规定。

4.4 感官要求

4.4.1 冻品外观

应符合表 1 的规定。

表 1　冻品外观要求

种　类		优级品	合格品
单冻	条状(整只)	冰衣完整;形体完整坚硬,个体间易分离,无干耗、无冻烧现象	冰衣完整;允许断足 2 处,个体间较易分离,无干耗、无冻烧现象
	块状(切块)	冰衣完整、厚薄均匀;块状大小均匀,表面清洁,个体间易分离,无干耗、无冻烧现象	冰衣完整;块状大小较均匀,表面清洁,个体间较易分离,无干耗、无冻烧现象
块冻	条状(整只)	冻块平整、坚实、无缺损,表面清洁;冰衣完好;形体完整,排列整齐,无干耗、无冻烧现象	冻块平整、无软化融解,表面较清洁;冰衣完整;形体基本完整,排列较整齐,无干耗、无冻烧现象
	块状(切块)	冻块平整、坚实、无缺损,表面清洁;冰衣完好;块状大小均匀;无干耗、无冻烧现象	冻块平整,表面较清洁;冰衣完整;块状大小较均匀;无干耗、无冻烧现象

4.4.2 解冻后的感官

应符合表 2 的规定。

表 2　解冻后的感官要求

项　目		优级品	合格品
外观	条状(整只)	肌肉坚硬、有弹性、色泽白、明亮,黏液多;眼球饱满、角膜透明、明亮	肌肉较软、弹性较差,色泽白中带微红色,黏液少;眼球稍凹陷,角膜较混浊
	块状(切块)	肌肉组织紧密有弹性,切面有光泽	肌肉组织弹性较差,切面光泽不明显
气味		有章鱼特有的新鲜气味	允许有较浓的腥味,但无异味、氨味
杂质		无外来杂质	

4.4.3 蒸煮实验

应符合表 3 的规定。

表 3　蒸煮后的感官要求

项　目	优级品	合格品
蒸煮试验	有章鱼固有的气味,口感肌肉组织紧密、有弹性,滋味鲜美	气味较正常,口感肌肉组织较松弛,有鲜味

4.5 理化指标

应符合表 4 的规定。

表 4　理化指标

项　目	指　标
冻品中心温度,℃	≤−18
挥发性盐基氮,mg/100 g	≤30
冰衣限量	应符合 SC/T 3054 的规定

4.6 安全指标

应符合 GB 2733 的规定。

4.7 净含量

预包装产品的净含量应符合 JJF 1070 的规定。

5 试验方法

5.1 感官检验

5.1.1 冻品外观

在光线充足、无异味的环境中,将试样倒在白色搪瓷盘或不锈钢工作台上,按 4.4.1 的规定检验冻品外观。

5.1.2 解冻后的感官

5.1.2.1 解冻

将试样打开包装,放入不渗透的薄膜袋内捆扎封口,置于容器内,以室温的流动水或搅动水将样品解冻至完全解冻。可不时地轻微挤压薄膜袋,挤压时不得破坏章鱼的质地,当感觉没有硬心或冰晶时,即可认为产品已经完全解冻。

5.1.2.2 完全解冻后的感官

将试样解冻后,按 4.4.2 的规定逐项进行检验。

5.1.3 蒸煮实验

取 100 g 解冻后的试样,洗净,切成 5 cm 左右段状。在容器中加入 500 mL 饮用水煮沸,放入试样,加盖,煮 3 min～5 min,开盖嗅气味,品尝滋味和肉质。

5.2 理化指标

5.2.1 冻品中心温度

块冻品(或个体较大的单冻品)用钻头钻至冻块几何中心,将温度计插入钻孔中;个体小的单冻品将温度计插入试样中心或盒、袋中心部位,待温度计指示温度不再下降时读数。

5.2.2 挥发性盐基氮

按 GB 5009.228 的规定执行。

5.2.3 冰衣限量

按 SC/T 3054 的规定执行。

5.3 安全指标

按 GB 2733 规定的检验方法执行。

5.4 净含量

按 JJF 1070 的规定执行。

6 检验规则

6.1 组批规则

在原料及生产条件基本相同的情况下,同一天或同一班组生产的产品为一批。按批号抽样。

6.2 抽样方法

按 GB/T 30891 的规定执行。

6.3 检验分类

6.3.1 出厂检验

每批产品应进行出厂检验。出厂检验由生产单位质量检验部门执行,检验项目为感官、冻品中心温度和净含量。检验合格后签发检验合格证,产品凭检验合格证入库或出厂。

6.3.2 型式检验

有下列情况之一时应进行型式检验,检验项目为本文件规定的全部项目:

a) 停产 6 个月以上,恢复生产时;

b) 原料产地变化或改变生产工艺,可能影响产品质量时;

c) 国家行政主管部门提出进行型式检验要求时;

d) 出厂检验与上次型式检验有较大差异时;

e) 正常生产时,每年至少 2 次的周期性检验;

f) 对质量有争议,需要仲裁时。

6.4 判定规则

6.4.1 检验项目全部合格时,判定该批产品质量符合本文件中相应等级的规定。

6.4.2 检验项目如出现不合格时,应重新自同批产品中抽取 2 倍量样品进行复检,以复检结果为准。若仍有 1 项不合格,判定该批产品不符合本文件的规定。

7 标签、标志、包装、运输和储存

7.1 标签、标志

7.1.1 应符合 SC/T 3035 的规定。

7.1.2 非预包装产品的标签应标示产品的名称、原料、等级、产地、生产者或销售者名称、生产日期等。

7.1.3 运输包装的标志应符合 GB/T 191 的规定。

7.2 包装

7.2.1 应符合 SC/T 3035 的规定。

7.2.2 箱中产品应排列整齐,并附有产品合格证。

7.2.3 包装应牢固、防潮、不易破损。

7.3 运输

7.3.1 运输工具应清洁、无异味,不应接触有腐蚀性物质或其他有害物质。

7.3.2 在运输过程中,产品应防止受潮、日晒、虫害、有害物质的污染和其他损害,不应与气味浓郁的物品混运。

7.3.3 产品运输过程中应保持产品温度低于−15 ℃。

7.4 储存

7.4.1 产品应储存于清洁、无异味的冻库内,防止受潮、日晒、虫害、有害物质的污染和其他损害。

7.4.2 不同品种、规格、等级、批次的产品应分垛存放,标示清楚,并用垫板垫起,与地面距离不少于 10 cm,与墙壁距离不少于 30 cm,堆放高度以纸箱受压不变形为宜。

7.4.3 冷冻储存时,应保持产品温度在−18 ℃以下。

————————————

ICS 67.120.30
CCS B 50

中华人民共和国水产行业标准

SC/T 3122—2022
代替 SC/T 3122—2014

鱿鱼等级规格

Grades and specifications of squid

2022-11-11 发布　　　　　　　　　　　　　　2023-03-01 实施

中华人民共和国农业农村部 发布

前　言

本文件按照 GB/T 1.1—2020《标准化工作导则　第 1 部分：标准化文件的结构和起草规则》的规定起草。

本文件代替 SC/T 3122—2014《冻鱿鱼》，与 SC/T 3122—2014 相比，除结构调整和编辑性改动外，主要技术内容变化如下：

a)　更改了标准名称（见封面，2014 年版的封面）；

b)　更改了产品分类（见第 4 章，2014 年版的第 3 章）；

c)　删除了原料、食品添加剂（见 2014 年版的 4.1、4.2）；

d)　更改了鱿鱼规格的规定（见第 5 章和附录 A，2014 年版的 4.3）；

e)　更改了鱿鱼感官要求（见第 6 章，2014 年版的 4.4）；

f)　增加了异常着色率的计算方法（见 7.3）；

g)　更改了抽样方法（见 8.2，2014 年版的 6.1.2）；

h)　更改了判定规则（见 8.3，2014 年版的 6.3）。

请注意本文件的某些内容可能涉及专利。本文件的发布机构不承担识别专利的责任。

本文件由农业农村部渔业渔政管理局提出。

本文件由全国水产标准化技术委员会水产品加工分技术委员会（SAC/TC 156/SC 3）归口。

本文件起草单位：浙江省海洋水产研究所、舟山国家远洋渔业基地建设发展集团有限公司、浙江海洋大学、中国水产科学研究院南海水产研究所、浙江省海洋开发研究院、中国水产舟山海洋渔业有限公司、浙江兴业集团有限公司。

本文件主要起草人：张小军、许丹、郑斌、徐汉祥、朱文斌、史宇、杨贤庆、杨会成、石胜旗、陈云云、周小敏。

本文件及其所代替文件的历次版本发布情况为：

——2014 年首次发布为 SC/T 3122—2014；

——本次为首次修订。

鱿鱼等级规格

1 范围

本文件规定了鱿鱼的产品分类、规格、质量等级及要求、检验方法、检验规则、标签、标志、包装、运输和储存。

本文件适用于柔鱼(*Ommastrephes orbigny*)、太平洋褶柔鱼(*Todarodes pacificus*)、阿根廷滑柔鱼(*Illex argentinus*)、茎柔鱼(*Dosidicus gigas*)、鸢乌贼(*Sthenoteuthis oualaniensis*)等鲜、冻鱿鱼的生产、销售。

2 规范性引用文件

下列文件中的内容通过文中的规范性引用而构成本文件必不可少的条款。其中,注日期的引用文件,仅该日期对应的版本适用于本文件;不注日期的引用文件,其最新版本(包括所有的修改单)适用于本文件。

GB/T 191　包装储运图示标志
GB 7718　食品安全国家标准　预包装食品标签通则
GB/T 30891　水产品抽样规范
SC/T 3035　水产品包装、标识通则

3 术语和定义

本文件没有需要界定的术语和定义。

4 产品分类

主要产品分类见表1。

表 1　主要产品分类

产品名称		产品特征
鱿鱼原条		胴体、头足、尾基本完整的鱿鱼
鱿鱼分割品	鱿鱼胴体	鱿鱼原条去头足、内脏(肠、墨),去(或不去)鳍和去(或不去)表皮的鱿鱼部位
	鱿鱼头足	去胴体、去尾的鱿鱼部位
	鱿鱼片	胴体剖割开片,去(或不去)头足、去内脏、去(或不去)鳍的鱿鱼部位
	鱿鱼尾	去头足、去胴体的鱿鱼部位

5 鱿鱼规格

将柔鱼、太平洋褶柔鱼、阿根廷滑柔鱼、茎柔鱼和鸢乌贼等鱿鱼的原条由大到小分别分为5个规格,具体规格划分应符合附录A的规定。

6 鱿鱼质量等级及要求

6.1 鱿鱼原条

鱿鱼原条根据质量分为3个等级,具体等级及要求见表2。

表 2 鱿鱼原条质量等级及要求

项目	等级		
	一级	二级	三级
外观	胴体、头足、尾等完整、体形匀称、无变形、肉腕、胴体无残缺，较洁净	胴体、头足、尾等基本完整，体形较匀称、呈轻微扁平变形，肉体处有 1 处～4 处损伤	胴体、头足、尾等不够完整，体形不匀称、呈较严重的扁平变形，肉体处有超过 4 处损伤
体表色泽	呈该类鱿鱼固有色泽，异常着色率小于 5％	基本呈该类鱿鱼固有色泽，少部分发生轻微变色，异常着色率为 5％～10％	不具有该类鱿鱼正常体色，变色较为严重，异常着色率大于 10％
内壁色泽	解剖后内脏完整、无破损，胴体内表面洁净，异常着色率小于 5％	解剖后内脏有轻微破损，胴体内表面较洁净、受轻微污染，异常着色率占 5％～10％	解剖后内脏破损较严重，胴体内表面发生较严重污染，异常着色率大于 10％
滋气味	呈鱿鱼固有的气味，无异味；水煮后品尝滋味鲜美	基本呈鱿鱼固有的气味，部分有轻微的异味；水煮后品尝有鱿鱼固有鲜味	鱿鱼固有的气味较少，同时伴有明显的异味；水煮后品尝鲜味较淡
杂质	无肉眼清晰可辨杂质	允许存在少量杂质，肉眼清晰可辨杂质不超过 3 例（处）	存在较多外来杂质，肉眼清晰可辨杂质超过 3 例（处）

6.2 鱿鱼分割品

鱿鱼分割品根据质量分为 3 个等级，具体等级及要求见表 3。

表 3 鱿鱼分割品质量等级及要求

分割品	项目	等级		
		一级	二级	三级
头足	外观	头足完整，肉体无残缺	头足基本完整，肉体有 1 处～4 处损伤	头足不够完整，肉体有超过 4 处损伤
	色泽	呈该类鱿鱼固有色泽，异常着色率小于 5％	基本呈该类鱿鱼固有色泽，少部分发生轻微变色，异常着色率占 5％～10％	不具有该类鱿鱼正常体色，变色较为严重，异常着色率大于 10％
	滋气味	呈鱿鱼固有的气味，无异味；水煮后品尝滋味鲜美	基本呈鱿鱼固有的气味，部分有轻微的异味；水煮后品尝有鱿鱼固有鲜味	鱿鱼固有的气味较少，同时伴有明显的异味；水煮后品尝鲜味较淡
	杂质	无肉眼清晰可辨杂质	允许存在少量杂质，肉眼清晰可辨外来杂质不超过 3 例（处）	存在较多杂质，肉眼清晰可辨质超过 3 例（处）
胴体、片、尾	外观	外观完整，无残缺	肉体有 1 处～4 处损伤	肉体有超过 4 处损伤
	色泽	外壁呈该类鱿鱼固有色泽；内壁表面异常着色率小于 5％	外壁基本呈该类鱿鱼固有色泽，少部分发生轻微变色；内壁表面较洁净、受轻微污染，异常着色率占 5％～10％	外壁不具有该类鱿鱼正常的体色，变色较为严重；内壁表面发生较严重污染，异常着色率大于 10％
	滋气味	呈鱿鱼固有的气味，无异味；水煮后品尝滋味鲜美	基本呈鱿鱼固有的气味，部分有轻微的异味；水煮后品尝有鱿鱼固有鲜味	鱿鱼固有的气味较少，同时伴有明显的异味；水煮后品尝鲜味较淡
	杂质	无肉眼清晰可辨杂质	允许存在少量杂质，肉眼清晰可辨杂质不超过 3 例（处）	存在较多外来杂质，肉眼清晰可辨质超过 3 例（处）

7 检验方法

7.1 规格检验

用天平称取各鱿鱼原条的重量，冻品应解冻后再称重。

7.2 感官检验

7.2.1 常规方法

在光线充足、无异味的环境中，将试样放在白色搪瓷盘或不锈钢工作台上，按第 6 章的规定逐项检验，冻品需解冻后进行逐项检验。

7.2.2 水煮试验

取 100 g 试样,洗净,切成 2 cm×2 cm 块状备用。在容器中加入 500 mL 饮用水煮沸,将上述试样置于容器中,加盖,煮 3 min~5 min,开盖嗅蒸汽气味,再品尝滋味和肉质。

7.3 异常着色率计算

用软尺测量异常着色斑点的长和宽,单位样品异常着色面积(A_0)用长×宽来计算;单位样品总面积(A)根据鱿鱼样品实际形状来计算。单位样品的异常着色率按公式(1)计算。

$$S = \frac{A_0}{A} \times 100 \quad\cdots\cdots\cdots\cdots\cdots\cdots\cdots\cdots\cdots\cdots\cdots\cdots\cdots\cdots\cdots\cdots\cdots\cdots\cdots\cdots\cdots\cdots (1)$$

式中:

S ——异常着色率的数值,单位为百分号(%);

A_0——单位样品异常着色面积的数值,单位为平方厘米(cm²);

A ——单位样品总面积的数值,单位为平方厘米(cm²)。

8 检验规则

8.1 组批规则

同品种、同规格等级、同批次生产的产品为一检验批,按批号抽样。

8.2 抽样方法

所抽检样品在同一产品批中随机抽取,样本以袋(箱)为单位。若大于 1 500 袋抽取 4 袋,小于 1 500 袋抽取 2 袋,再从每袋中随机抽取 3 条(个)进行检验。若每袋中样本数少于 3 条(个),则抽取袋中所有样本数。其他包装形式样品抽样方法按 GB/T 30891 的规定执行。

8.3 判定规则

8.3.1 单个产品:各项指标全部符合相应等级规定时,判定该产品为该等级;若综合各项指标判定同时符合多个等级规格时,按最低等级判定。

8.3.2 整批样品:按抽取样品 90% 以上判定的等级规格作为该批次的等级规格。

8.3.3 检验项目如出现不合格时,应重新自同批产品中抽取 2 倍量样品进行复检,以复检结果为准。若仍有 1 项不合格,判定该批产品不符合本文件的规定。

9 标签、标志、包装、运输、储存

9.1 标签

9.1.1 预包装产品的标签应符合 GB 7718 的规定。

9.1.2 非预包装产品的标签应标示鱿鱼的种类、捕获区域、捕获时间、规格、等级、生产日期、保质期和生产者或经销者的名称、地址等基本信息。

9.2 标志

9.2.1 包装储运标志应符合 GB/T 191 的规定。

9.2.2 实施可追溯的水产品应有可追溯标识。

9.3 包装

应符合 SC/T 3035 的规定。

9.4 运输

9.4.1 运输工具应清洁,无异味,不应接触有腐蚀性物质或其他有害物质。

9.4.2 在运输过程中,产品应防止受潮、日晒、虫害、有害物质的污染和其他损害,不应与气味浓郁的物品混运。

9.4.3 应采用冷冻或保温车(船)运输,冻品应保持产品温度不高于-15 ℃。

9.5 储存

9.5.1 产品应储存于清洁、无异味的库房内,防止日晒、虫害、有害物质的污染和其他损害。

9.5.2 不同品种、规格、等级、批次的产品应分垛存放,标示清楚,并用垫板垫起,与地面距离不少于10 cm,与墙壁距离不少于30 cm,堆放高度以纸箱受压不变形为宜。

9.5.3 冷冻储存时,应保持产品温度在－18 ℃以下。

附 录 A
（规范性）
柔鱼、太平洋褶柔鱼、阿根廷滑柔鱼、茎柔鱼、鸢乌贼原条规格划分

A.1 柔鱼原条规格划分

根据重量将柔鱼原条由大到小分为 5 个规格，应符合表 A.1 的规定。

表 A.1 柔鱼原条规格划分

规格	单个原条重量范围，g
特大原条	≥1 500
大原条	≥1 000 且＜1 500
中原条	≥500 且＜1 000
小原条	≥300 且＜500
特小原条	＜300

A.2 太平洋褶柔鱼原条规格划分

根据重量将太平洋褶柔鱼原条由大到小分为 5 个规格，应符合表 A.2 的规定。

表 A.2 太平洋褶柔鱼原条规格划分

规格	单个原条重量范围，g
特大原条	≥1 500
大原条	≥1 000 且＜1 500
中原条	≥500 且＜1 000
小原条	≥300 且＜500
特小原条	＜300

A.3 阿根廷滑柔鱼原条规格划分

根据重量将阿根廷滑柔鱼原条由大到小分为 5 个规格，应符合表 A.3 的规定。

表 A.3 阿根廷滑柔鱼原条规格划分

规格	单个原条重量范围，g
特大原条	≥600
大原条	≥400 且＜600
中原条	≥200 且＜400
小原条	≥150 且＜200
特小原条	＜150

A.4 茎柔鱼原条规格划分

根据重量将茎柔鱼原条由大到小分为 5 个规格，应符合表 A.4 的规定。

表 A.4　茎柔鱼原条规格划分

规格	单个原条重量范围,g
特大原条	≥4 000
大原条	≥2 000 且<4 000
中原条	≥1 000 且<2 000
小原条	≥500 且<1 000
特小原条	<500

A.5　鸢乌贼原条规格划分

根据重量将鸢乌贼原条由大到小分为 5 个规格,应符合表 A.5 的规定。

表 A.5　鸢乌贼原条规格划分

规格	单个原条重量范围,g
特大原条	≥2 000
大原条	≥1 000 且<2 000
中原条	≥500 且<1 000
小原条	≥300 且<500
特小原条	<300

ICS 67.120.30
CCS X 20

中华人民共和国水产行业标准

SC/T 3123—2022

养殖大黄鱼质量等级评定规则

Rules for evaluation of cultured large yellow croaker quality grade

2022-11-11 发布   2023-03-01 实施

中华人民共和国农业农村部 发布

前　　言

本文件按照 GB/T 1.1—2020《标准化工作导则　第 1 部分:标准化文件的结构和起草规则》的规定起草。

请注意本文件的某些内容有可能涉及专利。本文件的发布机构不承担识别专利的责任。

本文件由农业农村部渔业渔政管理局提出。

本文件由全国水产标准化技术委员会水产品加工分技术委员会(SAC/TC 156/SC 3)归口。

本文件起草单位:中国水产科学研究院东海水产研究所、宁德市渔业协会、宁波市海洋与渔业研究院、上海市农产品质量安全中心、三都港海洋食品有限公司、宁德市蔡氏水产有限公司、宁德师范学院、青岛蓝色粮仓海洋渔业发展有限公司、台州市椒江区大陈黄鱼行业管理协会、台州市椒江汇鑫元现代渔业有限公司、国信(台州)渔业有限公司。

本文件主要起草人:郭全友、韩承义、王鲁民、吴雄飞、丰东升、郑汉丰、黄冬梅、陈云飞、郑尧、尤信铃、蔡玉春、刘敏、郑昇阳、杨絮、俞淳、李普友。

养殖大黄鱼质量等级评定规则

1 范围

本文件规定了养殖大黄鱼（*Larimichthys crocea*）质量等级评定规则的术语和定义、基本要求和质量等级要求，描述了相应的试验方法，给出了检验规则和标识的说明。

本文件适用于养殖大黄鱼在加工、销售环节中的质量等级划分和评定。

2 规范性引用文件

下列文件中的内容通过文中的规范性引用而构成本文件必不可少的条款。其中，注日期的引用文件，仅该日期对应的版本适用于本文件；不注日期的引用文件，其最新版本（包括所有的修改单）适用于本文件。

GB 5009.6 食品安全国家标准 食品中脂肪的测定

GB/T 18654.4 养殖鱼类种质检验 第4部分：年龄与生长的测定

GB/T 30891 水产品抽样规范

SC/T 3035 水产品包装、标识通则

SC/T 3101 鲜大黄鱼、冻大黄鱼、鲜小黄鱼、冻小黄鱼

3 术语和定义

GB/T 18654.4 界定的以及下列术语和定义适用于本文件。

3.1

肥满度 condition factor

鱼体去内脏体重与鱼体体长三次方的比值。

［来源：GB/T 18654.4—2008，5.3.3，有修改］

3.2

体色 skin color

养殖大黄鱼鱼体腹部的色泽。

4 基本要求

4.1 品质要求

大黄鱼质量应符合 SC/T 3101 合格品要求。大黄鱼体重应不低于 150 g/尾，该范围外的产品不应进行质量等级评定。

4.2 评定人员

应具备养殖大黄鱼等级划分和试验方法等相关知识，并对该产品无偏见。

5 质量等级要求

5.1 感官要求

应符合表1和表2的规定。

表 1　感官要求

项目	特级品	一级品	二级品	三级品
外观	鳞片紧致、完整,体色呈黄色或金黄色,体表有光泽;鳃丝清新,呈鲜红色或紫红色,黏液透明;眼球饱满,角膜清晰		鳞片易擦落,体色呈淡黄色或黄白色,光泽较差;鳃丝粘连,呈淡红色或暗红色,黏液略浑浊;眼球平坦或微陷,角膜稍浑浊	
肌肉组织	肌肉紧实,组织紧密有弹性		肌肉稍软,弹性稍差	
气味	具有大黄鱼固有气味,无异味		具有大黄鱼固有气味,基本无异味	

表 2　蒸煮后的感官要求

项目	特级品	一级品	二级品	三级品
蒸煮试验	肌肉细腻,具有鲜鱼固有的气味,滋味鲜美		肌肉较细腻,无异味,具有鲜鱼正常的滋味	

5.2　理化指标

应符合表 3 的规定。

表 3　理化指标

项　目	特级品	一级品	二级品	三级品
肥满度,g/cm³	≤1.4	≤1.7		>1.7
体长/体高	≥3.8	≥3.4	≥3.2	<3.2
脂肪,g/100 g	≤11.0	≤15.0	≤17.0	>17.0
体色(黄蓝值)	≥48.0	≥42.0	≥30.0	<30.0

6　试验方法

6.1　感官检验

在光线充足、无异味或其他干扰的环境下,将样品置于清洁的白瓷盘上,按表 1 的要求逐项检验。

6.2　蒸煮试验

洗净鱼体表面污渍,去头、去鳞、去内脏,沿脊骨背开,备用;在容器中加入 1 000 mL 饮用水,待水煮沸后,将剖开后的鱼平放于容器中,加盖蒸 5 min ～10 min,打开盖,然后按表 2 的要求检验。

6.3　肥满度

肥满度以肥满度系数表示,按公式(1)计算。

$$K = \frac{W}{L^3} \times 100 \quad \cdots\cdots\cdots\cdots\cdots\cdots\cdots\cdots\cdots\cdots\cdots\cdots \quad (1)$$

式中:

K ——肥满度系数,单位为克每立方厘米(g/cm³);

W ——鱼体去内脏体重的数值,单位为克(g);

L ——鱼体体长的数值,单位为厘米(cm)。

6.4　体长/体高

6.4.1　将鱼体平侧放在板上,鱼口闭合,鳍条自然展开,用直尺测定体长和体高,并计算体长与体高的比值。

6.4.2　体长(L)是鱼体吻端至最后一枚脊椎骨末端的距离(见附录 A 中图 A.1)。

6.4.3　体高(H)是以背部最高隆起处至腹缘(与背腹轴平行)的距离(见图 A.1)。

6.5　脂肪

按 GB 5009.6 的规定执行,取去皮背部肌肉进行测定。

6.6　体色(黄蓝值)

按附录 A 的规定执行。

7 检验规则

7.1 组批规则

养殖大黄鱼按同一批原料、同一加工工艺和同一批次的鱼为同一检验批。按批号抽样。

7.2 抽样方法

按 GB/T 30891 的规定执行。

7.3 评定规则

7.3.1 评定人员按照质量等级全部项目检测结果进行评定。

7.3.2 养殖大黄鱼质量等级各项指标测定完成后,检测结果满足相应所有指标时,评定为相应质量等级。

7.3.3 检验结果中有一项及一项以上不符合质量等级要求时,可以在原批次产品中抽取 2 倍量取样。复检结果全部符合质量等级要求时,判该批次产品符合要求。复检结果中如仍有项目不符合质量等级要求时,则判该批次产品不符合相应质量等级。

8 标识

应符合 SC/T 3035 的规定。评定完成后,应在相应包装箱或包装材料上标明质量等级、产地、生产者或销售者名称、生产日期。

附　录　A

（规范性）

体色（黄蓝值）测定方法

A.1　原理

通过色差仪测定样品体色（黄蓝值，b^*），根据 CIE 色空间的 Lab、Lch 原理，测量得到 b^* 值。正值为黄，负值为蓝，0 为中性色。b^* 值越大，表示体色越黄。

A.2　仪器

色差仪：测量区域为 Φ8 mm，照明区域 Φ11 mm。

A.3　操作过程

A.3.1　仪器校准

将色差仪的测试端口对准配套校准白板，垂直、贴紧、放平、保持稳定且不漏光，然后按下测试键校准。校准过程中，不可移动探头。

A.3.2　取样测定

样品在送检过程中需避光、低温储运。取样点如图 A.1 所示，选取大黄鱼腹部（腹 1、腹 2、腹 3）3 个位点进行测定。其中，腹 1 为腹鳍起点处，腹 2 为腹鳍起点与臀鳍起点的中点处，腹 3 为臀鳍起点处。待显示值稳定后记下 b^*。

A.3.3　结果计算

取 1、2 和 3 三个位点 b^* 值的平均值，即为样品的体色（黄蓝值）。

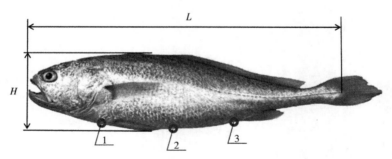

标引序号说明：
1——腹部第 1 取样点；
2——腹部第 2 取样点；
3——腹部第 3 取样点；
L——体长；
H——体高。

图 A.1　体色（黄蓝值）测定取样示意图

ICS 67.120.30
CCS X 20

中华人民共和国水产行业标准

SC/T 3407—2022

食 用 琼 胶

Edible agar

2022-11-11 发布

2023-03-01 实施

中华人民共和国农业农村部 发布

前　　言

本文件按照 GB/T 1.1—2020《标准化工作导则　第 1 部分:标准化文件的结构和起草规则》的规定起草。

请注意本文件的某些内容可能涉及专利。本文件的发布机构不承担识别专利的责任。

本文件由农业农村部渔业渔政管理局提出。

本文件由全国水产标准化技术委员会水产品加工分技术委员会(SAC/TC 156/SC 3)归口。

本文件起草单位:中国水产科学研究院黄海水产研究所、绿新(福建)食品有限公司、青岛聚大洋藻业集团有限公司、中国水产科学研究院南海水产研究所、青岛市海洋管理保障中心、山东省海洋科学研究院、集美大学。

本文件主要起草人:王联珠、李娜、郭莹莹、朱文嘉、林坤城、刘莹、吴仕鹏、江艳华、姚琳、刘淇、戚勃、刘天红、倪辉、郭东旭、蒋昕。

食 用 琼 胶

1 范围

本文件确立了食用琼胶产品的分类,规定了食用琼胶的原料、生产用水、食品添加剂、感官、理化指标、安全指标和净含量等要求,描述了相应的试验方法和检验规则,同时对标签、标识、包装、运输和储存作出了规定。

本文件适用于以江蓠(*Gracilaria*)、石花菜(*Gelidium*)等红藻为原料,经提取、过滤、凝胶、干燥(或不干燥)等工艺制成的可食用琼胶产品。

2 规范性引用文件

下列文件中的内容通过文中的规范性引用而构成本文件必不可少的条款。其中,注日期的引用文件,仅该日期对应的版本适用于本文件;不注日期的引用文件,其最新版本(包括所有的修改单)适用于本文件。

GB/T 191　包装储运图示标志

GB 2760　食品安全国家标准　食品添加剂使用标准

GB 5009.3　食品安全国家标准　食品中水分的测定

GB 5009.4　食品安全国家标准　食品中灰分的测定

GB 5749　生活饮用水卫生标准

GB 7718　食品安全国家标准　预包装食品标签通则

GB 19643　食品安全国家标准　藻类及其制品

GB/T 30891　水产品抽样规范

GB/T 36193　水产品加工术语

JJF 1070　定量包装商品净含量计量检验规则

SC/T 3035　水产品包装、标识通则

SC/T 3217　干石花菜

SC/T 3218　干江蓠

3 术语和定义

GB/T 36193界定的以及下列术语和定义适用于本文件。

3.1

食用琼胶　edible agar

以江蓠、石花菜等红藻为原料,经提取、过滤、凝胶、干燥(或不干燥)等工艺制成的,粉状、条状或其他形状的干制琼胶产品,以及块状与条状的凝胶琼胶产品;不包括以干制琼胶为原料复配加工而成的产品。

4 产品分类

4.1 干制琼胶

以江蓠、石花菜等红藻为原料,经提取、过滤、凝胶、脱水、干燥等工序制得的粉状、条状及其他形状的琼胶产品。

4.2 凝胶琼胶

以江蓠、石花菜等红藻为原料,经提取、过滤、凝胶等工序制得的块状或条状的琼胶产品。

5 要求

5.1 原料

干江蓠应符合 SC/T 3218 的规定,干石花菜应符合 SC/T 3217 的规定,其他原料应符合相应标准的规定。

5.2 生产用水

应符合 GB 5749 的规定。

5.3 食品添加剂

应符合 GB 2760 的规定。

5.4 感官

应符合表 1 的规定。

表 1 感官要求

项目	要 求	
	干制琼胶	凝胶琼胶
色泽	呈类白色或淡黄色,色泽基本一致	呈浅黄色或青灰色,色泽基本一致
组织与形态	呈粉状、条状等该产品固有的状态	呈均匀的凝胶块状或条状,半透明,允许有少量沉淀物;柔韧有弹性
气味	具有本产品固有的气味,无异味	
滋味	—	具本产品特有的滋味,滑爽可口,无异味
杂质	无正常视力可见的外来杂质	

5.5 理化指标

应符合表 2 的规定。

表 2 理化指标

项目	要 求	
	干制琼胶	凝胶琼胶
水分,g/100 g	≤20.0	—
灰分,g/100 g	≤5.0	≤1.0
凝胶强度ᵃ	≥200	
ᵃ 凝胶琼胶中的条状产品不作凝胶强度要求。		

5.6 安全指标

应符合 GB 19643 的规定。

5.7 净含量

预包装产品的净含量应符合 JJF 1070 的规定。

6 试验方法

6.1 感官检验

取约 10 g 干制琼胶(或 100 g 凝胶琼胶)试样,置于洁净的白色搪瓷盘或不锈钢盘上,于光线充足、无异味的环境中按表 1 逐项检验。

6.2 理化指标

6.2.1 水分

按 GB 5009.3 的规定执行。

6.2.2 灰分

按 GB 5009.4 的规定执行。

6.2.3 凝胶强度

按附录 A 的规定执行。方法一作为仲裁法。

6.3 安全指标

按 GB 19643 规定的检验方法执行。

6.4 净含量

按 JJF 1070 的规定执行。

7 检验规则

7.1 组批规则

在原料及生产条件基本相同的情况下，同一天或同一班组生产的产品为一个检验批。按批号抽样。

7.2 抽样方法

按 GB/T 30891 的规定执行。

7.3 检验分类

7.3.1 出厂检验

每批产品应进行出厂检验。出厂检验由生产单位质量检验部门执行，检验项目为感官、水分、凝胶强度和净含量，即食的凝胶琼胶产品还应检验微生物。检验合格后签发合格证，产品凭检验合格证出厂。

7.3.2 型式检验

型式检验项目为本文件中规定的全部项目，有下列情况之一时应进行型式检验：

a) 停产 6 个月以上，恢复生产时；

b) 原料产地变化或改变生产工艺，可能影响产品质量时；

c) 国家行政主管机构提出进行型式检验要求时；

d) 出厂检验与上次型式检验有较大差异时；

e) 正常生产时，每年至少 2 次的周期性检验；

f) 对质量有争议，需要仲裁时。

7.4 判定规则

7.4.1 检验项目全部合格时，判定该批产品质量符合本文件的规定。

7.4.2 检验项目如出现不合格时，应重新自同批产品中抽取 2 倍量样品进行复检，以复检结果为准。若仍有 1 项不合格，判定该批产品不符合本文件的规定。

7.4.3 微生物项目出现不合格时，则判该批产品不符合本文件的规定，不得复检。

8 标签、标识、包装、运输、储存

8.1 标签、标识

8.1.1 预包装产品的标签应符合 GB 7718 的规定。

8.1.2 非预包装产品的标签应标示产品的名称、产品原料、产地、生产者或销售者名称、生产日期等。

8.1.3 包装储运标志应符合 GB/T 191 的规定。

8.1.4 实施可追溯的产品应有可追溯标识。

8.2 包装

8.2.1 应符合 SC/T 3035 的规定。

8.2.2 箱中产品应排列整齐，并放入产品合格证。

8.2.3 包装应牢固、防潮、不易破损。

8.3 运输

8.3.1 运输工具应清洁、无异味，不应接触有腐蚀性物质或其他有害物质。

8.3.2 运输过程中产品应防止受潮、日晒、虫害、有害物质的污染和其他损害，不应与气味浓郁的物品混运。

8.4 储存

8.4.1 产品应储存在通风、干燥的库房内，成品库应清洁、卫生、无异味，防止受潮、日晒、虫害和有害物质的污染及其他损害。

8.4.2 不同品规格、批次的产品应分垛存放，标示清楚，并用垫板垫起，与地面距离不少于 10 cm，与墙壁距离不少于 30 cm，堆放高度以纸箱受压不变形为宜。

附　录　A

（规范性）

凝胶强度的测定

A.1　方法一　推拉力计测定法

A.1.1　原理

将琼胶凝胶平置于载物台上，将探头以匀速向下运动到凝胶中间部位，持续下压至一定数值凝胶表面不破碎，即判定产品凝胶强度符合要求。

A.1.2　仪器与材料

A.1.2.1　推拉力计：感量为 1 g，配套直径 10 mm 的圆柱形探头。

A.1.2.2　平皿：直径为 9 cm。

A.1.3　操作步骤

A.1.3.1　干制琼胶

A.1.3.1.1　称取 1.0 g 试样，放入 200 mL 烧杯，加入 100 mL 蒸馏水，标记水位，加热并不断搅拌至完全溶解，用 60 ℃以上热水补足水分，并搅拌均匀。

A.1.3.1.2　将上述试液倒入平放在实验台上的直径 9 cm 的平皿，在 20 ℃～25 ℃下放置 60 min，在平皿内形成凝胶。

A.1.3.1.3　推拉力计安装圆柱形探头，调零。

A.1.3.1.4　将平皿置于载物台中间，探头缓慢匀速向下运动，当记录屏显示数值达到 200 及以上，且凝胶表面不破碎时，则判定符合要求。

A.1.3.1.5　重复上述操作，测定 3 个不同位置，离边缘大于 2 cm。

A.1.3.2　凝胶琼胶

取 2 cm 厚的整块试样放入直径 9 cm 的平皿中，然后按 A.1.3.1.3～A.1.3.1.5 的步骤操作，判定产品凝胶强度是否符合要求。

A.2　方法二　天平测定法

A.2.1　原理

将琼胶凝胶置于电子天平上，待示数稳定后清零，再将直径 10 mm 的圆柱探头置于凝胶中间部位缓慢匀速垂直下压至一定数值凝胶表面不破碎，即判定产品凝胶强度符合要求。

A.2.2　仪器与材料

A.2.2.1　单盘电子天平：感量为 0.01 g。

A.2.2.2　探头：直径 10 mm 的圆柱探头。

A.2.2.3　平皿：直径为 9 cm。

A.2.3　操作步骤

A.2.3.1　干制琼胶

A.2.3.1.1　称取 1.0 g 试样，放入 200 mL 烧杯，加入 100 mL 蒸馏水，标记水位，加热并不断搅拌至完全溶解，用 60 ℃以上热水补足水分，并搅拌均匀。

A.2.3.1.2　将上述试液倒入平放在实验台上的直径 9 cm 的平皿中，在 20 ℃～25 ℃下放置 60 min，在平皿内形成凝胶。

A.2.3.1.3　将装有凝胶的平皿置于电子天平的称量盘上，待示数稳定后清零。

A.2.3.1.4 取探头置于凝胶平面中间的位置,缓慢匀速垂直下压砝码。

A.2.3.1.5 当天平显示数值达到 200 及以上,且凝胶表面不破碎时,则判定符合要求。

A.2.3.1.6 重复上述操作,测定 3 个不同位置,离边缘大于 2 cm。

A.2.3.2 凝胶琼胶

取 2 cm 厚的整块试样放入直径 9 cm 的平皿中,然后按 A.2.3.1.3～A.2.3.1.6 的步骤操作,判定产品凝胶强度是否符合要求。

ICS 67.120.30
CCS X 20

中华人民共和国水产行业标准

SC/T 3503—2022
代替 SC/T 3503—2000

多烯鱼油制品

Polyunsaturated fish oil products

2022-11-11 发布
2023-03-01 实施

中华人民共和国农业农村部 发布

前　言

本文件按照 GB/T 1.1—2020《标准化工作导则　第 1 部分：标准化文件的结构和起草规则》的规定起草。

本文件代替 SC/T 3503—2000《多烯鱼油制品》，与 SC/T 3503—2000 相比，除结构调整和编辑性改动外，主要技术变化如下：

a)　删除了鱼油胶囊及相关的内容（见 2000 年版的 3.2、4.3.2、4.4、5.1.2、5.2.1、5.2.6.2、6.1、6.2.1）；

b)　更改了产品类型的要求（见 4.1，2000 年版的 4.1.1）；

c)　更改了感官要求（见 4.4，2000 年版的 4.3）；

d)　更改了过氧化值指标的要求（见 4.5，2000 年版的 4.4）；

e)　增加了茴香胺值指标的要求（见 4.5）；

f)　更改了污染物指标的要求（见 4.6，2000 年版的 4.5）；

g)　更改了微生物指标的要求（见 4.7，2000 年版的 4.5）；

h)　更改了净含量指标的要求（见 4.8，2000 年版的 4.4）；

i)　更改了样品预处理试验方法（见 5.2.1，2000 年版的 5.2.1）；

j)　更改了检验规则的要求（见第 6 章，2000 年版的第 6 章）；

k)　删除了产品保质期的要求（见 2000 年版的 7.4）。

请注意本文件的某些内容可能涉及专利。本文件的发布机构不承担识别专利的责任。

本文件由农业农村部渔业渔政管理局提出。

本文件由全国水产标准化技术委员会水产品加工分技术委员会（SAC/TC 156/SC 3）归口。

本文件起草单位：中国水产科学研究院黄海水产研究所、山东禹王制药有限公司、威海百合生物技术股份有限公司、福建高龙海洋生物工程有限公司、华润圣海健康科技有限公司。

本文件主要起草人：刘小芳、冷凯良、王联珠、王文玲、张建全、刘新力、黄进、程万里、苗钧魁、于源。

本文件及其所代替文件的历次版本发布情况为：

——2000 年首次发布为 SC/T 3503—2000；

——本次为第一次修订。

多烯鱼油制品

1 范围

本文件界定了多烯鱼油制品的术语和定义,规定了多烯鱼油制品的产品类型、原辅料、食品添加剂、感官、理化、污染物、微生物和净含量的要求,描述了相应的试验方法,给出了检验规则、标签、标志、包装、运输和储存的说明。

本文件适用于以鱼油或鱼油提取物为主要原料经加工制成的富含多烯脂肪酸的产品。

2 规范性引用文件

下列文件中的内容通过文中的规范性引用而构成本文件必不可少的条款。其中,注日期的引用文件,仅该日期对应的版本适用于本文件;不注日期的引用文件,其最新版本(包括所有的修改单)适用于本文件。

GB/T 191 包装储运图示标志

GB 2760 食品安全国家标准 食品添加剂使用标准

GB 2762 食品安全国家标准 食品中污染物限量

GB 5009.168 食品安全国家标准 食品中脂肪酸的测定

GB 5009.227 食品安全国家标准 食品中过氧化值的测定

GB 5009.229 食品安全国家标准 食品中酸价的测定

GB/T 5524 动植物油脂 扦样

GB/T 5532 动植物油脂 碘值的测定

GB 5749 生活饮用水卫生标准

GB 7718 食品安全国家标准 预包装食品标签通则

GB/T 24304 动植物油脂 茴香胺值的测定

GB 28050 食品安全国家标准 预包装食品营养标签通则

GB 29921 食品安全国家标准 预包装食品中致病菌限量

GB/T 36193 水产品加工术语

JJF 1070 定量包装商品净含量计量检验规则

SC/T 3502 鱼油

3 术语和定义

GB/T 36193 界定的以及下列术语和定义适用于本文件。

3.1

多烯鱼油 polyunsaturated fish oil

经精制加工后,碘值大于140 g/100 g油、二十碳五烯酸(EPA)与二十二碳六烯酸(DHA)的总量大于28%的鱼油。

[来源:GB/T 36193—2018,12.6]

3.2

多烯鱼油乳剂 polyunsaturated fish oil emulsion

多烯鱼油和水及其他添加剂经乳化而成的稳定乳状液。

4 要求

4.1 产品类型及要求

应符合表1的规定。

表 1　产品类型及要求

单位为克每百克

类　　　型		EPA+DHA 总量
脂肪酸甘油酯型	高含量	EPA+DHA≥50
	中含量	35≤EPA+DHA<50
	低含量	28≤EPA+DHA<35
脂肪酸乙酯型	高含量	EPA+DHA≥70
	中含量	50≤EPA+DHA<70
	低含量	28≤EPA+DHA<50

4.2　原辅料

4.2.1　鱼油

应符合 SC/T 3502 中一级精制鱼油的规定。

4.2.2　加工用水

应符合 GB 5749 的规定。

4.3　食品添加剂

应符合 GB 2760 的规定。

4.4　感官

应符合表 2 的规定。

表 2　感官要求

项　　　目	多烯鱼油	多烯鱼油乳剂
色　　泽	无色或浅黄色	乳白色或浅黄色
组织与形态	透明油状液体	乳状液体,无分层
气味、滋味	具有精制鱼油的正常气味,微有鱼腥味,无油脂酸败等异味	
杂　　质	无正常视力可见外来杂质	

4.5　理化指标

应符合表 3 的规定。

表 3　理化指标

项　　　目	多烯鱼油	多烯鱼油乳剂[a]
EPA 含量,g/100 g	≥标示值	
DHA 含量,g/100 g	≥标示值	
EPA+DHA 总量,g/100 g	≥标示值	
碘值,g/100 g	≥140	
酸价(KOH),mg/g	≤1.0	≤2.0
过氧化值,mmol/kg	≤5.0	≤6.0
茴香胺值	≤20	
[a]　多烯鱼油乳剂的理化指标以鱼油中的含量计。		

4.6　污染物指标

应符合 GB 2762 的规定。

4.7　微生物指标

应符合 GB 29921 中特殊膳食用食品类别的规定。

4.8　净含量

应符合 JJF 1070 的规定。

5　试验方法

5.1　感官检验

将样品盛于玻璃烧杯中,按 4.4 的规定逐项检验。

5.2 理化检验

5.2.1 样品预处理

5.2.1.1 多烯鱼油

可直接供检验用。

5.2.1.2 多烯鱼油乳剂

称取 10 g 试样(精确至 0.01 g)于锥形瓶中,加入 50 mL 水摇匀,再加入 50 mL 无水乙醇,混匀,转移至分液漏斗中,加入 30 mL 乙醚,振摇 1 min,加入 30 mL 石油醚(沸程 30 ℃~60 ℃),振摇 1 min。静置分层,取上层溶液于鸡心瓶中,于 45 ℃下将其中的溶剂彻底旋转蒸干,得到多烯鱼油乳剂的鱼油,供检验用。

5.2.2 EPA、DHA 含量

按 GB 5009.168 的规定执行,EPA+DHA 总量为 EPA、DHA 含量之和。

5.2.3 碘值

按 GB/T 5532 的规定执行。

5.2.4 酸价

按 GB 5009.229 的规定执行。

5.2.5 过氧化值

按 GB 5009.227 的规定执行。

5.2.6 茴香胺值

按 GB/T 24304 的规定执行。

5.3 污染物

按 GB 2762 规定的检验方法执行。

5.4 微生物

按 GB 29921 中特殊膳食用食品类别规定的检验方法执行。

5.5 净含量

按 JJF 1070 的规定执行。

6 检验规则

6.1 组批规则

在原料及生产条件基本相同的情况下,同一天或同一班组生产的相同规格的产品为一个检验批。按批号抽样。

6.2 抽样方法

6.2.1 多烯鱼油

按 GB/T 5524 的规定执行。

6.2.2 多烯鱼油乳剂

按随机方式抽取 2 个包装箱,再在其中分别抽取多烯鱼油乳剂不少于 200 mL。

6.3 检验分类

6.3.1 出厂检验

每批产品应进行出厂检验。出厂检验由生产单位质量检验部门执行,检验项目为感官、EPA 含量、DHA 含量、EPA+DHA 总量、酸价、过氧化值、净含量。检验合格签发检验合格证,产品凭检验合格证入库或出厂。

6.3.2 型式检验

有下列情况之一时应进行型式检验,检验项目为本文件中规定的全部项目:

a) 停产 6 个月以上,恢复生产时;

b) 原料产地变化或改变生产工艺,可能影响产品质量时;

c) 国家行政主管机构提出进行型式检验要求时;

d) 出厂检验结果与上次型式检验结果有较大差异时;

e) 正常生产时,每年至少 2 次的周期性检验;

f) 对质量有争议,需要仲裁时。

6.4 判定规则

6.4.1 所有指标全部符合本文件规定时,判定该批产品合格。

6.4.2 检验项目若有 1 项指标不合格时,应重新自同批产品中抽取 2 倍量样品进行复检,按复检结果判定该批产品是否合格。

6.4.3 检验项目若有 2 项或 2 项以上指标不合格时,判定该批产品不合格。

6.4.4 微生物项目若出现不合格时,判定该批产品不合格,不应复检。

7 标签、标志、包装、运输、储存

7.1 标签、标志

7.1.1 预包装产品的标签应符合 GB 7718 的规定,营养标签应符合 GB 28050 的规定,并标注 EPA 含量、DHA 含量、产品适合的特定人群及适宜食用量。

7.1.2 非预包装产品的标签应标示产品的名称、产地、EPA 含量、DHA 含量、生产者或销售者名称、生产日期。

7.1.3 包装储运标志应符合 GB/T 191 的规定。

7.1.4 实施可追溯的产品应有可追溯标识。

7.2 包装

7.2.1 包装材料

包装材料应洁净、干燥、不透明、坚固、无毒、无异味,符合相关食品安全标准的规定。

7.2.2 包装要求

应按同一规格包装,不应混装。包装应严密、牢固、防潮、避光、不易破损,便于装卸、仓储和运输。

7.3 运输

运输工具应清洁、卫生,无异味,运输中防止受潮、日晒以及有害物质的污染,不应靠近或接触腐蚀性的物质。装卸时要轻装轻卸,防止机械损伤。

7.4 储存

7.4.1 产品应储存于干燥、阴凉处,防止受潮、日晒、有毒有害物质的污染和其他损害。

7.4.2 储存库内应保持清洁、卫生、整齐,符合食品卫生要求。不同品种、规格、等级、批次的产品应分垛存放,标识清楚,并与墙壁、地面、天花板保持适当的距离,堆放高度以纸箱受压不变形为宜。

ICS 67.120.30
CCS X 20

中华人民共和国水产行业标准

SC/T 3507—2022

南极磷虾粉

Antarctic krill meal

2022-11-11 发布
2023-03-01 实施

中华人民共和国农业农村部 发布

前　言

本文件按照 GB/T 1.1—2020《标准化工作导则　第 1 部分：标准化文件的结构和起草规则》的规定起草。

请注意本文件的某些内容可能涉及专利。本文件的发布机构不承担识别专利的责任。

本文件由农业农村部渔业渔政管理局提出。

本文件由全国水产标准化技术委员会水产品加工分技术委员会（SAC/TC 156/SC 3）归口。

本文件起草单位：中国水产科学研究院黄海水产研究所、辽渔集团有限公司、福建正冠渔业开发有限公司、辽宁远洋渔业有限公司、速帕巴（上海）国际贸易有限公司、江苏深蓝远洋渔业有限公司、山东鲁华海洋生物科技有限公司、青岛南极维康生物科技有限公司、青岛康境海洋生物科技有限公司。

本文件主要起草人：刘小芳、冷凯良、吕大强、徐玉成、王文玲、苗钧魁、王黎明、王志、罗俊荣、于源、范宁宁、刘福贵、曾宪龙。

南极磷虾粉

1 范围

本文件规定了南极磷虾粉的原料、感官、理化、污染物和净含量的要求，描述了相应的试验方法，给出了检验规则、标签、标志、包装、运输和储存的说明。

本文件适用于以南极大磷虾（*Euphausia superba* Dana）为原料，经蒸煮、离心或压榨、干燥等工序制成的南极磷虾粉。

2 规范性引用文件

下列文件中的内容通过文中的规范性引用而构成本文件必不可少的条款。其中，注日期的引用文件，仅该日期对应的版本适用于本文件；不注日期的引用文件，其最新版本（包括所有的修改单）适用于本文件。

GB/T 191 包装储运图示标志

GB 2733 食品安全国家标准 鲜、冻动物性水产品

GB 2762 食品安全国家标准 食品中污染物限量

GB 5009.3 食品安全国家标准 食品中水分的测定

GB 5009.4 食品安全国家标准 食品中灰分的测定

GB 5009.5 食品安全国家标准 食品中蛋白质的测定

GB 5009.6—2016 食品安全国家标准 食品中脂肪的测定

GB 5009.44 食品安全国家标准 食品中氯化物的测定

GB 5009.228 食品安全国家标准 食品中挥发性盐基氮的测定

GB 5009.229—2016 食品安全国家标准 食品中酸价的测定

GB 7718 食品安全国家标准 预包装食品标签通则

GB/T 30891 水产品抽样规范

JJF 1070 定量包装商品净含量计量检验规则

3 术语和定义

本文件没有需要界定的术语和定义。

4 要求

4.1 原料

应为新鲜或冷冻的南极大磷虾，且符合 GB 2733 的规定。

4.2 感官

应符合表 1 的规定。

表 1 感官

项 目	要 求
色 泽	呈砖红色至红色、色泽均匀
组织与形态	松软粉状物、无结块、无霉变
气味、滋味	具有南极磷虾粉特有的气味和滋味，无焦灼味，无油脂酸败等异味
杂 质	无正常视力可见外来杂质

4.3 理化指标

应符合表 2 的规定。

表 2　理化指标

项　目	指　标	
	优级品	合格品
粗脂肪,g/100 g	≥18	≥10
粗蛋白质,g/100 g	≥55	≥52
水分,g/100 g	≤10	≤12
灰分,g/100 g	≤14	
氯化物(以 Cl⁻计),%	≤4.0	
挥发性盐基氮,mg/100 g	≤40	≤60
酸价(KOH),mg/g	≤15	≤25

4.4　污染物指标

应符合 GB 2762 的规定。

4.5　净含量

应符合 JJF 1070 的规定。

5　试验方法

5.1　感官

在非直射日光、光线充足、无异味的环境中,将样品平铺于白色搪瓷盘或不锈钢工作台上,按 4.2 条的规定逐项检验。

5.2　粗脂肪

按 GB 5009.6—2016 第二法的规定执行。

5.3　粗蛋白质

按 GB 5009.5 的规定执行。

5.4　水分

按 GB 5009.3 的规定执行。

5.5　灰分

按 GB 5009.4 的规定执行。

5.6　氯化物

按 GB 5009.44 的规定执行。

5.7　挥发性盐基氮

按 GB 5009.228 的规定执行。

5.8　酸价

称取约 50 g 试样于锥形瓶中,加入 150 mL 无水乙醇室温浸提 4 h,4 500 r/min 离心 10 min,收集上清液于 500 mL 鸡心瓶中,沉淀中加入 150 mL 无水乙醇重复上述操作,合并上清液,于 50 ℃下将其中的溶剂彻底旋转蒸干,得到南极磷虾粉油脂试样。以下按 GB 5009.229—2016 第二法中自 11.2 起规定的步骤执行。

5.9　污染物

按 GB 2762 规定的检验方法执行。

5.10　净含量

按 JJF 1070 的规定执行。

6　检验规则

6.1　组批规则

在原料及生产条件基本相同的情况下,同一天或同一班组生产的相同规格的产品为一个检验批。按批号抽样。

6.2 抽样方法

按 GB/T 30891 的规定执行。

6.3 检验分类

6.3.1 出厂检验

每批产品应进行出厂检验。出厂检验由生产单位质量检验部门执行,检验项目为感官、粗脂肪、粗蛋白质、水分、灰分、挥发性盐基氮、净含量。检验合格签发检验合格证,产品凭检验合格证入库或出厂。

6.3.2 型式检验

有下列情况之一时应进行型式检验,检验项目为本文件中规定的全部项目:

a) 停产 6 个月以上,恢复生产时;

b) 原料产地变化或改变生产工艺,可能影响产品质量时;

c) 国家行政主管机构提出进行型式检验要求时;

d) 出厂检验与上次型式检验有较大差异时;

e) 正常生产时,每年至少 2 次的周期性检验;

f) 对质量有争议,需要仲裁时。

6.4 判定规则

所有指标全部符合本文件规定时,判该批产品合格。

7 标签、标志、包装、运输、储存

7.1 标签、标志

7.1.1 预包装产品的标签应符合 GB 7718 的规定。

7.1.2 非预包装产品的标签应标示产品的名称、产地、生产者或销售者名称、生产日期等。

7.1.3 包装储运标志应符合 GB/T 191 的规定。

7.1.4 实施可追溯的产品应有可追溯标识。

7.2 包装

7.2.1 包装材料

所用包装材料应洁净、坚固、干燥、无毒、无异味,质量应符合相关标准规定。

7.2.2 包装要求

应按同一规格包装,不应混装。包装应严密、牢固、防潮、避光、不易破损,便于装卸、仓储和运输。

7.3 运输

7.3.1 运输工具应清洁、卫生,无异味。

7.3.2 运输过程中应防止受潮、日晒、虫害以及有害物质的污染,不应靠近或接触腐蚀性的物质,不应与有毒有害及气味浓郁物品混运;在装卸中应轻装轻卸,不应用手钩。

7.3.3 海上运输宜保持产品温度低于 -15 ℃;陆地运输宜保持产品温度低于 -4 ℃。

7.4 储存

7.4.1 产品应储存于清洁、卫生、干燥的库房内,防止受潮、有害物质的污染和其他损害。

7.4.2 不同规格、等级、批次的产品应分垛存放,标示清楚,并与墙壁、地面、天花板保持适当距离,避免堆积。

7.4.3 产品储存环境温度宜低于 -15 ℃。

——————

ICS 65.150
CCS B 50

中华人民共和国水产行业标准

SC/T 5109—2022

观赏性水生动物养殖场条件
海洋甲壳动物

Conditions of ornamental aquatic animal farms—
Marine crustaceans

2022-11-11 发布

2023-03-01 实施

中华人民共和国农业农村部 发布

前　　言

本文件按照 GB/T 1.1—2020《标准化工作导则　第 1 部分:标准化文件的结构和起草规则》的规定起草。

请注意本文件的某些内容可能涉及专利。本文件的发布机构不承担识别专利的责任。

本文件由农业农村部渔业渔政管理局提出。

本文件由全国水产标准化技术委员会观赏鱼分技术委员会(SAC/TC 156/SC 8)归口。

本文件起草单位:中国水产科学研究院珠江水产研究所、农业农村部水产种质监督检验测试中心(广州)。

本文件主要起草人:汪学杰、宋红梅、牟希东、刘奕、刘超、杨叶欣、顾党恩、徐猛、韦慧、房苗、胡隐昌。

观赏性水生动物养殖场条件 海洋甲壳动物

1 范围

本文件规定了观赏性海洋甲壳动物养殖场的场址选择、场区布局、养殖设施、配套设施设备、隔离区、尾水处理及水质监测和检测的要求。

本文件适用于观赏性海洋甲壳动物养殖场设计、建设和管理。

2 规范性引用文件

下列文件中的内容通过文中的规范性引用而构成本文件必不可少的条款。其中,注日期的引用文件,仅该日期对应的版本适用于本文件;不注日期的引用文件,其最新版本(包括所有的修改单)适用于本文件。

GB 11607　渔业水质标准

GB/T 13869　用电安全导则

NY 5052　无公害食品　海水养殖用水水质

SC/T 9103　海水养殖水排放要求

3 术语和定义

本文件没有需要界定的术语和定义。

4 场址选择

宜选择沿海地区。要求环境良好、排水方便、用电方便、交通便利,远离噪声、污浊气体、粉尘及强烈震动。

5 场区布局

划分为养殖区、办公和生活区、隔离区 3 个主要区域。不同区域间有一定的间距和明显的物理隔离,各区设立独立的出入口。出入口处设进出人员消毒设施,并有明显的警示标志。

6 养殖设施

6.1 养殖场所

养殖区域宜在可封闭并利于保持水温稳定的场所。

6.2 养殖容器

6.2.1 形状及规格

宜为长方形,高度以 25 cm～100 cm 为宜,长度≥宽度≥高度。

6.2.2 质量

坚固、无渗漏、内壁光滑、能抵御海水的侵蚀。

6.2.3 结构

每个养殖单元设排水口和溢水口各 1 个。排水口和溢水口前应加设防逃网罩。进水口可根据需要设立。容积不小于 5 m³ 的养殖单元,宜分隔为养殖区和水净化处理区两部分,二者容积比为(5～10)∶1。

6.3 选用器材

6.3.1 隔离框

宜配备可供选用的隔离框,框体呈长方形或正方形,有盖或无盖。框条间隙宽度不小于框条宽度,且不大于隔离对象的体宽。

6.3.2 沙和礁石

可视养殖对象需要铺设海沙、珊瑚砂,并安放礁石。

7 配套设施设备

7.1 动力设施

配备交流电和备用电源。电力系统的设置安装应符合 GB/T 13869 的规定。

7.2 增氧设施

可采用一套覆盖全场的增氧系统,或采用多个相互独立的增氧系统。养殖水体溶解氧浓度应不低于 5.0 mg/L。

应配置备用氧气源。

7.3 水源处理设施

7.3.1 水源

可为天然海水或人工配制海水。水源水质应符合 GB 11607 的规定。

7.3.2 处理设施及要求

具备蓄水、消毒、沉淀、过滤、调节水温及调整化学成分所需的设施设备条件,经处理的水质符合 NY 5052 的规定,并且钙离子浓度为 400 mg/L～430 mg/L,镁离子浓度为 1 100 mg/L～ 1 300 mg/L。

7.4 进排水系统

由蓄水池、水泵、水管、废水处理池及阀门组成,各组件应具有较强的抗腐蚀性能,避免使用含铜管件。排水管的横截面积为同级进水管横截面积的 3 倍左右。进排水系统可与循环净化系统相结合。

7.5 水质循环净化系统

容积不小于 5 m³的养殖单元采用每个养殖单元独立净化,容积小于 5 m³的养殖单元可选用独立净化或多个养殖单元共用一套循环净化系统的方式。每个循环净化系统应同时具备物理净化和生物净化功能。

7.6 消毒防病设施

7.6.1 水体消毒

在循环水回流总水口或总出水口设置杀菌消毒装置,可选用封闭式紫外线杀菌管或水下紫外灯等物理消毒设备。应保证回流的循环水流经有效杀菌范围内。

7.6.2 工具及鲜活饵料消毒

养殖场所应配备用于工具、鲜活饵料等消毒的日常消毒设施。

7.7 照明设施

安装照明装置,采用防爆灯具、全光谱灯具和防腐插口,光线的色温和光照强度能满足养殖对象正常生长需要。

7.8 温控

7.8.1 隔热

养殖房墙体及房顶宜采用隔热材料建造或覆盖隔热层。

7.8.2 加热系统

宜配置节能环保的加热系统。加热系统的工作能力应能满足在当地最低气温条件下长期保证养殖水水温不低于 26 ℃的要求。

7.8.3 制冷系统

宜视气候条件配置功率适当的节能环保的制冷系统。制冷系统的工作能力应能满足在当地最高气温条件下长期保证养殖水水温不高于 28 ℃的要求。

7.9 养殖区出口和入口

应悬挂警示标识,配备必要的消毒装置。

8 隔离区

8.1 隔离设施

应设隔离区,该区域应具有物理空间的独立性,面积不小于养殖区总面积的 5%。该区域内每个养殖单元水体独立。

8.2 出口和入口

应悬挂警示标识,配备必要的消毒装置。

8.3 排放水处理设施

隔离区域应设置独立的集水排水系统和消毒设施。

8.4 人员配备

配备具备隔离管理基本知识、具有操作管理隔离区内各种设施设备的能力、熟悉海洋甲壳动物疾病诊断和防治的人员。

9 尾水处理

应设置集中处理养殖尾水的净化池。净化池应具备物理和生物净化功能,尾水质量应符合 SC/T 9103 的规定。

10 水质监测和检测

10.1 监测和检测设备

配备常规检测所必需的仪器设备和药品。

10.2 监测和检测内容

非离子氨（NH_3）浓度、亚硝酸根（NO_2^-）浓度、盐度、pH、总硬度为常规检测内容,养殖管理需要的其他理化指标为非常规检测内容。

10.3 监测和检测方式

可采用定时定点抽样检测或(和)在线监测的方式,非常规检测内容可采取委托方式检测。

10.4 人员配备

配备具有常规检测操作能力的技术人员。

ICS 65.150
CCS B 52

中华人民共和国水产行业标准

SC/T 5713—2022

金鱼分级　虎头类

Classification of goldfish—Tiger-head

2022-11-11 发布

2023-03-01 实施

中华人民共和国农业农村部 发布

SC/T 5713—2022

前　言

本文件按照 GB/T 1.1—2020《标准化工作导则　第 1 部分:标准化文件的结构和起草规则》的规定起草。

请注意本文件的某些内容可能涉及专利。本文件的发布机构不承担识别专利的责任。

本文件由农业农村部渔业渔政管理局提出。

本文件由全国水产标准化技术委员会观赏鱼分技术委员会(SAC/TC 156/SC 8)归口。

本文件起草单位:中国水产科学研究院珠江水产研究所。

本文件主要起草人:宋红梅、汪学杰、刘奕、牟希东、刘超、杨叶欣、顾党恩、徐猛、韦慧、房苗、胡隐昌。

金鱼分级　虎头类

1　范围

本文件界定了虎头类金鱼（*Carassius auratus*）的术语和定义，规定了外观特征、分级指标等技术要求，描述了相应的检测方法，给出了等级判定的规则。

本文件适用于虎头类金鱼的分级与评定。

2　规范性引用文件

下列文件中的内容通过文中的规范性引用而构成本文件必不可少的条款。其中，注日期的引用文件，仅该日期对应的版本适用于本文件；不注日期的引用文件，其最新版本（包括所有的修改单）适用于本文件。

GB/T 18654.3　养殖鱼类种质检验　第3部分:性状测定

SC/T 5701　金鱼分级　狮头

SC/T 5702　金鱼分级　琉金

SC/T 5705　金鱼分级　龙睛

SC/T 5709　金鱼分级　水泡眼

3　术语和定义

GB/T 18654.3、SC/T 5701、SC/T 5702、SC/T 5705 和 SC/T 5709 界定的以及下列术语和定义适用于本文件。

3.1

虎头金鱼　tiger-head goldfish

增生组织覆盖头部、无背鳍且背部较平的一类正常眼金鱼。

3.2

头高　head height

头部最大垂直高度。

[来源:SC/T 5701—2014,3.3]

3.3

头宽　head width

头部与体轴垂直的最大宽度。

[来源:SC/T 5701—2014,3.4,有修改]

3.4

体长　body length

从吻端至侧线鳞最后一个鳞片末端的距离。

[来源:GB/T 18654.3—2008,3.3]

4　技术要求

4.1　外观特征

4.1.1　形态特征

身体匀称、比例协调、宽厚方正、对称度高为佳；头部丰硕、肉瘤饱满、分布均匀为佳；背部形态流畅；无背鳍,胸鳍、腹鳍正常,尾鳍左、右各2叶。虎头类金鱼外形特征见附录A。

4.1.2 体色

分为单色和复色。单色有红、黑、紫、蓝等色,以色质浓厚为佳;复色有红白、紫白、蓝紫、黑白、五花、虎纹等色,以特征性色彩鲜明度和色彩对比度高为佳。

4.2 分级指标

全长≥50 mm;游姿端正、平衡;鳍完整无残缺;鳞片有光泽;体表无病症。分为Ⅰ级、Ⅱ级和Ⅲ级共3个等级,Ⅰ级为最高质量等级。分级指标在4.1外观特征要求的基础上按表1规定。

表1 虎头类金鱼分级指标

指标			等级		
			Ⅰ级	Ⅱ级	Ⅲ级
体宽/体长			≥0.35	≥0.30	≥0.25
体高/体长			≥0.52	≥0.46	≥0.40
头长/体长			≥0.42	≥0.38	≥0.34
头高/头长			>0.95	0.90~0.95	<0.90
头高/体高			0.74~0.85	0.68~0.73或0.86~0.90	<0.68或>0.90
头宽/体宽			1.05~1.20	0.90~1.04或1.21~1.30	<0.90或>1.30
头瘤形态			紧实高耸,包裹整个头部,左右对称。相邻肉瘤小泡大小相近,面颊部为头部最宽处	紧实欠发达,或左右略欠对称,或相邻肉瘤小泡大小略欠均匀	不发达,或左右欠对称,或相邻肉瘤小泡大小欠均匀
背部形态			流畅	较流畅	欠流畅
尾鳍形态			比例协调,左右叶完全对称	比例基本协调,左右叶基本对称	比例基本协调,左右叶欠对称
体色	单色	红、紫、蓝、黑及其他单色	色质浓厚	色质稍欠浓厚	色质浅淡
	复色	红白、紫白、蓝紫、黑白、五花、虎纹及其他复色	特征性色彩鲜明,色彩对比度明显	特征性色彩浅淡欠鲜明,色彩对比度稍欠明显	特征性色彩不鲜明,色彩对比度不明显
总体感觉			体形均衡,比例协调,体态丰满	体形稍欠均衡,比例基本协调,或体态稍欠丰满	体形欠均衡,比例基本协调,或体态欠丰满

5 检测方法

5.1 外观特征

外部形态和体色在自然光照下肉眼观察。

5.2 可量指标

头宽、头高、体长、体高、体宽、头长的检测按GB/T 18654.3规定的方法执行。

6 等级判定

每尾鱼的最终等级为全部指标中最低指标所处等级。

附 录 A

（资料性）

虎头类金鱼外形模式图

A.1 虎头类金鱼侧视图

见图 A.1。

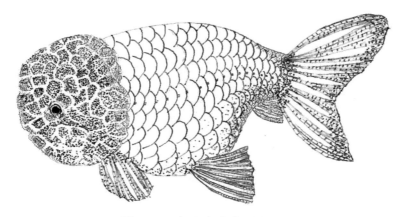

图 A.1 虎头类金鱼侧视图

A.2 虎头类金鱼俯视图

见图 A.2。

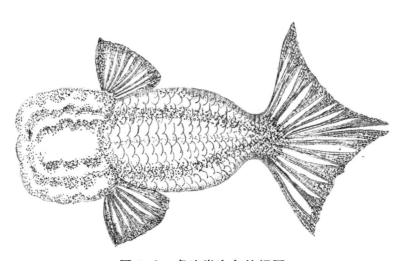

图 A.2 虎头类金鱼俯视图

ICS 65.060.99
CCS B 94

中华人民共和国水产行业标准

SC/T 6104—2022

工厂化鱼菜共生设施设计规范

Specification for design of industrial aquaponics facility

2022-07-11 发布
2022-10-01 实施

中华人民共和国农业农村部 发布

前　言

本文件按照 GB/T 1.1—2020《标准化工作导则　第 1 部分:标准化文件的结构和起草规则》的规定起草。

请注意本文件的某些内容可能涉及专利。本文件的发布机构不承担识别专利的责任。

本文件由农业农村部渔业渔政管理局提出。

本文件由全国水产标准化技术委员会渔业机械仪器分技术委员会(SAC/TC 156/SC 6)归口。

本文件起草单位:中国水产科学研究院渔业机械仪器研究所、镇江百源康生态农业有限公司。

本文件主要起草人:倪琦、徐琰斐、徐金铖、张宇雷、刘晃、曹伯良、袁若楠、陈佩、庄保陆。

工厂化鱼菜共生设施设计规范

1 范围

本文件规定了工厂化鱼菜共生设施术语和定义、选址和建筑要求、工艺设计要求、养殖和种植单元匹配要求、生产辅助设施设备要求。

本文件适用于新建、扩建和改建的工厂化鱼菜共生设施的设计。

2 规范性引用文件

下列文件中的内容通过文中的规范性引用而构成本文件必不可少的条款。其中，注日期的引用文件，仅该日期对应的版本适用于本文件；不注日期的引用文件，其最新版本（包括所有的修改单）适用于本文件。

GB 11607   渔业水质标准

JB/T 10288   连栋温室结构

NY T 3024   日光温室建设标准

NY/T 5361—2016   无公害农产品   淡水养殖产地环境条件

SC/T 6040   水产品工厂化养殖装备   安全卫生要求

SC/T 6050   水产养殖电器设备安全要求

SC/T 6093   工厂化循环水养殖车间设计规范

3 术语和定义

下列术语和定义适用于本文件。

3.1

工厂化鱼菜共生   industrial aquaponics

在可控环境中，通过微生物将水产养殖过程中代谢产物、残饵转化为可被蔬菜吸收利用的氮、磷、钾等多种无机盐离子，将设施化水产养殖与蔬菜无土栽培技术耦合，实现多种资源循环利用以及水产品和蔬菜连续、稳定产出的生产模式。

3.2

养殖单元   aquaculture unit

工厂化鱼菜共生（3.1）设施中承担水产养殖的功能单元。通常由养殖鱼池、水处理系统以及生产所需的配套设施设备组成。

3.3

种植单元   hydroponic unit

工厂化鱼菜共生（3.1）设施中承担蔬菜种植的功能单元。由种植槽（池）、种植床、给排水系统以及生产所需的配套设施设备组成。

3.4

植物工厂   plant factory

通过对设施内部进行环境调控，实现植物周期连续生长和产出的园艺生产设施。

4 选址和建筑要求

4.1 选址

4.1.1 查验水源地水质分析报告，或根据需要设计原水处理系统和设施，水质应符合 GB 11607 中的相关要求。

4.1.2 查验环境或环境影响评价论证报告,应符合 NY/T 5361—2016 的相关要求。

4.2 建筑

4.2.1 养殖单元和种植单元宜建成 2 个独立运作的厂房或温室,并实现水、CO_2 循环;处于同一厂房或温室内,应采取空间隔离。

4.2.2 养殖单元建筑应符合 SC/T 6093 中的相关要求。

4.2.3 种植单元建筑应符合 JB/T 10288 或 NY/T 3024 中的相关要求。

4.2.4 建筑设计时,占地面积和高度空间应与养殖单元、种植单元和操作管理的要求相适应,便于设施设备安置、物料存储以及日常运维操作。

4.2.5 种植槽(池)之间的工作通道应大于或等于 0.6 m,且不得低于运输设备要求的最小宽度;种植床按照种植槽(池)的宽度进行比例设计。

5 工艺设计要求

5.1 养殖单元

5.1.1 养殖池的设计应符合 SC/T 6093 中的相关要求。

5.1.2 养殖单元中应设置水处理工艺。水处理主要包括颗粒物收集和分解、生物净化、增氧和杀菌等工序。

5.1.3 养殖单元中产生的氨氮、亚硝酸盐应采用微生物反应器转化为硝酸盐,氨氮去除工艺应符合 SC/T 6093中的相关要求。

5.2 种植单元

5.2.1 种植单元宜采用营养液栽培(水培)或固体基质栽培等方式。

5.2.2 种植设施高度、宽度、层高、布置排列、承载能力等,应符合设施设计与种植工艺要求。叶菜种植密度每平方米宜 20 株～50 株,果菜种植密度每平方米宜 4 株～8 株。

5.2.3 光源设计应根据光照条件和种植蔬菜品种确定。

6 养殖单元和种植单元匹配要求

6.1 设施设计以保证系统水质及其他环境因子能够满足养殖对象摄食生长以及蔬菜生长为基本原则,目标是将水产养殖过程中代谢产物、残饵转化为可被蔬菜吸收利用的氮、磷、钾等多种无机盐离子,实现多种资源循环利用。养殖单元和种植单元的匹配要求应包括鱼菜生物量耦合、生产环境要求、营养物质控制要求。

6.2 鱼菜生物量耦合

6.2.1 鱼菜共生系统生物量耦合应以氮元素平衡为基础,根据养殖生物量、投喂量、蔬菜品种等相关参数确定。

6.2.2 设计鱼菜共生系统应按公式(1)确定蔬菜种植面积。

$$A \approx \frac{M \cdot T}{G} \qquad\cdots\cdots\cdots\cdots\cdots\cdots\cdots\cdots\cdots\cdots\cdots\cdots\cdots\cdots\cdots (1)$$

式中:

A ——种植面积的数值,单位为平方米(m^2);

M ——鱼菜共生系统中总鱼重的数值,单位为千克(kg);

T ——饲料投喂系数的数值,单位为百分号(%),一般取 1%～2%;

G ——每平方米蔬菜种植面积对应鱼的饲料投喂量的数值,单位为克每平方米(g/m^2),叶菜一般为 40 g/m^2,果菜一般为 80 g/m^2。

6.3 生产环境要求

工厂化鱼菜共生系统水体温度、pH 和含氧量等应同时满足养殖和种植品种生长需求。相关品种和参数见附录 A、附录 B。

6.4 营养物质控制要求

6.4.1 蔬菜生长所需的营养物质应有 50% 以上来自养殖单元。额外向种植单元添加的氮的质量应小于或等于投入饲料中含氮量的 50%。

6.4.2 根据不同蔬菜对磷、钾等元素的需求，当系统无法满足时，可通过额外添加的方式进行补充。

6.4.3 微量元素可根据蔬菜的生长及缺素情况，通过喷叶或向水中添加等方式补充，浓度要求见附录 C。

6.4.4 养殖单元脱气环节产生的 CO_2 可作为蔬菜种植的养料。

6.4.5 植物工厂 CO_2 平均浓度应保持在 0.06%～0.08%，具体控制量由种植工艺确定具体参数。CO_2 气体可采用管道输送。

7 生产辅助设施设备要求

7.1 应根据实际生产需要，选择配备电源双供、自动投饲、水质监控、种植环境调控（包括防虫设施）、视频监控和关键设备故障报警系统等，并应保持投喂、监控、环境调控、故障报警等记录。

7.2 养殖生产设施设备选型应符合 SC/T 6040 和 SC/T 6050 中的相关要求。

7.3 配套的风机房、库房、人员消毒间、值班室、配电间、实验室、更衣室、监控室和备用发电机房等的设计应符合 SC/T 6093 中的相关要求。

7.4 系统原水处理工艺和设施设备应根据当地水源、水质条件以及鱼菜共生系统用水量进行配套设计。

附　录　A

（资料性）

工厂化鱼菜共生系统中适宜的种养品种及生长温度

表 A.1 给出了工厂化鱼菜共生系统中适宜的种养品种及生长温度。

表 A.1　工厂化鱼菜共生系统中适宜的种养品种及生长温度

养殖品种	种植品种	生长温度，℃
罗非鱼（*Oreochromis niloticus*） 淡水石斑（*Cichlasoma managuense*） 加州鲈（*Micropterus salmoides*）	白菜（*Brassica rapa* var. *glabra*）、芝麻菜（*Eruca sativ* Mill.）、空心菜（*Ipomoea aquatica* Forsk.）、苦苣（*Sonckus oleraceus* L.）、小白菜（*Brassica campestris* L. ssp. *chinensis* Makino）、生菜（*Lactuca sativa* L. var. *ramosa* Hort.）、罗勒（*Ocimum basilicum*）、番茄（*Lycopersicon esculentum*）、苋菜（*Amaranthus tricolor* L.）、香芹（*Libanotis seseloides* Turcz.）	23～25
	黄瓜（*Cucumis sativus* L.）、辣椒（*Capsicum annuum* L.）、茄子（*Solanum melongena* L.）	25～32
虹鳟（*Oncorhynchus mykiss*）	白菜（*Brassica rapa* var. *glabra*）、香菜（*Coriandrum sativum* L.）、荆芥（*Nepeta cataria* L.）、生菜（*Lactuca sativa* L. var. *roman* Hort.）、香芹（*Libanotis seseloides* Turcz.）、菠菜（*Spinacia oleracea* L.）、香葱（*Allium ascalonicum* L.）、花菜（*Brassica oleracea* L. var. *botrytis* L.）	15～20
澳洲宝石鲈（*Scortum barcoo*）	白菜（*Brassica rapa* var. *glabra*）、乌塌菜（*Brassica narinosa* L. H. Bailey）芝麻菜（*Eruca sativ* Mill.）、空心菜（*Ipomoea aquatica* Forsk.）、苦苣（*Sonchus oldeaceus* L.）、小白菜（*Brassica campestris* L. ssp. *chinensis* Makino）、生菜（*Lactuca sativa* L. var. *ramosa* Hort.）、罗勒（*Ocimum basilicum*）、番茄（*Lycopersicon esculentum*）、苋菜（*Amaranthus tricolor* L.）、香芹（*Libanotis seseloides* Turcz.）	20～25
	黄瓜（*Cucumis sativus* L.）、辣椒（*Capsicum annuum* L.）、茄子（*Solanum melongena* L.）	25～30
墨瑞鳕（*Maccullochella peelii*）	白菜（*Brassica rapa* var. *glabra*）、乌塌菜（*Brassica narinosa* L. H. Bailey）、芝麻菜（*Eruca sativ* Mill.）、空心菜（*Ipomoea aquatica* Forsk.）、苦苣（*Sonchus oldeaceus* L.）、小白菜（*Brassica campestris* L. ssp. *chinensis* Makino）、生菜（*Lactuca sativa* L. var. *ramosa* Hort.）、罗勒（*Ocimum basilicum*）、番茄（*Lycopersicon esculentum*）、苋菜（*Amaranthus tricolor* L.）、香芹（*Libanotis seseloides* Turcz.）	20～25

附 录 B

（资料性）

工厂化鱼菜共生系统中适宜的主要种养品种及生长 pH

表 B.1 给出了工厂化鱼菜共生系统中适宜的主要种养品种及生长 pH。

表 B.1 工厂化鱼菜共生系统中适宜的主要种养品种及生长 pH

养殖品种	种植品种	适宜 pH
罗非鱼(*Oreochromis niloticus*) 墨瑞鳕(*Maccullochella peelii*) 加州鲈(*Micropterus salmoides*)	甜菜（*Beta vulgaris* Linn.）、白菜（*Brassica rapa* var. *glabra*）、香菜（*Coriandrum sativum* L.）、草莓（*Fragaria* × *ananassa* Duch.）、罗勒（*Ocimum basilicum*）、生菜（*Lactuca sativa* L. var. *ramosa* Hort.）、空心菜（*Ipomoea aquatica* Forsk.）、萝卜（*Raphanus sativus* L.）、芹菜（*Apium graveolens* L.）、菠菜（*Spinacia oleracea* L.）、花菜（*Brassica oleracea* L. var. *botrytis* L.）、黄瓜（*Cucumis sativus* L.）、甜瓜（*Cucumis melo* L.）、番茄（*Lycopersicon esculentum*）、茄子（*Solanum melongena* L.）、香葱（*Allium ascalonicum* L.）	6.0～6.5
	甜菜（*Beta vulgaris* Linn）、白菜（*Brassica rapa* var. *glabra*）、香菜（*Coriandrum sativum* L.）、萝卜（*Raphanus sativus* L.）、生菜（*Lactuca sativa* L. var. *ramosa* Hort.）、芹菜（*Apium graveolens* L.）、甜椒（*Capsicum annuum* var. *grossum*）、茄子（*Solanum melongena* L.）、香葱（*Allium ascalonicum*）	6.5～7.0
	甜菜（*Beta vulgaris* L.）、香菜（*Coriandrum sativum* L）、香葱（*Allium ascalonicum* L.）	7.0～7.5
淡水石斑(*Cichlasoma managuense*) 虹鳟(*Oncorhynchus mykiss*)	草莓（*Fragaria* × *ananassa* Duch.）、罗勒（*Ocimum basilicum*）、空心菜（*Ipomoea aquatica* Forsk.）、菠菜（*Spinacia oleracea* L.）、黄瓜（*Cucumis sativus* L.）、茄子（*Solanum melongena* L.）	5.6～6.5
澳洲宝石鲈(*Scortum barcoo*)	草莓（*Fragaria* × *ananassa* Duch.）、罗勒（*Ocimum basilicum*）、空心菜（*Ipomoea aquatica* Forsk.）、萝卜（*Raphanus sativus* L.）、黄瓜（*Cucumis sativus* L.）、番茄（*Lycopersicon esculentum*）、茄子（*Solanum melongena* L.）	5.5～6.0
	甜菜（*Beta vulgaris* Linn.）、白菜（*Brassica rapa* var. *glabra*）、香菜（*Coriandrum sativum* L.）、草莓（*Fragaria* × *ananassa* Duch.）、罗勒（*Ocimum basilicum*）、生菜（*Lactuca sativa* L. var. *ramosa* Hort.）、空心菜（*Ipomoea aquatica* Forsk.）、萝卜（*Raphanus sativus* L.）、芹菜（*Apium graveolens* L.）、菠菜（*Spinacia oleracea* L.）、黄瓜（*Cucumis sativus* L.）、甜椒（*Capsicum annuum* var. *grossum*）、甜瓜（*Cucumis melo* L.）、番茄（*Lycopersicon esculentum*）、茄子（*Solanum melongena* L.）、香葱（*Allium ascalonicum* L.）	6.0～6.5

表 B.1（续）

养殖品种	种植品种	适宜 pH
澳洲宝石鲈（*Scortum barcoo*）	甜菜（*Beta vulgaris* Linn.）、白菜（*Brassica rapa* var. *glabra*）、香菜（*Coriandrum sativum* L.）、萝卜（*Raphanus sativus* L.）、生菜（*Lactuca sativa* L. var. *ramosa* Hort.）、芹菜（*Apium graveolens* L.）、茄子（*Solanum melongena* L.）、香葱（*Allium ascalonicum* L.）	6.5～7.0
	甜菜（*Beta vulgaris* L.）、香菜（*Coriandrum sativum* L.）、香葱（*Allium ascalonicum* L.）	7.0～7.5

附 录 C

（资料性）

工厂化鱼菜共生系统中微量元素适宜浓度

表 C.1 给出了工厂化鱼菜共生系统中微量元素适宜浓度。

表 C.1 工厂化鱼菜共生系统中微量元素适宜浓度

单位为毫克每升

微量元素化合物	系统水体化合物含量	系统水体元素含量
螯合铁[EDTA-NaFe(含铁 14%)]	20～40	2.8～5.6
硼酸（H_3BO_3）	2.86	0.5
四水硫酸锰（$MnSO_4 \cdot 4H_2O$）	2.13	0.5
七水硫酸锌（$ZnSO_4 \cdot 7H_2O$）	0.22	0.05
七钼酸铵[$(NH_4)_6Mo_7O_{24}$]	0.02	0.01

ICS 65.150
CCS P 87

中华人民共和国水产行业标准

SC/T 6105—2022

沿海渔港污染防治设施设备
配备总体要求

General requirement on facilities/equipment for pollution prevention
in coastal fishing port

2022-07-11 发布   2022-10-01 实施

中华人民共和国农业农村部 发布

前　言

本文件按照 GB/T 1.1—2020《标准化工作导则　第 1 部分:标准化文件的结构和起草规则》的规定起草。

请注意本文件的某些内容可能涉及专利。本文件的发布机构不承担识别专利的责任。

本文件由农业农村部渔业渔政管理局提出。

本文件由全国水产标准化技术委员会渔业机械仪器分技术委员会(SAC/TC 156/SC 6)归口。

本文件起草单位:中国水产科学研究院渔业工程研究所、全国水产技术推广总站、中国水产科学研究院渔业机械仪器研究所。

本文件主要起草人:王刚、王娜、陈丁、王新鸣、陈国强、王洋、刘年飞、冀逸峰、杨光、李苗、罗刚、陈圣灿、吴姗姗。

沿海渔港污染防治设施设备配备总体要求

1 范围

本文件规定了沿海渔港污染防治设施设备配备一般要求、水域污染防治设施设备、陆域污染防治设施设备、溢油应急设施设备配备以及管理要求等。

本文件适用于沿海渔港的建设及管理,避风锚地可参照使用。

2 规范性引用文件

下列文件中的内容通过文中的规范性引用而构成本文件必不可少的条款。其中,注日期的引用文件,仅该日期对应的版本适用于本文件;不注日期的引用文件,其最新版本(包括所有的修改单)适用于本文件。

GB 18597 危险废物储存污染控制标准

CJJ 14—2016 城市公共厕所设计标准

3 术语和定义

下列术语和定义适用于本文件。

3.1

固体废物 solid waste

在生产、生活和其他活动中产生的丧失原有利用价值或者虽未丧失利用价值但被抛弃或者放弃的固态、半固态和置于容器中的气态的物品、物质,以及法律、行政法规规定纳入固体废物管理的物品、物质。

[来源:JT/T 787—2010,3.4]

3.2

危险废物 hazardous waste

列入国家危险废物名录或者根据国家规定的危险废物鉴别标准和鉴别方法认定的具有危险特性的废物。

[来源:GB 18597—2001,3.1]

3.3

含油污水 oily wastewater

船舶运营中产生的含有原油、燃油、润滑油和其他各种石油产品及其残余物的污水,包括机器处所油污水和含货油残余物的油污水。

[来源:GB 3552—2018,3.6]

3.4

生产污水 production sewage

水产品在装卸、交易、加工及储存等过程中产生的污水。

3.5

可绿化面积 available greenable area

渔港陆域除生产和辅助生产设施、建筑、道路、场地外的适宜绿化区域的面积。

4 一般要求

4.1 渔港应根据建设规模及性质,具体落实环境影响报告书(表)及其审批意见中提出的各项渔港污染防治设施设备配备要求,并充分利用所在区域的公共环保设施。

4.2 渔港应根据其污水、固体废物的来源、种类及排放状况配备必要的回收及处理系统,并处于有效的运行状态。

4.3 渔港管理维护单位应按相关规定自行处理渔港污染物,或委托有资质及处置能力的单位对渔港污染物进行处理。

4.4 渔港应从源头控制和消减污染,应采用绿色低碳、节能环保的生产工艺流程和设备。防污染设施设备应选择技术先进、节能高效、使用方便的产品,并符合相关标准所规定的指标要求。

4.5 渔港码头应配备相应的污染防治设施设备。

4.6 渔港水域配备防污染设施设备应包含相应的配套辅助设备,包括清污船、收污船的配套岸基设备、围油栏的附件和垃圾起吊装置等。

4.7 防污染设施设备应妥为存放和维护,存放在具有良好的通风、散热、防潮、隔热等功能的场所内,保持良好可用状态。

4.8 固体废物储存应使用规定的容器并采取防风、防雨、防渗、防漏措施,属于危险废物的应符合 GB 18597 的有关规定。

5 水域污染防治设施设备

5.1 二级及以上等级渔港配备清污船和收污船应符合表 1 的要求,也可只配备 1 艘同时具备清污和收污功能的船舶。二级以下等级渔港可根据实际需要选择配备,并满足渔港污染防治要求。

表 1 渔港水域污染防治设施设备配备要求

设施设备名称		配备要求		
		中心渔港	一级渔港	二级渔港
清污船	数量,艘	1		
	有效舱容,m³	≥1.0	≥0.8	≥0.5
收污船	数量,艘	1		
	有效舱容,m³	≥8	≥6	≥3

5.2 清污船、收污船宜采用电力推进装置,有条件的渔港宜采用自动化、智能化技术装备。

6 陆域污染防治设施设备

6.1 二级及以上等级渔港陆域污染防治设施设备配备应符合表 2 的要求,二级以下等级渔港可根据实际需要选择配备,并满足渔港污染防治要求。

表 2 渔港陆域污染防治设施设备配备要求

设施设备名称		配备要求		
		中心渔港	一级渔港	二级渔港
卸鱼码头固定式水力冲洗设备(数量),套		每 300 m² 配备 1 套		
码头污水收集沟、池		配备		
含油污水专用收集桶或含油污水储存池		配备		
油水分离装置	数量,套	1		
	处理能力,m³/h	4	3	1
污水处理站(处理能力),t/d		≥70	≥50	≥30
码头作业区分类垃圾箱或垃圾桶(设置间距),m		≤100		
码头作业区废弃渔具回收箱(设置间距),m		≤100		
垃圾清扫车(数量),辆		1		
垃圾转运车(数量),辆		1		
固废收集站(点)		配备		
物资储备库		配备		

表 2（续）

设施设备名称		配备要求		
		中心渔港	一级渔港	二级渔港
公厕	数量，座	≥1	≥1	≥1
	固定式公厕建筑面积，m²	≥70	≥50	≥30
绿化面积（占渔港可绿化面积比例），%		≥85		
渔港污染防治宣传设施		配备		

6.2 卸鱼码头配备固定式或移动式水力冲洗设备，设置污水收集沟、池，露天交易的中心渔港、一级渔港宜修建卸鱼棚。

6.3 渔港应设置含油污水收集点，配备含油污水专用收集桶或建造含油污水储存池，应配备油水分离装置，对含油污水进行分离，满足污水排放水质要求后，排入市政生活污水管道，分离后的残油由具备相应处理资质的专业机构进行处置。

6.4 渔港生产污水、生活污水应优先考虑纳入市政污水处理系统，渔港加工过程产生的生产污水经处理后水质应满足市政污水处理系统相应的纳入水质标准。港外无接收系统时，港区内应配套处理能力与污水日产生量相当的污水处理站及污水分流收集管网，污水处理标准为达标直排入海标准。

6.5 固体废物应分类收集处置，并纳入所在地市政固体废物接收处置系统。

6.6 渔港应配备分类垃圾桶或垃圾箱、废弃渔具回收箱、垃圾清扫车、垃圾转运车。

6.7 无法实现垃圾 24 h 内清运的渔港应配套固废收集站（点），属于危险废物的应配备危险废物暂存间，危险废物暂存间外悬挂危险废物警告标志牌及危险废物标签。

6.8 渔港应配备污染防治物资储备库。

6.9 港区范围内宜配套固定式公共厕所，受环境条件限制、作为短期应急措施时，可配套移动式环保公厕，并正常运行。厕所以及厕位数量应满足港区作业人员的需要，厕位数量不应低于 CJJ 14—2016 第 4 章的相关要求。

6.10 渔港陆域应根据条件进行绿化，绿化面积不应小于可绿化面积的 85%，宜种植适宜地区气候，具备较强空气净化能力的乔木、灌木或花卉。

6.11 在渔港主干道沿线或者显著位置，设置永久性渔港污染防治宣传设施。

7 溢油应急设施设备

渔港溢油应急设施设备配备应符合表 3 的要求。

表 3　渔港溢油应急设施设备配备要求

设施设备名称	配备要求		
	中心渔港	一级渔港	二级及以下渔港
溢油分散剂喷洒装置（数量），套	1		可根据需要选择配备
溢油智能监测报警系统（数量），套	1		
围油栏（应急型），m	围油栏长度不低于设计最大船型船长的 3 倍		
吸油毡（数量），t	≥0.2		
收油机（总能力），m³/h	≥1		
油拖网（数量），套	1		

8 管理要求

渔港污染防治管理至少应符合以下要求：

a) 配备专职的污染防治人员或委托专业化公司负责港区污染防治工作；

b) 含油污水处理应做好记录工作，委托处理时，应建立含油污水交接记录及转运联单；

c) 及时处理遗留在码头面的废弃渔具、网具等；

d) 及时检查水产品运输车辆加盖密封情况，禁止不合格运输车辆进场作业，对虾壳、蟹壳、鱼内脏等

下脚料宜进行台账登记,加强管理;

e) 定期对渔港污染防治设施设备进行维护和保养,确保正常使用;

f) 制定渔港污染防治应急预案,定期开展应急培训和应急演练等工作。

参 考 文 献

[1]　GB 3552—2018　船舶水污染物排放控制标准

[2]　GB 18597—2001　危险废物贮存污染控制标准

[3]　JT/T 787—2010　船舶修造和拆解单位防污染设施设备配备及操作要求

———————————

ICS 65.150
CCS B 50

中华人民共和国水产行业标准

SC/T 7015—2022
代替 SC/T 7015—2011

病死水生动物及病害水生动物产品
无害化处理规范

Specification of biosafety treatment for died and diseased aquatic
animals and the related products

2022-11-11 发布
2023-03-01 实施

中华人民共和国农业农村部 发布

前　言

本文件按照 GB/T 1.1—2020《标准化工作导则　第 1 部分:标准化文件的结构和起草规则》的规定起草。

本文件代替 SC/T 7015—2011《染疫水生动物无害化处理规程》。与 SC/T 7015—2011 相比,除结构调整和编辑性改动外,主要技术变化如下:

a)　无害化处理方法增加了化尸池法、化学处理法(见 4.5.5、4.5.6);

b)　增加了收集、包装、暂存和转运(见 4.1、4.2、4.3、4.4);

c)　增加了方法选择(见 4.5.1);

d)　增加了选址要求(见 4.5.3.1、4.5.5.1);

e)　增加了技术工艺和操作注意事项(见 4.5.2.1、4.5.2.2、4.5.3.2、4.5.3.3、4.5.4.1、4.5.4.2、4.5.5.2、4.5.5.3、4.5.6.1.1、4.5.6.1.2、4.5.6.2.1、4.5.6.2.2);

f)　增加了人员和消毒(见第 7 章)。

请注意本文件的某些内容可能涉及专利。本文件的发布机构不承担识别专利的责任。

本文件由农业农村部渔业渔政管理局提出。

本文件由全国水产标准化技术委员会(SAC/TC 156)归口。

本文件起草单位:全国水产技术推广总站、江苏省渔业技术推广中心、北京市水产技术推广站。

本文件主要起草人:李清、赵娟、刘忠松、梁艳、陈辉、袁锐、吴亚锋、王姝、倪金俤、余卫忠、王晶晶、蔡晨旭、邵轶智。

本文件及其所代替文件的历次版本发布情况为:

——2011 年首次发布为 SC/T 7015—2011;

——本次为第一次修订。

病死水生动物及病害水生动物产品无害化处理规范

1 范围

本文件界定了水生动物无害化处理相关的术语和定义;规定了无害化处理,水体及周围环境处理,使用工具及包装处理,以及人员和消毒的要求;描述了上述各环节记录的内容。

本文件适用于国家规定的病死水生动物、病害水生动物产品、依法扑杀的染疫水生动物,及其他需要进行无害化处理的水生动物及其产品。

2 规范性引用文件

下列文件中的内容通过文中的规范性引用而构成本文件必不可少的条款。其中,注日期的引用文件,仅该日期对应的版本适用于本文件;不注日期的引用文件,其最新版本(包括所有的修改单)适用于本文件。

GB 5085.3 危险废物鉴别标准

GB 8978 污水综合排放标准

GB 16297 大气污染物综合排放标准

GB 18484 危险废物焚烧污染控制标准

GB 18597 危险废物贮存污染控制标准

GB 19217 医疗废物转运车技术要求(试行)

SC/T 7011 水生动物疾病术语与命名规则

3 术语和定义

SC/T 7011 界定的以及下列术语和定义适用于本文件。

3.1

染疫水生动物 diseased aquatic animal

感染农业农村主管部门制定并公布的病种名录中一类、二类水生动物疫病病原体,或感染三类水生动物疫病病原体并呈现临床症状的水生动物。

3.2

病死水生动物 died aquatic animal of illness

染疫死亡、因病死亡、死因不明或者经检验检疫可能危害人体或者动物健康的死亡水生动物。

3.3

病害水生动物产品 diseased aquatic animal product

来源于病死水生动物的产品,或者经检验检疫可能危害人体或者动物健康的水生动物产品。

3.4

无害化处理 biosafety treatment

用物理、化学等方法处理病死水生动物、病害水生动物产品,消灭其所携带的病原体,消除疫病扩散危害的过程。

3.5

高温法 high temperature method

在常压或加压条件下,利用高温处理病死水生动物、病害水生动物产品使其变性的方法。

3.6

深埋法 deep burial

按照相关规定,将病死水生动物、病害水生动物产品投入深坑中并用生石灰等消毒,用土层覆盖,使其发酵或分解的方法。

3.7

焚烧法　incineration

在焚烧容器内,将病死水生动物、病害水生动物产品在高温(≥850 ℃)条件下热解,使其生成无机物的方法。

3.8

化尸池法　decomposing corpse pool

采用顶部设置投放口的水泥池等密封容器,将病死水生动物、病害水生动物产品投入,应用发酵、消毒等处理使其分解的方法。

3.9

化学处理法　chemical treatment

在密闭的容器内,将病死水生动物、病害水生动物产品用甲酸或氢氧化钠(氢氧化钾)在一定条件下进行分解的方法。

4　无害化处理

4.1　收集

收集病死水生动物、病害水生动物产品、依法扑杀的染疫水生动物等无害化处理对象,并称重。

4.2　包装

4.2.1　包装材料应符合密闭、防水、防渗、防破损、耐腐蚀等要求。

4.2.2　包装材料的容积、尺寸和数量应与处理对象的体积、数量相匹配。

4.2.3　包装后应进行密封。

4.2.4　使用后的包装物应定点收集,一次性包装材料应做无害化销毁处理,可循环使用的包装材料应进行清洗消毒(见第 6 章)。

4.3　暂存

4.3.1　暂存点应有独立封闭的储存空间、冷藏或冷冻设施设备、消毒设施设备,储存区域防渗、防漏、防鼠、防盗,易于清洗和消毒。

4.3.2　应配备专门人员负责暂存点管理、运行、消毒等工作,做好工作记录。

4.3.3　暂存点应设置明显警示标识。

4.3.4　应采用冷冻或冷藏方式进行暂存,防止无害化处理前处理对象腐败。

4.3.5　暂存点及周边环境应每天进行清洗消毒(见第 5 章)。

4.4　转运

4.4.1　可选择符合 GB 19217 条件的车辆或专用封闭厢式运载车辆。车厢四壁及底部应使用耐腐蚀材料,并采取防水、防渗措施。也可采用封闭式运输车。跨县级以上行政区域运输的,应当具有冷藏功能。运输车辆的标识参照病死动物和病害动物产品的无害化处理相关规定。

4.4.2　应随车配备防护服、手套、口罩、消毒液等应急防疫用品。

4.4.3　车辆驶离暂存、养殖等场所前,应对车轮、车厢外部及作业环境进行消毒。卸载后,转运车辆及相关工具等应进行彻底清洗消毒(见第 6 章)。

4.5　处理

4.5.1　方法选择

4.5.1.1　少量病死水生动物、病害水生动物产品,可采用高温法进行无害化处理。

4.5.1.2　疫情暴发等原因产生的大量病死水生动物、病害水生动物产品,需要集中处理时,可由县级以上地方人民政府根据当地具体情况和实际条件,组织有关部门和单位采用以下方法:

　a)　深埋法;

b) 焚烧法;

c) 化尸池法;

d) 化学处理法。

4.5.2 高温法

4.5.2.1 技术工艺

高温法的技术工艺如下:

a) 可视情况对处理对象进行破碎等预处理,处理物或破碎物体积(长×宽×高)≤125 cm³(5 cm× 5 cm×5 cm);

b) 将待处理对象或破碎产物放入普通锅内煮沸 1 h(从水沸腾时算起);

c) 或将待处理对象或破碎产物放入密闭高压锅内,在 112 kPa 压力下蒸煮 30 min。

4.5.2.2 操作注意事项

操作中应注意如下事项:

a) 捕捞、盛放待处理对象的器具均应进行消毒处理;

b) 产生的废水应经污水处理系统处理,达到 GB 8978 的要求。

4.5.3 深埋法

4.5.3.1 选址要求

4.5.3.1.1 掩埋地区应符合国家规定的动物防疫条件,远离居民生活区、生活饮用水水源地、学校、医院等公共场所。

4.5.3.1.2 掩埋地区应与水生动物养殖场所、饮用水源地、河流等地区有效隔离。

4.5.3.2 技术工艺

深埋法的技术工艺如下:

a) 深埋坑体容积以处理水生动物尸体及其产品数量确定;

b) 深埋坑底应高出地下水位 1.5 m 以上,要防渗、防漏;

c) 坑底洒一层厚度为 2 cm～5 cm 的生石灰或漂白粉等消毒药;

d) 将处理对象分层放入,每层 15 cm～20 cm,每层加生石灰覆盖,生石灰重量应大于待处理物重量;

e) 坑顶部最上层距离地表 1.0 m 以上,用土填埋,应注意填土不要太实,以免尸腐产气、产液导致溢出或渗漏。

4.5.3.3 操作注意事项

深埋后,在深埋处设置醒目的警示标识。同时,立即用漂白粉等含氯制剂、生石灰等消毒剂对深埋场所进行彻底消毒。每周消毒 1 次,连续消毒 3 周以上。

4.5.4 焚烧法

4.5.4.1 技术工艺

焚烧法的技术工艺如下:

a) 将处理对象或破碎产物投至焚烧炉本体燃烧室,经充分氧化、热解,产生的高温烟气进入二次燃烧室继续燃烧,产生的炉渣经出渣机排出;

b) 燃烧室温度应≥850 ℃,燃烧所产生的烟气从最后的助燃空气喷射口或燃烧器出口到换热面或烟道冷风引射口之间的停留时间应≥2 s;

c) 二次燃烧室出口烟气经余热利用系统、烟气净化系统处理,达到 GB 16297 的要求后排放;

d) 焚烧炉渣与除尘设备收集的焚烧飞灰应分别收集、储存和运输。焚烧炉渣按一般固体废物处理或做资源化利用;焚烧飞灰和其他尾气净化装置收集的固体废物需按 GB 5085.3 的要求做危险废物鉴定,如属于危险废物,则按 GB 18484 和 GB 18597 的要求处理。

4.5.4.2 操作注意事项

操作中应注意如下事项:

a) 严格控制焚烧进料频率和重量,使处理对象能够充分与空气接触,保证完全燃烧;

b) 燃烧室内应保持负压状态,避免焚烧过程中发生烟气泄露;

c) 二次燃烧室顶部设紧急排放烟囱,在应急时开启。

4.5.5 化尸池法

4.5.5.1 选址要求

4.5.5.1.1 化尸池应符合国家规定的动物防疫条件,远离居民生活区、生活饮用水水源地、学校、医院等公共场所。

4.5.5.1.2 化尸池应与水生动物养殖场所、饮用水源地、河流等地区有效隔离。

4.5.5.2 技术工艺

4.5.5.2.1 将待处理对象逐一从投放口投入化尸池,有塑料袋等外包装物的,应先去除包装物后投放,投放完毕后,投放消毒剂,关紧投放口门并上锁。拆下的外包装应按4.2.4的规定处理。

4.5.5.2.2 选用下列之一的方法投放消毒剂:

a) 按处理对象重量的5%～8%投放生石灰;

b) 按处理对象重量的1%撒布漂白粉干剂;

c) 按处理对象重量的8%投放氯制剂稀释液,按1:(200～500)比例稀释,或按处理对象重量的0.5%撒布氯制剂干剂;

d) 按处理对象重量的8%投放稀释液氧化剂,按1%～2%浓度稀释;

e) 按处理对象重量的8%投放季铵盐稀释液,按1:500比例稀释。

4.5.5.2.3 当处理对象投放累加高度距离投放口下沿0.5 m时,处理池满载,应予封闭停用。发酵期应达到3个月～12个月。

4.5.5.2.4 消毒后取部分内容物进行实验培养、检验、接种动物试验,确认无菌、无病毒、无污染后,剩余部分如骨头等残渣进行焚烧、深埋处理。

4.5.5.3 操作注意事项

操作中应注意如下事项:

a) 化尸池内禁止投放强酸、强碱、高锰酸钾等高腐蚀性化学物质;

b) 化尸池由专人管理,投放口必须带锁,平时处于锁闭状态;

c) 化尸池周围应明确标出危险区域范围,设置安全隔离带及警示标识;

d) 化尸池建设时一定要密封严格;

e) 化尸池外表面及其处理场地每天至少消毒1次;

f) 处理水生动物的运输工具每装卸1次必须消毒。

4.5.6 化学处理法

4.5.6.1 甲酸分解法

4.5.6.1.1 技术工艺

甲酸分解法的技术工艺如下:

a) 可视情况对处理对象进行破碎等预处理,处理物或破碎物体积(长×宽×高)≤125 cm³(5 cm×5 cm×5 cm);

b) 将处理物或破碎产物投至耐酸的水解罐中,加入甲酸(pH≤4),根据处理物重量确定甲酸添加量,使甲酸的使用浓度达到4.5%;

c) 密闭水解罐,在pH≤4的条件下至少存储24 h,至处理物颗粒大小≤10 mm;

d) 加热使水解罐内温度升至85 ℃,反应时间≥25 min,至罐体内的处理物完全分解为液态;

e) 应使用合理的污水处理系统,对液态水解物进行处理,有效去除有机物、氨氮,达到GB 8978的要求后排放。

4.5.6.1.2 操作注意事项

操作中应注意如下事项:

a) 处理中使用的甲酸应按国家危险化学品安全管理等有关规定执行,操作人员应做好个人防护;

b) 水解过程中要先将水加入耐酸的水解罐中,然后加入浓甲酸;

c) 控制处理物总体积不得超过容器容量的70%。

4.5.6.2 碱水解法

4.5.6.2.1 技术工艺

碱水解法的技术工艺如下:

a) 可视情况对处理对象进行破碎等预处理,处理物或破碎物体积(长×宽×高)≤125 cm³(5 cm× 5 cm×5 cm);

b) 将处理物或破碎产物投至合金钢水解罐中,按(2.2~2.3)∶1的比例加入氢氧化钠(或氢氧化钾),再按处理物体积的1.5倍加入水,至反应罐体内的碱溶液浓度达到1.5 mol/L~1.6 mol/L;

c) 加热使水解罐内升至150 ℃~180 ℃,反应时间3 h~6 h,至罐体内的处理物完全分解为液态;

d) 应使用合理的污水处理系统,对液态水解物进行处理,有效去除有机物、氨氮,达到GB 8978的要求后排放。

4.5.6.2.2 操作注意事项

操作中应注意如下事项:

a) 处理中使用的氢氧化钠(或氢氧化钾)应按国家危险化学品安全管理等有关规定执行,操作人员应做好个人防护;

b) 水解过程中要先将水加入耐碱的水解罐中,然后加入氢氧化钠(或氢氧化钾);

c) 控制处理物总体积不得超过容器容量的70%。

5 水体及周围环境处理

5.1 水体经消毒剂消毒后抽干,对养殖池塘用生石灰(2 250 kg/hm²)消毒、暴晒,并对后续养殖的水生动物进行连续2年的疫病监测。

5.2 对病死动物养殖池塘附近的池埂、道路用浓度为500 mg/L的漂白粉(含有效氯25%)溶液进行喷洒消毒。

6 使用工具及包装处理

对运输工具用浓度为500 mg/L的漂白粉(含有效氯25%)溶液进行喷洒消毒;对捕捞工具及包装用有效氯含量≥200 mg/L的消毒剂进行浸泡。

7 人员和消毒

7.1 染疫或病死水生动物和相关产品的收集、暂存、转运、无害化处理操作的工作人员应经过专门培训,并掌握相应的水生动物防疫知识。

7.2 所有人员在进入疫区前,均应穿戴防护装备(如口罩、外套、手套、靴子、围裙等),在离开前进行消毒处理。

7.3 靴子和鞋底的消毒:有效浓度为200 mg/L~250 mg/L的聚维酮碘浸泡或有效氯为200 mg/L的氯制剂浸泡25 min。

7.4 手的消毒:清洁后直接喷洒70%酒精溶液消毒,或在佩戴无菌乳胶手套后再喷洒70%酒精溶液消毒乳胶手套表面。

7.5 工作完毕,一次性防护用品应做销毁处理,可循环使用的防护用品应进行消毒清洗。

8 记录

对全程无害化处理过程进行记录,记录表见附录A。

附　录　A
（资料性）
无害化处理记录表

表 A.1 给出了无害化处理过程记录内容。

表 A.1　无害化处理记录表

养殖场名称：　　　　　　　　　　　塘口编号：　　　　　　　　　　　　　No.

处理水生动物	品种		规格 cm	
	数量/重量 尾/kg		养殖面积 hm²	
	处理方法			
污染水体	水深 m		水体 m³	
	消毒剂种类		消毒剂数量	
	第一次消毒时间		消毒方法	
	第二次消毒时间		消毒方法	
周围环境	消毒剂种类		消毒剂数量	
	第一次消毒时间		消毒方法	
	第二次消毒时间		消毒方法	
使用工具	工具名称			
	消毒剂种类			
	浸泡时间			
	销毁与否		是□　　　　否□	
	工具名称			
	消毒剂种类			
	浸泡时间			
	销毁与否		是□　　　　否□	
人员消毒	防护物品名称			
	消毒时间		消毒方法	
	销毁与否		是□　　　　否□	
	防护物品名称			
	消毒时间		消毒方法	
	销毁与否		是□　　　　否□	
备注				
实施人		记录人		

日期：　　年　月　日

ICS 65.150
CCS B 50

中华人民共和国水产行业标准

SC/T 7018—2022
代替 SC/T 7018.1—2012

水生动物疫病流行病学调查规范

Specification for the epidemiological survey of aquatic animal diseases

2022-11-11 发布

2023-03-01 实施

中华人民共和国农业农村部 发布

前　　言

本文件按照 GB/T 1.1—2020《标准化工作导则　第 1 部分:标准化文件的结构和起草规则》的规定起草。

本文件代替 SC/T 7018.1—2012《水生动物疫病流行病学调查规范　第 1 部分:鲤春病毒血症(SVC)》。根据行业需要,对结构和内容相应进行了修改,并将标准名称修改为《水生动物疫病流行病学调查规范》。

请注意本文件的某些内容可能涉及专利。本文件的发布机构不承担识别专利的责任。

本文件由农业农村部渔业渔政管理局提出。

本文件由全国水产标准化技术委员会(SAC/TC 156)归口。

本文件起草单位:全国水产技术推广总站、中国水产科学研究院珠江水产研究所、福建省农业科学院生物技术研究所、中国水产科学研究院黄海水产研究所、江苏省渔业技术推广中心。

本文件主要起草人:李清、余卫忠、龚晖、梁艳、曾伟伟、竹攸汀、蔡晨旭、杨冰、王庆、陈辉、刘忠松。

本文件及其所代替文件的历次版本发布情况为:

——SC/T 7018.1—2012。

水生动物疫病流行病学调查规范

1 范围

本文件规定了水生动物疫病流行病学启动调查条件、调查方式和内容、调查结果分析和调查报告撰写要求,描述了各调查方式需记录的内容。

本文件适用于发生水生动物疫情时开展的流行病学调查。

2 规范性引用文件

下列文件中的内容通过文中的规范性引用而构成本文件必不可少的条款。其中,注日期的引用文件,仅该日期对应的版本适用于本文件;不注日期的引用文件,其最新版本(包括所有的修改单)适用于本文件。

SC/T 7011.1 水生动物疾病术语与命名规则 第1部分:水生动物疾病术语

SC/T 7103 水生动物产地检疫采样技术规范

3 术语和定义

SC/T 7011.1界定的术语和定义适用于本文件。

3.1

病因 cause of disease

引起疾病主要因素的简称,包括病原性因素(病原体)及非病原性因素。

[来源:SC/T 7011.1—2021,3.2.1.2]

3.2

疫情 epidemic situation

疫病发生、发展的情况。

3.3

疫点 infected site

发生或疑似发生疫情的养殖场。

3.4

疫区 infected zone

根据防控要求划定,从疫点至某一自然或人工屏障、相对隔离、具有阻断疫病传播功能的一定水域。

3.5

流行病学调查 epidemiological survey

通过询问、问卷填写、现场查看、检测等多种手段,全面系统地收集与疫情有关的资料和数据,并进行综合分析,得出合乎逻辑的病因结论或病因假设的线索,提出疫病防控策略和措施建议的行为。

4 启动调查条件

怀疑或确认发生以下任意一种情况时,县级以上具有水生动物疫病预防与控制职能的机构应及时启动流行病学调查工作:

a) 列入省级以上水生动物疫病监测计划的养殖场检出监测疫病病原阳性;

b) 较短时间内出现较大数量水生动物发病或死亡;

c) 其他需要开展流行病学调查的情况。

5 调查方式和内容

5.1 初始调查

5.1.1 目的

核实发病情况,初步判断是否发生某种疑似水生动物疫病以及发生水生动物疫病的类型,并提出对疫病的初步控制措施,为后续确诊和现场调查提供依据。如果为非病原性因素导致的,则提出相应的处理建议。

5.1.2 实施主体

所在地县级以上具有水生动物疫病预防与控制职能的机构接到养殖场怀疑染疫的报告后,应立即指派专业技术人员赶赴现场,核实发病情况。

5.1.3 调查内容

调查养殖场的养殖模式、发病个体、发病状况以及经济损失等方面情况,按照附录 A 中表 A.1 的要求填写初始调查表,并初步判断发生水生动物病害的类型,必要时提出对疫病的初步控制措施。

若不能排除发生重要水生动物疫病,所在地县级以上具有水生动物疫病预防职能的机构应进一步组织相关专业技术人员进行后续现场调查、采样、诊断和疫情扑灭工作。

5.2 现场调查

5.2.1 目的

初始调查怀疑发生某种水生动物疫病时,对发病养殖场进行现场调查,了解养殖场的基本情况、发病特征,分析发病原因、影响疫病控制和扑灭的环境因素,采集和检测病原,并根据调查结果和防控要求制订病情控制的技术方案和疫区划定建议。

5.2.2 实施主体

县级以上具有水生动物疫病预防与控制职能的机构组织相关专业技术人员赶赴发病现场,作进一步诊断和调查。

5.2.3 调查内容

调查疫点的养殖用水来源、水系特点、养殖尾水排向、水质管理、投入品使用、气候状况、发病过程、临床表现、治疗和无害化处理等情况,检查发病水生动物个体和群体状况,根据发病水生动物的临床症状和流行特点,对疫病作出进一步诊断,并按照附录 B 中表 B.1 的要求填写现场调查表。现场发病样品的采集、包装和运输,以及送相关实验室后的致病病原检测按照 SC/T 7103 及相关诊断和病原检测标准实施。

5.3 跟踪调查

5.3.1 目的

确定水生动物疫病后,对疫区内易感水生动物发病情况、疫病传播范围、可能来源以及相关风险进行跟踪调查和评估,为阻止疫情进一步蔓延和可能出现的危害提供预警和风险评估。

5.3.2 实施主体

县级以上具有水生动物疫病预防与控制职能的机构组织有关机构和专业技术人员,对疫区发病情况、疫病可能来源、传播范围以及相关的风险进行评估。

5.3.3 调查内容

5.3.3.1 疫区调查

对疫区内易感水生动物的养殖情况、历史疫情、处置情况和自然条件进行调查,判断疫病可能来源及对周边养殖场和水生野生动物的威胁,并按附录 C 中表 C.1 的要求填写疫区调查表。

5.3.3.2 追踪调查

调查疫点首例病例出现前一个潜伏期至封锁之日内流出的易感水生动物及产品、车辆和有关人员等,以及受威胁区水生动物的疫情发生情况,并按表 C.2～表 C.4 中的要求填写追踪调查表。通过调查确定疫病扩散范围。

5.3.3.3 溯源调查

调查疫点首例病例出现前一个潜伏期内与发病疫点水生动物群体接触的易感水生动物及产品、水源、车辆和有关人员等,按表 C.5 中的要求填写溯源调查表。通过调查确定疫病来源。

6 调查结果分析

6.1 疫病成因分析

根据调查情况分析疫病流行成因。

6.2 核实诊断

6.2.1 从流行病学角度判断、核实疫病发生的时间、地点和发病种群是否与假设病因的一般规律相符。

6.2.2 根据临床症状和实验室检测结果核实诊断,确定疫病。

6.2.3 必要时开展分子流行病学调查,追踪病原变异情况。

6.3 防控建议

针对疫情暴发的原因,提出防控措施和建议。

7 调查报告

7.1 初始调查、现场调查、跟踪调查、调查结果分析后,调查人员应及时形成书面调查报告。

7.2 原始材料应做好标识、检索和保存。

7.3 调查报告内容应至少包括:
- a) 疫点及疫情暴发的基本情况;
- b) 疫病的发生过程;
- c) 病原检测及诊断结果;
- d) 疫情暴发原因及风险评估;
- e) 防控措施和建议。

附 录 A
（规范性）
水生动物疫病流行病学调查初始调查表

表 A.1 规定了水生动物疫病流行病学调查初始调查表的填写内容和要求。

表 A.1 水生动物疫病流行病学调查初始调查表

任务编号：　　　　　　　　　　　　　　　　　　　　　　　　调查日期：　　　年　　　月　　　日

调查单位		地址	
调查人		联系方式	
被调查单位		地址	
被调查人姓名		联系方式	
被调查单位负责人姓名		联系方式	
养殖品种、数量及规格			
发病品种、数量及规格			
养殖方式和模式	□工厂化循环水养殖　　□流水养殖　　□池塘养殖-水泥池　　□池塘养殖-土池　　□稻田养殖 □网箱养殖　　□滩涂养殖　　□底播养殖　　□单养　　□混养 　其他：＿＿＿＿＿＿＿＿＿＿＿＿＿＿＿＿＿＿＿＿＿＿＿＿＿＿＿＿		
发病情况	每日死亡数：＿＿＿＿＿＿＿＿＿＿＿；　　死亡总数：＿＿＿＿＿＿＿＿＿＿＿； 发病面积：＿＿＿＿＿＿＿＿＿＿＿ 典型症状： 发病过程：		
经济损失情况	＿＿＿＿＿＿＿＿＿＿＿＿＿＿＿＿＿＿＿＿＿＿＿＿＿万元		
初始结论			
记录人签字：　　　　　审核人签字：　　　　　　　　单位盖章：			

附　录　B
（规范性）
水生动物疫病流行病学调查现场调查表

表 B.1 规定了水生动物疫病流行病学调查现场调查表的填写内容和要求。

表 B.1　水生动物疫病流行病学调查现场调查表

任务编号：　　　　　　　　　　　　　　　　　　　　调查日期：　　年　　月　　日

调查单位		地址	
调查人		联系方式	
被调查单位		地址	
被调查人姓名		联系方式	
被调查单位负责人姓名		联系方式	
疫点基本情况	水系特点	□封闭水系　□开放水系 其他：_____	
	养殖用水来源	□河水　□水库　□湖水　□山泉水　□地下水　□海水,盐度_____ 其他：_____	
	养殖尾水排向	□河流　□水库　□天然湖泊　□农田　□海区　□污水氧化塘 是否经过消毒处理:□否　□是,处理方式:_____ _____	
	水质管理	处理方式:□增氧机　□换水　□其他_____ _____ 增氧时间:_____ h/d;换水频率:_____次/d 每次换水量（比例）:_____	
	投喂管理	饲料种类:□人工配合饲料　□浮游动物　□底栖动物　□浮游植物　□水生高等植物 □陆生植物　□其他 饲料来源:_____ 投喂频次:_____次/d 投喂量:_____kg/d	
发病情况	发病期间气候状况	天气状况:_____ 发病期间水温:_____℃至_____℃ 其他:_____ _____ _____	
	发病过程	养殖面积:_____;养殖密度:_____ 发病率:_____%;死亡率:_____% 最初发病时间:_____;开始死亡时间:_____ 病程:_____ _____ 其他:_____	
	临床表现	群体状况:_____ 主要临床症状:_____ 解剖和病理变化:_____	

表 B.1 （续）

发病情况	采样/送检情况	采集样品类型：_____ 样品数量：_____尾（份）；保藏方式：_____ 检测结果：_____ _____
发病后处理情况	治疗情况	使用药物：_____ 使用方式：_____ 其他防治措施：_____ _____ 治疗效果：□疗效较好　□有一定疗效　□没有明显疗效　□病情加重 其他：_____
	消毒/无害化处理方式	消毒、污物处理的设施设备：_____ 　养殖场：消毒剂：_____；消毒方式：_____ 　运载工具：消毒剂：_____；消毒方式：_____ 　渔具共用：□否 □是：_____ 　渔具消毒：消毒剂：_____；消毒方式：_____ _____ 无害化处理方式：□高温法 □深埋法 □焚烧法 □化尸池法 □化学处理法 □其他：_____
诊断结果		□确诊为_____病；确诊方法：_____ 确诊单位：_____ □疑似_____病，需进一步确诊 □无法确诊，理由：_____ _____ _____

记录人签字：　　　　　　　审核人签字：　　　　　　　单位盖章：

附　录　C
（规范性）
水生动物疫病流行病学调查跟踪调表

C.1　疫区调查

表 C.1 规定了水生动物疫病流行病学调查疫区调查表的填写内容和要求。

表 C.1　水生动物疫病流行病学调查疫区调查表

任务编号：　　　　　　　　　　　　　　　　　　　　　　　调查日期：　　年　　月　　日

调查单位		地址	
调查人		联系方式	
被调查场名称		地址	
被调查人姓名		联系方式	
被调查单位负责人姓名		联系方式	
疫病的流行范围			
疫区内易感水生动物养殖情况	苗种及养殖场数量与分布情况：＿＿＿＿＿＿＿＿＿＿＿＿＿＿＿＿ ＿＿＿＿＿＿＿＿＿＿＿＿＿＿＿＿＿＿＿＿＿＿＿＿＿＿＿ 历史产量和产值：＿＿＿＿＿＿＿＿＿＿＿＿＿＿＿＿＿＿＿＿ 产品流通情况：＿＿＿＿＿＿＿＿＿＿＿＿＿＿＿＿＿＿＿＿＿ ＿＿＿＿＿＿＿＿＿＿＿＿＿＿＿＿＿＿＿＿＿＿＿＿＿＿＿		
疫区的历史疫情和处置情况	近3年内是否曾出现过相关历史疫病：□否 □是：＿＿＿＿＿＿＿ ＿＿＿＿＿＿＿＿＿＿＿＿＿＿＿＿＿＿＿＿＿＿＿＿＿＿＿ 历史疫点与现疫点是否有直接传播的情况：□否 □是：＿＿＿＿＿ ＿＿＿＿＿＿＿＿＿＿＿＿＿＿＿＿＿＿＿＿＿＿＿＿＿＿＿ 历史疫病的病死及病害动物是否进行了无害化处理：□否 □是：＿＿ ＿＿＿＿＿＿＿＿＿＿＿＿＿＿＿＿＿＿＿＿＿＿＿＿＿＿＿		
疫区自然条件	地理区域（可附图）：＿＿＿＿＿＿＿＿＿＿＿＿＿＿＿＿＿＿＿ 水文和气候特点：＿＿＿＿＿＿＿＿＿＿＿＿＿＿＿＿＿＿＿＿＿ 易感野生水生动物种类及分布：＿＿＿＿＿＿＿＿＿＿＿＿＿＿＿		
其他补充			

C.2　追踪调查

水生动物疫病流行病学调查追踪调查表的填写内容和要求见表 C.2～表 C.4。

表 C.2　出现首例病例前（　　）天疫点内水生动物及产品流向

离场日期	产品和数量	运输方式	目的地/电话	承运人姓名/电话

表 C.3 受威胁区水生动物及产品到达后发病情况

受威胁养殖场发生类似疫病情况	受威胁养殖场有无发生类似疫病：□无　□有_____ 发病水生动物种类：_____；发病时间：_____ 发病简要情况：_____ _____ _____ _____
受威胁养殖场周围易感水生动物发生类似疫病情况	周围有无易感水生动物发生类似疫病：□无　□有 发病水生动物种类：_____；发病时间：_____ 发病简要情况：_____ _____ _____ _____

表 C.4 受威胁区水生动物病原监测

标本类型	采样时间	检测项目	检测方法	结果

C.3 溯源调查

表 C.5 规定了水生动物疫病流行病学调查溯源调查表的填写内容和要求。

表 C.5 水生动物疫病流行病学调查溯源调查表

可能感染途径	引入水生动物/产品信息
易感水生动物引进情况	品种：_____ 规格：_____；数量：_____ 用途：_____ 来源地/联系方式：_____ 承运人姓名/联系方式：_____ 进入日期：_____
可能来源地发病情况	来源地养殖场有无类似疫病：□无　□有 发病水生动物种类：_____；发病时间：_____ 发病简要情况：_____ _____ _____ _____
投入品调入情况	种类及数量：_____ _____ 用途：_____ 来源地/联系方式：_____ 承运人姓名/联系方式：_____ 进入日期：_____

表 C.5 （续）

养殖水来源	是否可能养殖水导致：□否 □是，养殖水来源：_____ _____
野生动物进入 养殖系统	养殖系统是否有阻断周边野生动物进入的完备设施：□否 □是 养殖系统内是否出现过周边野生动物：□否 □是 出现的野生水生动物种类：_____ _____
一线生产人员 是否接触 可疑病原	□否 □是，接触方式：_____ _____ _____
记录人签字： 审核人签字： 单位盖章：	

参 考 文 献

[1] 黄保续．兽医流行病学[M]．北京：中国农业出版社，2010

———————————

ICS 65.150
CCS B 50

中华人民共和国水产行业标准

SC/T 7025—2022

鲤春病毒血症(SVC)监测技术规范

Technical specification of surveillance for spring viraemia of carp (SVC)

2022-11-11 发布　　　　　　　　　　　　2023-03-01 实施

中华人民共和国农业农村部 发布

前　　言

本文件按照 GB/T 1.1—2020《标准化工作导则　第 1 部分：标准化文件的结构和起草规则》的规定起草。

请注意本文件的某些内容可能涉及专利。本文件的发布机构不承担识别专利的责任。

本文件由农业农村部渔业渔政管理局提出。

本文件由全国水产标准化技术委员会（SAC/TC 156）归口。

本文件起草单位：全国水产技术推广总站、深圳市检验检疫科学研究院、深圳海关动植物检验检疫技术中心、深圳技术大学。

本文件主要起草人：于秀娟、刘荭、贾鹏、蔡晨旭、郑晓聪、李清、王津津、梁艳、余卫忠。

鲤春病毒血症(SVC)监测技术规范

1 范围

本文件界定了鲤春病毒血症(spring viraemia of carp,SVC)监测的术语和定义、缩略语,规定了 SVC 监测的通用要求,描述了相应的证实方法,给出了监测对象、监测点设置、采样、样品包装和运输、实验室检测和监测信息汇交等内容。

本文件适用于参与水生动物疫病监测计划的渔业主管部门、水生动物疫病预防控制机构、水生动物疫病检测机构等进行的 SVC 监测。

2 规范性引用文件

下列文件中的内容通过文中的规范性引用而构成本文件必不可少的条款。其中,注日期的引用文件,仅该日期对应的版本适用于本文件;不注日期的引用文件,其最新版本(包括所有的修改单)适用于本文件。

GB/T 15805.5 鲤春病毒血症诊断规程

GB/T 26544 水产品航空运输包装通用要求

SC/T 7011.1 水生动物疾病术语与命名规则 第1部分:水生动物疾病术语

SC/T 7011.2 水生动物疾病术语与命名规则 第2部分:水生动物疾病命名规则

SC/T 7015 病死水生动物及病害水生动物产品无害化处理规范

3 术语和定义

SC/T 7011.1、SC/T 7011.2 界定的以及下列术语和定义适用于本文件。

3.1

水生动物疫病监测计划 plan of aquatic animal disease surveillance

对水生动物疫病发生、流行等情况进行监测的工作任务,用以及时掌握我国重要水生动物疫病情况。国家级监测计划由农业农村部渔业主管部门制定,省级监测计划由省(自治区、直辖市)级渔业主管部门制定。

[来源:SC/T 7023—2021,3.1]

3.2

监测 surveillance

在一定范围内,针对某一特定水生动物群体,对于某种或多种疫病长期系统地观测,收集和分析疫病的动态分布和影响因素资料,跟踪疫病的发生、分布和变化趋势,并将信息及时上报和反馈,以便进一步开展调查研究,对疫病进行预警预报,提出有效防控对策和措施,从而达到防控疫病的目的。

[来源:SC/T 7023—2021,3.2]

3.3

监测点 surveillance spot

需要监测的独立的流行病学单元。

[来源:SC/T 7023—2021,3.3]

3.4

哨兵动物 sentinel animals

被监测群体价值昂贵而不得采用破坏性方法取样时,选择特定病原的易感物种作为哨兵动物。在特定区域对一个或多个已知健康和暴露状况的哨兵动物进行监测,判定该特定区域疾病流行情况。

4 缩略语

下列缩略语适用于本文件。

SVC:鲤春病毒血症(spring viraemia of carp)

SVCV:鲤春病毒血症病毒(spring viraemia of carp virus)

5 监测对象

鲤及其变种。优先采集鲤(*Cyprinus carpio*)、锦鲤(*Cyprinus carpio koi*)、金鱼(*Carassius auratus*)和鲫(*Carassius carassius*)等。

6 监测点设置

6.1 监测点应包含以下 SVCV 易感鱼类养殖场:

   a) 国家级原良种场、省级原良种场、遗传育种中心和引育种中心;

   b) 近 2 年内 SVC 监测结果呈阳性的养殖场;

   c) 疑似发生 SVC 的养殖场。

6.2 监测点还可选择自繁自养或引种能溯源的苗种场和养殖场。

7 采样

7.1 要求

7.1.1 通用要求

采样应符合生物安全要求,避免交叉污染;所采样品应具有代表性,确保样品质量和相关信息的可追溯性。

7.1.2 人员

采样人员应通过省级及以上水生动物疫病研究机构、预防控制机构(水产技术推广机构)等组织的采样技术培训,或具备采样必需的技术能力。

7.1.3 水温

最佳采样水温为 10 ℃～20 ℃。

7.1.4 规格

所有生长阶段均可采集。优先采集 1 龄以下或 250 g 以下鱼苗和幼鱼,亲鱼采集精液、卵巢液或鱼卵。

7.1.5 数量

7.1.5.1 有临床症状的鱼

采集濒死或具有临床症状的样品,每个监测点不少于 30 尾。有临床症状的亲鱼采集 3 尾～5 尾。

7.1.5.2 无临床症状的鱼

每个监测点随机采集 150 尾。鱼卵采集不少于 200 粒。

7.1.6 频次

符合 6.1 的监测点,每年采样 2 次,时间应间隔 1 个月以上。符合 6.2 的监测点,每年采样 1 次。

7.2 样品采集

7.2.1 准备

7.2.1.1 采样单位应提前与监测点及检测单位确定采样和送检时间,同时按附录 A 中 A.1 的要求填写《监测点备案表》。

7.2.1.2 按 A.2 的要求,确定采样人员、运载工具,准备采样工具、容器和《现场采样记录表》等。

7.2.2 采集

7.2.2.1 亲鱼养殖场

采集亲鱼精液、卵巢液或鱼卵。如养殖有哨兵动物,可直接采集哨兵动物进行检测。

7.2.2.2 育苗车间

按照 7.1.5 采样数量要求,样品来源应不少于 10 个育苗池(缸)。如果育苗池(缸)数量少于 10 个,则每个育苗池(缸)都要采集。

7.2.2.3 养殖场

按照 7.1.5 采样数量要求,样品来源不少于 10 个养殖单元(例如池塘)。若养殖单元数量少于 10 个,则每个养殖单元都要采集。

7.2.3 保存

7.2.3.1 活鱼样品

将活鱼样品以合适的密度置于活鱼运输袋中,加入原池水后充氧打包,24 h 内运达检测单位。

7.2.3.2 组织样品

若无法送活鱼或 24 h 内无法将活鱼送达检测实验室,可在就近符合样品前处理要求的实验室对活鱼进行解剖,采集其靶器官。以 15 尾鱼的组织为一个混合小样。在冰浴条件下,取脑、脾、肾、鱼卵等靶器官组织 1.5 g 以上或卵巢液、精液 1.5 mL 以上,置于 15 mL 离心管中,按 1∶5 比例(W/V)向离心管加入 M199 等细胞培养液(含 10% 胎牛血清或小牛血清、1 000 IU/mL 青霉素和 1 000 μg/mL 链霉素)。在离心管上标明样品编号和日期,置于 0 ℃～10 ℃ 的低温保存箱,48 h 内运达实验室。

7.3 采样记录

7.3.1 采样时,应留存标记有日期信息的影像资料,按 A.2 的要求填写《现场采样记录表》,相关人员签字确认采集样品的真实性和有效性。现场采样记录表一式三份,一份由监测点留存,一份由采样单位留存,一份随同样品转运至检测单位。

7.3.2 采样过程中,应记录采样水温、水体 pH、样品规格、样品品种、运输方式等。

7.3.3 采样后,应立即在盛装样品的容器或样品袋上贴标签,标签应符合 A.3 的要求,防止笔迹脱落或晕染。每件样品须标记清晰,注明被采样单位、样品编号、监测点名称、监测点备案编号、采样人和采样日期,并确保编号的唯一性。

8 样品包装和运输

8.1 通用要求

样本应独立包装,包装材料符合防水、防破损、耐低温的要求。样品不应出现泄露,样品间不应出现交叉污染。《现场采样记录表》用封口塑料袋封好后放置包装箱内。

8.2 包装

8.2.1 活鱼样品

应用专用活鱼运输袋充氧并打包,在包装袋外加冰袋或冷冻瓶装水等冷媒。装入泡沫箱后,再装入相应大小的纸箱中,用胶带密封纸箱。按 A.3 的要求在其表面粘贴标签,标明样品编号。

8.2.2 组织样品

将含有组织样品的离心管置于自封袋中,放入含有冰袋或冷冻瓶装水等冷媒的泡沫箱,再装入相应大小的纸箱。胶带封口后,按 A.3 的要求在其表面粘贴采样标签。

8.3 运输

活鱼样品 24 h 内运达指定检测单位;在 0 ℃～10 ℃ 低温条件下,48 h 内将组织样品运达检测单位。样品包装应符合 GB/T 26544 的规定。

8.4 样品接洽

运输样品前,采样单位应与检测单位联系,确保样品顺利接收。检测单位接到样品后,向采样单位出具接收回执。如发现样品不满足采样规范或检测方法要求,应要求采样单位按规范重新采样或不予接收,并报告上级主管部门。

9 实验室检测

9.1 资质要求

检测单位应具备 SVC 检测资质。取得中国合格评定国家认可委员会认可等相应资质,或 1 年内至少参加 1 次本领域能力验证且获得满意结果。

9.2 样品处理

9.2.1 样品处理按照 GB/T 15805.5 的规定执行。

9.2.2 每份样品随机分成小样,每个小样由不多于 15 尾鱼来源的样品等量混合,各小样均需检测。

9.3 病原检测

按照 GB/T 15805.5 的要求或监测计划制定部门的指定方法进行检测和综合判定。

9.4 检毕样品处理

应做好实验室管理和留样等工作,并按 SC/T 7015 的要求对阳性样品等进行无害化处理。

9.5 检测记录

9.5.1 检测单位应对样品的处理、检测、保存和处置,以及环境监控、消毒等影响结果有效性的环节进行实时记录,确保信息真实并满足可追溯要求。

9.5.2 检测单位应保存检测过程中形成的各种数据、文字、图表和声像等原始资料。

10 监测信息汇交

10.1 采样单位应将监测点信息和采样信息提交至监测计划下达机构。承担国家水生动物疫病监测计划的采样单位应将《监测点备案表》和《现场采样记录表》上传至国家水生动物疫病监测信息管理系统。

10.2 检测单位应在接收样品后 30 d 内完成检测,按 A.4 的要求编制《检测报告》。委托检测单位收到报告后,按监测计划程序反馈至相应各级水生动物疫控机构和相关监测点。承担国家水生动物疫病监测计划的检测单位应将检测结果(含阳性样品核酸测序结果)以及其他相关信息上传至国家水生动物疫病监测信息管理系统。

10.3 检测结果为阳性时,水生动物疫控机构应按 A.5 的要求填写《阳性检测结果报告》,上报本级渔业主管部门,同时及时按照国家规定程序开展复核确诊、追溯分析和无害化处理。

附　录　A

（规范性）

监测工作相关表格

A.1　监测点备案表

监测点备案信息按表 A.1 的规定填写。

表 A.1　监测点备案表

_____省（自治区、直辖市）　　　　　　　　　　　　　　　　　　　　　　　_____病

监测点名称			备案编号	
监测点地址				
联系人			电话	
监测点基本信息	监测点类型	□国家级原良种场　　□省级原良种场　　□遗传育种中心 □引育种中心　　□苗种场　　□观赏鱼养殖场　　□成鱼养殖场		
	养殖品种			
	监测品种			
养殖基本信息	养殖条件	□海水　　□淡水　　□半咸水		
	养殖模式	□池塘　　□网箱　　□工厂化　　□稻鱼种养　　□其他		
	养殖场水源	□地下水　　□湖水　　□河水　　□海水　　□其他		
	进排水系统	□独立　　□不独立　　□无		
	亲本来源	□自繁　　□外购		
	苗来源	□自繁　　□外购		

填报单位负责人：　　　　　　　　　　　　　　　　　（单位公章）

年　　月　　日

A.2 现场采样记录表

现场采样信息按表 A.2 的规定填写。

表 A.2 现场采样记录表

_____病

监测点	名称		备案编号	
	通信地址		邮编	
	联系人		电话	
采样单位	名称			
	通信地址		邮编	
	联系人		电话	
样品信息	样品品种		样品编号	
	样品数量 尾		样品规格 cm	
	样品状态	□无病症　　□有病症　　□濒死　　□死亡		
	保存方式	□活体　　□冷冻　　□冰鲜　　□乙醇　　□其他		
	采样时 环境条件	水温 ℃	盐度	pH
监测点签署	本次采样始终在本人授权下完成,上述记录经核实无误,确认以上各项记录的准确性。 　　负责人签字: 　　　　　　　　　　年　月　日		采样单位签署	本次采样已按要求及产品标准执行完毕,样品经双方人员共同封样,并做记录如上。 　　采样人签字: 　　　　　　　　　　年　月　日

A.3 采样标签

采样标签信息按表 A.3 的规定填写。

表 A.3 采样标签

采样单位：_____

样品编号：_____

监测点名称：_____

监测点备案编号：_____

采样人：_____

采样日期：_____年_____月_____日

A.4 检测报告

检测报告至少应包含以下要素,格式见示例1。

示例 1：

检测报告 ［报告编号、报告版次、页码］
_____

声明：

1. 本检测报告经批准人、审核人、编制人签字并加盖本单位检测专用章后生效。

2. 未经本单位书面批准,不得复制本报告。

3. 委托检测结果仅对收到样品负责。

4. 对检测报告如有异议,请在收到报告之日起 15 d 内向本单位提出,逾期不予受理。

1. 委托检测单位

单位名称：　　　　　　　　　　　单位地址：

2. 样品信息

监测点名称：　　　　　　　　　　监测点地址：

采样日期：　　　　　　　　　　　样品状态：□活体　□冷冻　□冰鲜　□乙醇　□其他

样品品种：　　　　　　　　　　　样品编号：

样品规格：　　　　　　　　　　　样品数量：

注:监测点名称、监测点地址、采样日期、样品品种及样品编号等信息均由委托检测单位提供。

3. 检测信息

收样日期：　　　　　　　　　　　检测日期：

检测项目及方法：

4. 检测结果：

注:测序工作分包给××××公司完成。
_____

编制人：

审核人：　　　　　　　　　　　　　×××检测机构名称(章)

批准人：　　　　　　　　　　　　　　　　年　　月　　日

A.5 阳性检测结果报告

阳性检测结果报告信息按表 A.4 填写,格式如下。

阳性检测结果报告

(渔业行政主管部门名称):

我省(××市××区)××养殖场,由××实验室采用××标准××方法检出××疫病病原阳性。该疫病为××类疫病(或近年国内新发疫病);详见下表及××检测机构名称的检测报告。

特此报告。

(机构名称)

负责人签字: 年 月 日

表 A.4 阳性检测结果报告

阳性检出监测点信息	监测点名称				
	监测点地址				
	监测点联系人			联系电话	
	监测点类型	□国家级原良种场　　　□省级原良种场　　　□遗传育种中心 □引育种中心　□苗种场　□观赏鱼养殖场　□成鱼养殖场				
	养殖品种			养殖方式	
	养殖面积			采样日期	年 月 日
发病情况	有无临床症状		□有　　　　　　□无		
	发病概况	发病面积			
		死亡情况			
		经济损失			

参 考 文 献

[1] SC/T 7023—2021　草鱼出血病监测技术规范

————————————

ICS 65.150
CCS B 50

中华人民共和国水产行业标准

SC/T 7026—2022

白斑综合征(WSD)监测技术规范

Technical specification of surveillance for white spot disease (WSD)

2022-11-11 发布

2023-03-01 实施

中华人民共和国农业农村部 发布

前　言

本文件按照 GB/T 1.1—2020《标准化工作导则　第 1 部分:标准化文件的结构和起草规则》的规定起草。

请注意本文件的某些内容可能涉及专利。本文件的发布机构不承担识别专利的责任。

本文件由农业农村部渔业渔政管理局提出。

本文件由全国水产标准化技术委员会(SAC/TC 156)归口。

本文件起草单位:中国水产科学研究院黄海水产研究所、全国水产技术推广总站。

本文件主要起草人:董宣、张庆利、万晓媛、蔡晨旭、梁艳、杨冰、李清、邱亮、李富俊、余卫忠。

白斑综合征(WSD)监测技术规范

1 范围

本文件界定了白斑综合征(white spot disease,WSD)监测的术语和定义、缩略语,规定了 WSD 监测的通用要求,描述了相应的证实方法,给出了监测对象、监测点设置、采样、样品包装和运输、实验室检测和监测信息汇交等内容。

本文件适用于参与水生动物疫病监测计划的渔业主管部门、水生动物疫病预防控制机构、水生动物疫病检测机构等进行的 WSD 监测。

2 规范性引用文件

下列文件中的内容通过文中的规范性引用而构成本文件必不可少的条款。其中,注日期的引用文件,仅该日期对应的版本适用于本文件;不注日期的引用文件,其最新版本(包括所有的修改单)适用于本文件。

GB/T 28630.2—2012 白斑综合征(WSD)诊断规程 第 2 部分:套式 PCR 检测法
SC/T 7011.1 水生动物疾病术语与命名规则 第 1 部分:水生动物疾病术语
SC/T 7011.2 水生动物疾病术语与命名规则 第 2 部分:水生动物疾病命名规则
SC/T 7015 病死水生动物及病害水生动物产品无害化处理规范

3 术语和定义

SC/T 7011.1、SC/T 7011.2 界定的以及下列术语和定义适用于本文件。

3.1

水生动物疫病监测计划 plan of aquatic animal disease surveillance

对水生动物疫病发生、流行等情况进行监测的工作任务,用以及时掌握我国重要水生动物疫病情况。国家级监测计划由农业农村部渔业主管部门制定,省级监测计划由省(自治区、直辖市)级渔业主管部门制定。

[来源:SC/T 7023—2021,3.1]

3.2

监测 surveillance

在一定范围内,针对某一特定水生动物群体,对于某种或多种疫病长期系统地观测,收集和分析疫病的动态分布和影响因素资料,跟踪疫病的发生、分布和变化趋势,并将信息及时上报和反馈,以便进一步开展调查研究,对疫病进行预警预报,提出有效防控对策和措施,从而达到防控疫病的目的。

[来源:SC/T 7023—2021,3.2]

3.3

监测点 surveillance spot

需要监测的独立的流行病学单元。

[来源:SC/T 7023—2021,3.3]

3.4

体长 body length

眼柄基部至尾节末端长度。

[来源:SC/T 1102—2008,3.2]

4 缩略语

下列缩略语适用于本文件。

WSD:白斑综合征(white spot disease)

WSSV:白斑综合征病毒(white spot syndrome virus)

5 监测对象

凡纳滨对虾(*Litopenaeus vannamei*)、中国明对虾(*Fenneropenaeus chinensis*)、斑节对虾(*Penaeus monodon*)、日本囊对虾(*Marsupenaeus japonicus*)和克氏原螯虾(*Procambarus clarkii*)等易感种类。

6 监测点设置

6.1 监测点应包括以下易感甲壳类养殖场:

    a) 国家级原良种场、省级原良种场、遗传育种中心和引育种中心;

    b) 近 2 年内 WSSV 监测结果呈阳性的养殖场;

    c) 疑似发生 WSD 的养殖场。

6.2 监测点还可选择以下易感甲壳类养殖场:

    a) 自繁自养或引种能溯源的苗种场;

    b) 从单一苗种场引种或能溯源的标粗(淡化)场、养殖场。

7 采样

7.1 要求

7.1.1 通用要求

采样应符合生物安全要求,避免交叉污染。所采样品应具有代表性,确保样品质量和相关信息的可追溯性。

7.1.2 人员

采样人员应通过省级以上水生动物疫病研究机构、预防控制机构(水产技术推广机构)等组织的采样技术培训,或具备采样必需的技术能力。

7.1.3 水温

不限。但应准确测量并记录采样时的水温,精确到小数点后 1 位。

7.1.4 规格

所有生长阶段均可采样。采样时,应准确记录样品的体长。

7.1.5 数量

7.1.5.1 有临床症状的样品

优先采集濒死或具有临床症状的样品,每个监测点不少于 30 尾。

7.1.5.2 无临床症状的样品

每个监测点随机采集 150 尾。

7.1.6 频次

符合 6.1 的监测点,每年采样 2 次,时间应间隔 1 个月以上;符合 6.2 的监测点,每年采样 1 次～2 次,采样 2 次时应间隔 1 个月以上。

7.2 样品采集

7.2.1 准备

7.2.1.1 采样单位应提前与监测点及检测单位确定采样和送检时间,同时按附录 A 中 A.1 的要求填写《监测点备案表》。

7.2.1.2 按 A.2 的要求,确定采样人员、运载工具,准备采样工具、容器和《现场采样记录表》等。

7.2.2 采集

7.2.2.1 育苗场

随机采集 150 尾作为一份样品,样品来源应不少于 10 个养殖单元(水泥池等)。如果养殖单元数量少于 10 个,则每个养殖单元都要采集。

7.2.2.2 养殖场

随机采集 150 尾作为一份样品,样品来源应不少于 10 个养殖单元(水泥池等)。如果养殖单元数量少于 10 个,则每个养殖单元都要采集。具有临床症状的样品,应明确记录所采样品的养殖单元,采集数量不少于 30 尾。

7.2.3 保存

7.2.3.1 活体样品

将活体样品以合适的密度置于活体运输袋中,加入原池水后充氧打包,24 h 内运达检测单位。

7.2.3.2 非活体样品

非活体样品(完整个体或亲体的非致死取样时的鳃、血淋巴、附肢等样品)直接置于干冰或−20 ℃以下并保持冷冻状态,或浸泡于 3 倍样品体积的 95%～100%乙醇中再置于−20 ℃以下。样品采集与送检的时间间隔不应超过 5 个工作日。

7.3 采样记录

7.3.1 采样时,应保留包含日期信息的影像资料,按 A.2 的要求填写《现场采样记录表》,相关人员签字确认采集样品的真实性和有效性。《现场采样记录表》一式三份,一份由监测点留存,一份由采样单位留存,一份随同样品转运至检测单位。

7.3.2 采样后,应立即在盛装样品的容器或样品袋上贴标签,标签应符合 A.3 的要求,防止笔迹脱落或晕染。每份样品必须标记清楚,注明采样单位、样品编号、监测点名称、监测点备案编号、采样人和采样日期,并确保编号的唯一性。

8 样品包装和运输

8.1 通用要求

样本应独立包装,包装材料符合防水、防破损、耐低温的要求。样品不应出现泄露,样品间不应出现交叉污染。《现场采样记录表》用封口塑料袋封好后放置于包装箱内。

8.2 包装

8.2.1 活体样品

在专用活体运输袋外加冰袋或冷冻瓶装水等冷媒,装入泡沫箱后,再装入相应大小的纸箱中,用胶带密封。

8.2.2 非活体样品

应密封包装、埋入填充有足量冰袋或干冰等冷媒的泡沫箱后,再装入相应大小的纸箱中,用胶带密封。

8.3 运输

活体样品 24 h 内运达指定检测单位;非活体样品应确保处于冷冻状态下且 48 h 内运达指定检测单位。

8.4 样品接洽

采样单位运输样品前应与检测单位联系,确保顺利接收。检测单位接到样品后,向采样单位出具接收回执。如发现样品不满足采样规范或检测方法的要求,应联系采样单位按规范重新采样或不予接收,并报告上级主管部门。

9 实验室检测

9.1 资质要求

检测单位应具备 WSSV 检测资质。取得中国合格评定国家认可委员会认可等相应资质,或 1 年内至少参与 1 次本领域能力验证且获得满意结果。

9.2 样品处理

9.2.1 样品处理按照 GB/T 28630.2—2012 中 6.2 条的要求执行。遵循"先处理无临床症状样品,后处理有临床症状样品"的原则,剖解组织。

9.2.2 每份样品随机分成小样,每个小样由不多于 30 尾个体等量混合,各小样均需检测。

9.3 病原检测

按 GB/T 28630.2—2012 或监测计划制定部门的指定方法进行检测和结果判定。

9.4 检毕样品处置

应做好实验室管理和留样等工作,并按 SC/T 7015 的要求对阳性样品等进行无害化处理。

9.5 检测记录

9.5.1 检测单位应对样品的处理、检测、保存和处置,以及环境监控、消毒等影响结果有效性的环节进行实时记录,确保信息真实并满足可追溯要求。

9.5.2 检测单位应保存检测过程中形成的各种数据、文字、图表和声像等原始资料。

10 监测信息汇交

10.1 采样单位应将监测点信息和采样信息提交至监测计划下达机构。承担国家水生动物疫病监测计划的采样单位应将《监测点备案表》和《现场采样记录表》上传至国家水生动物疫病监测信息管理系统。

10.2 检测单位在接收样品后 30 d 内完成检测,按 A.4 的要求编制《检测报告》。委托检测单位收到报告后,按监测计划程序反馈至相应各级水生动物疫控机构和相关监测点。承担国家水生动物疫病监测计划的检测单位应将检测结果(含常规 PCR 检测阳性样品核酸序列)以及其他相关信息上传至国家水生动物疫病监测信息管理系统。

10.3 检测结果为阳性时,水生动物疫控机构应按 A.5 的要求填写《阳性检测结果报告》,上报本级渔业主管部门,同时及时按照国家规定程序开展复核确诊、追溯分析和无害化处理。

附 录 A
（规范性）
监测工作相关表格

A.1 监测点备案表

监测点备案信息按表 A.1 的规定填写。

表 A.1 监测点备案表

_____省（自治区、直辖市） _____病

监测点名称		备案编号	
监测点地址			
联系人		电话	

监测点基本信息	监测点类型	□国家级原良种场　　□省级原良种场　　□遗传育种中心 □引育种中心　　□苗种场　　□成虾养殖场
	养殖品种	
	监测品种	
养殖基本信息	养殖条件	□海水　　□淡水　　□半咸水
	养殖模式	□工厂化　　□池塘　　□稻虾种养　　□其他
	养殖场水源	□地下水　　□湖水　　□河水　　□海水　　□其他
	进排水系统	□独立　　□不独立　　□无
	亲本来源	□自繁　　□外购
	苗来源	□自繁　　□外购

填报单位负责人： （单位公章）

年　　月　　日

A.2 现场采样记录表

现场采样信息按表 A.2 的规定填写。

表 A.2 现场采样记录表

_____病

监测点	名称		备案编号	
	通信地址		邮编	
	联系人		电话	
采样单位	名称			
	通信地址		邮编	
	联系人		电话	
样品信息	样品品种		样品编号	
	样品数量 尾		样品规格 cm	
	样品状态	□无病症 　　□有病症 　　□濒死 　　□死亡		
	保存方式	□活体 　　□冷冻 　　□冰鲜 　　□乙醇 　　□其他		
	采样时 环境条件	水温 ℃	盐度	pH
监测点签署	本次采样始终在本人授权下完成，上述记录经核实无误，确认以上各项记录的准确性。 　　　　负责人签字： 　　　　　　　　　　年　月　日		采样单位签署	本次采样已按要求及产品标准执行完毕，样品经双方人员共同封样，并做记录如上。 　　　　采样人签字： 　　　　　　　　年　月　日

A.3 采样标签

采样标签信息按表 A.3 的规定填写。

表 A.3 采样标签

```
采样单位：_____
样品编号：_____
监测点名称：_____
监测点备案编号：_____
采样人：_____
采样日期：_____年____月____日
```

A.4 检测报告

检测报告至少应包含以下要素，格式见示例 1。

示例 1：

检测报告 ［报告编号、报告版次、页码］

声明：

1. 本检测报告经批准人、审核人、编制人签字并加盖本单位检测专用章后生效。

2. 未经本单位书面批准，不得复制本报告。

3. 委托检测结果仅对收到样品负责。

4. 对检测报告如有异议，请在收到报告之日起 15 d 内向本单位提出，逾期不予受理。

1. 委托检测单位

单位名称： 单位地址：

2. 样品信息

监测点名称： 监测点地址：

采样日期： 样品状态：□活体 □冷冻 □冰鲜 □乙醇 □其他

样品品种： 样品编号：

样品规格： 样品数量：

注：监测点名称、监测点地址、采样日期、样品品种及样品编号等信息均由委托检测单位提供。

3. 检测信息

收样日期： 检测日期：

检测项目及方法：

4. 检测结果：

注：测序工作分包给××××公司完成。

编制人：

审核人： ×××检测机构名称（章）

批准人： 年 月 日

A.5 阳性检测结果报告

阳性检测结果报告信息按表 A.4 的规定填写,格式如下。

阳性检测结果报告

(渔业行政主管部门名称):

我省(××市××区)××养殖场,由××实验室采用××标准××方法检出××疫病病原阳性。该疫病为××类疫病(或近年国内新发疫病);详见下表及××检测机构名称的检测报告。

特此报告。

(机构名称)

负责人签字: 年 月 日

表 A.4 阳性检测结果报告

阳性检出监测点信息	监测点名称				
	监测点地址				
	监测点联系人		联系电话		
	监测点类型	□国家级原良种场 □引育种中心	□省级原良种场 □苗种场	□遗传育种中心 □成虾养殖场	
	养殖品种		养殖方式		
	养殖面积		采样日期	年 月 日	
发病情况	有无临床症状	□有	□无		
	发病概况	发病面积			
		死亡情况			
		经济损失			

参 考 文 献

［1］ SC/T 1102—2008　虾类性状测定
［2］ SC/T 7023—2021　草鱼出血病监测技术规范

————————————

ICS 65.150
CCS B 50

中华人民共和国水产行业标准

SC/T 7027—2022

急性肝胰腺坏死病（AHPND）
监测技术规范

Technical specification of surveillance for acute hepatopancreatic
necrosis disease (AHPND)

2022-11-11 发布　　　　　　　　　　　　　　2023-03-01 实施

中华人民共和国农业农村部 发布

前　言

本文件按照 GB/T 1.1—2020《标准化工作导则　第 1 部分:标准化文件的结构和起草规则》的规定起草。

请注意本文件的某些内容可能涉及专利。本文件的发布机构不承担识别专利的责任。

本文件由农业农村部渔业渔政管理局提出。

本文件由全国水产标准化技术委员会(SAC/TC 156)归口。

本文件起草单位:中国水产科学研究院黄海水产研究所、全国水产技术推广总站。

本文件主要起草人:万晓媛、张庆利、董宣、蔡晨旭、李清、梁艳、杨冰、余卫忠、谢国驷。

急性肝胰腺坏死病(AHPND)监测技术规范

1 范围

本文件界定了急性肝胰腺坏死病(acute hepatopancreatic necrosis disease,AHPND)监测的术语和定义、缩略语,规定了 AHPND 监测的通用要求,描述了相应的证实方法,给出了监测对象、监测点设置、采样、样品包装和运输、实验室检测和监测信息汇交等内容。

本文件适用于参与水生动物疫病监测计划的渔业主管部门、水生动物疫病预防控制机构、水生动物疫病检测机构等进行的 AHPND 监测。

2 规范性引用文件

下列文件中的内容通过文中的规范性引用而构成本文件必不可少的条款。其中,注日期的引用文件,仅该日期对应的版本适用于本文件;不注日期的引用文件,其最新版本(包括所有的修改单)适用于本文件。

SC/T 7011.1　水生动物疾病术语与命名规则　第 1 部分:水生动物疾病术语
SC/T 7011.2　水生动物疾病术语与命名规则　第 2 部分:水生动物疾病命名规则
SC/T 7015　病死水生动物及病害水生动物产品无害化处理规范
SC/T 7233　急性肝胰腺坏死病诊断规程

3 术语和定义

SC/T 7011.1、SC/T 7011.2 界定的以及下列术语和定义适用于本文件。

3.1

水生动物疫病监测计划　plan of aquatic animal disease surveillance

对水生动物疫病发生、流行等情况进行监测的工作任务,用以及时掌握我国重要水生动物疫病情况。国家级监测计划由农业农村部渔业主管部门制定,省级监测计划由省(自治区、直辖市)级渔业主管部门制定。

[来源:SC/T 7023—2021,3.1]

3.2

监测　surveillance

在一定范围内,针对某一特定水生动物群体,对于某种或多种疫病长期系统地观测,收集和分析疫病的动态分布和影响因素资料,跟踪疫病的发生、分布和变化趋势,并将信息及时上报和反馈,以便进一步开展调查研究,对疫病进行预警预报,提出有效防控对策和措施,从而达到防控疫病的目的。

[来源:SC/T 7023—2021,3.2]

3.3

监测点　surveillance spot

需要监测的独立的流行病学单元。

[来源:SC/T 7023—2021,3.3]

3.4

体长　body length

眼柄基部至尾节末端长度。

[来源:SC/T 1102—2008,3.2]

4 缩略语

下列缩略语适用于本文件。

AHPND:急性肝胰腺坏死病(acute hepatopancreatic necrosis disease)

5 监测对象

凡纳滨对虾(*Litopenaeus vannamei*)、斑节对虾(*Penaeus monodon*)、中国明对虾(*Fenneropenaeus chinensis*)、日本囊对虾(*Marsupenaeus japonicus*)等养殖种类。优先采集凡纳滨对虾和斑节对虾等易感种类。

6 监测点设置

6.1 监测点应包括以下易感虾类养殖场:

a) 国家级原良种场、省级原良种场、遗传育种中心和引育种中心;

b) 近2年内AHPND病原监测结果呈阳性的养殖场;

c) 疑似发生AHPND的养殖场。

6.2 监测点还可选择以下易感虾类养殖场:

a) 自繁自养或引种能溯源的苗种场;

b) 从单一苗种场引种或能溯源的标粗(淡化)场、养殖场。

7 采样

7.1 要求

7.1.1 通用要求

采样应符合生物安全要求,避免交叉污染。所采样品应具有代表性,确保样品质量和相关信息的可追溯性。

7.1.2 人员

采样人员应通过省级以上水生动物疫病研究机构、预防控制机构(水产技术推广机构)等组织的采样技术培训,或具备采样必需的技术能力。

7.1.3 水温

不限。但应准确测量并记录采样时养殖池的水温,精确到小数点后1位。

7.1.4 规格

优先采集仔虾和幼虾。采样时,应准确记录样品的体长。

7.1.5 数量

7.1.5.1 有临床症状的虾

优先采集濒死或具有临床症状的虾,每个监测点不少于30尾。患病对虾表现为甲壳发软、体色变浅,空肠空胃或肠道内食物不连续,肝胰腺色浅发白,萎缩变小,表面常见黑色斑点和条纹,不易用手指捏破。

7.1.5.2 无临床症状的虾

每个监测点随机采集150尾。

7.1.6 频次

符合6.1的监测点,每年采样2次,时间应间隔1个月以上;符合6.2的监测点,每年采样1次~2次,采样2次时应间隔1个月以上。

7.2 样品采集

7.2.1 准备

7.2.1.1 采样单位应提前与监测点及检测单位确定采样和送检时间,同时按附录A中A.1的要求填写《监测点备案表》。

7.2.1.2 按A.2的要求,确定采样人员、运载工具,准备采样工具、容器和《现场采样记录表》等。

7.2.2 采集

7.2.2.1 育苗场

随机采集150尾作为一份样品,样品来源应不少于10个养殖单元(水泥池等)。如果养殖单元数量少于10个,则每个养殖单元都要采集。

7.2.2.2 养殖场

随机采集150尾作为一份样品,样品来源应不少于10个养殖单元(水泥池等)。如果养殖单元数量少于10个,则每个养殖单元都要采集。具有临床症状的虾,应明确记录养殖单元,采集数量不少于30尾。

7.2.3 保存

7.2.3.1 活体样品

将活虾以合适的密度置于活体运输袋中,加入原池水后充氧打包,24 h内运达检测单位。

7.2.3.2 非活体样品

非活体样品(虾完整个体或亲虾非致死取样时的粪便样品)直接置于干冰或−20 ℃以下并保持冷冻状态,或浸泡于3倍样品体积的95%～100%乙醇中再置于−20 ℃以下。样品采集与送检的时间间隔不应超过5个工作日。

7.3 采样记录

7.3.1 采样时,应保留包含日期信息的影像资料,按A.2的要求填写《现场采样记录表》,相关人员签字确认采集样品的真实性和有效性。《现场采样记录表》一式三份,一份由监测点留存,一份由采样单位留存,一份随同样品转运至检测单位。

7.3.2 采样后,应立即在盛装样品的容器或样品袋上贴标签,标签应符合A.3的要求,防止笔迹脱落或晕染。每份样品必须标记清楚,注明采样单位、样品编号、监测点名称、监测点备案编号、采样人和采样日期,并确保编号的唯一性。

8 样品包装和运输

8.1 通用要求

样本应独立包装,包装材料符合防水、防破损、耐低温的要求。样品不应出现泄露,样品间不应出现交叉污染。《现场采样记录表》用封口塑料袋封好后放置于包装箱内。

8.2 包装

8.2.1 活体样品

在专用活体运输袋外加冰袋或冷冻瓶装水等冷媒,装入泡沫箱后,再装入相应大小的纸箱中,用胶带密封。

8.2.2 非活体样品

应密封包装、埋入填充有足量冰袋或干冰等冷媒的泡沫箱后,再装入相应大小的纸箱中,用胶带密封。

8.3 运输

活体样品24 h内运达指定检测单位。非活体样品应确保处于冷冻状态下且48 h内运达指定检测单位。

8.4 样品接洽

采样单位运输样品前应与检测单位联系,确保顺利接收。检测单位接到样品后,向采样单位出具接收回执。如发现样品不满足采样规范或检测方法的要求,应联系采样单位按规范重新采样或不予接收,并报告上级主管部门。

9 实验室检测

9.1 资质要求

检测单位应具备AHPND病原检测资质。取得中国合格评定国家认可委员会认可等相应资质,或1

年内至少参与1次本领域能力验证且获得满意结果。

9.2 样品处理

9.2.1 仔虾可取完整个体(去掉虾眼),幼虾至成虾各生长阶段可剖解与肠道关联的组织和器官,包括肝胰腺、胃、中肠及后肠,亲虾的非致死检测取粪便。遵循"先处理无临床症状样品,后处理有临床症状样品"的原则,剖解组织。

9.2.2 每份样品随机分成小样,每个小样由不多于30尾个体等量混合,各小样均需检测。

9.3 病原检测

按 SC/T 7233 的要求或监测计划制定部门的指定方法进行检测和结果判定。

9.4 检毕样品处理

应做好实验室管理和留样等工作,并按 SC/T 7015 的要求对阳性样品等进行无害化处理。

9.5 检测记录

9.5.1 检测单位应对样品的处理、检测、保存和处置,以及环境监控、消毒等影响结果有效性的环节进行实时记录,确保信息真实并满足可追溯要求。

9.5.2 检测单位应保存检测过程中形成的各种数据、文字、图表和声像等原始资料。

10 监测信息汇交

10.1 采样单位应将监测点信息和采样信息提交至监测计划下达机构。承担国家水生动物疫病监测计划的采样单位应将《监测点备案表》和《现场采样记录表》上传至国家水生动物疫病监测信息管理系统。

10.2 检测单位在接收样品后30 d内完成检测,按 A.4 的要求编制《检测报告》。委托检测单位收到报告后,按监测计划程序反馈至相应各级水生动物疫控机构和相关监测点。承担国家水生动物疫病监测计划的检测单位应将检测结果(含常规 PCR 检测阳性样品核酸序列)以及其他相关信息上传至国家水生动物疫病监测信息管理系统。

10.3 检测结果为阳性时,水生动物疫控机构应按 A.5 的要求填写《阳性检测结果报告》,上报本级渔业主管部门,同时及时按照国家规定程序开展复核确诊、追溯分析和无害化处理。

附　录　A

（规范性）

监测工作相关表格

A.1　监测点备案表

监测点备案信息按表 A.1 的规定填写。

表 A.1　监测点备案表

_____省（自治区、直辖市）　　　　　　　　　　　　　　　　　_____病

监测点名称			备案编号	
监测点地址				
联系人			电话	
监测点基本信息	监测点类型	□国家级原良种场　　□省级原良种场　　□遗传育种中心 □引育种中心　　　　□苗种场　　　　　□成虾养殖场		
	养殖品种			
	监测品种			
养殖基本信息	养殖条件	□海水　　　　□淡水　　　　□半咸水		
	养殖模式	□工厂化　　　□池塘　　　　□稻虾种养　　　□其他		
	养殖场水源	□地下水　　　□湖水　　　　□河水　　　□海水　　　□其他		
	进排水系统	□独立　　　　□不独立　　　□无		
	亲本来源	□自繁　　　　□外购		
	苗来源	□自繁　　　　□外购		

填报单位负责人：　　　　　　　　　　　　　　　　　　（单位公章）

　　　　　　　　　　　　　　　　　　　　　　　　　　　　年　　月　　日

A.2 现场采样记录表

现场采样信息按表 A.2 的规定填写。

表 A.2 现场采样记录表

_____病

监测点	名称		备案编号	
	通信地址		邮编	
	联系人		电话	
采样单位	名称			
	通信地址		邮编	
	联系人		电话	
样品信息	样品品种		样品编号	
	样品数量 尾		样品规格 cm	
	样品状态	□无病症　　□有病症　　□濒死　　□死亡		
	保存方式	□活体　　□冷冻　　□冰鲜　　□乙醇　□其他		
	采样时 环境条件	水温 ℃	盐度	pH
监测点签署	本次采样始终在本人授权下完成,上述记录经核实无误,确认以上各项记录的准确性。 负责人签字: 　　　　　　　　　年　月　日		采样单位签署	本次采样已按要求及产品标准执行完毕,样品经双方人员共同封样,并做记录如上。 采样人签字: 　　　　　　　　年　月　日

A.3 采样标签

采样标签信息按表 A.3 的规定填写。

表 A.3　采样标签

采样单位：_____

样品编号：_____

监测点名称：_____

监测点备案编号：_____

采样人：_____

采样日期：_____年_____月_____日

A.4 检测报告

检测报告至少应包含以下要素，格式见示例1。

示例1：

检测报告　　　　[报告编号、报告版次、页码]

_____

声明：

1. 本检测报告经批准人、审核人、编制人签字并加盖本单位检测专用章后生效。

2. 未经本单位书面批准，不得复制本报告。

3. 委托检测结果仅对收到样品负责。

4. 对检测报告如有异议，请在收到报告之日起 15 d 内向本单位提出，逾期不予受理。

1. 委托检测单位

单位名称：　　　　　　　　　　　　单位地址：

2. 样品信息

监测点名称：　　　　　　　　　　　监测点地址：

采样日期：　　　　　　　　　　　　样品状态：□活体　□冷冻　□冰鲜　□乙醇　□其他

样品品种：　　　　　　　　　　　　样品编号：

样品规格：　　　　　　　　　　　　样品数量：

注：监测点名称、监测点地址、采样日期、样品品种及样品编号等信息均由委托检测单位提供。

3. 检测信息

收样日期：　　　　　　　　　　　　检测日期：

检测项目及方法：

4. 检测结果：

注：测序工作分包给××××公司完成。_____

编制人：

审核人：　　　　　　　　　　　　　×××检测机构名称（章）

批准人：　　　　　　　　　　　　　　　　年　　月　　日

A.5 阳性检测结果报告

阳性检测结果报告信息按表 A.4 的规定填写,格式如下。

阳性检测结果报告

(渔业行政主管部门名称):

我省(××市××区)××养殖场,由××实验室采用××标准××方法检出××疫病病原阳性。该疫病为××类疫病(或近年国内新发疫病);详见下表及××检测机构名称的检测报告。

特此报告。

(机构名称)

负责人签字: 年 月 日

表 A.4 阳性检测结果报告

阳性检出监测点信息	监测点名称			
	监测点地址			
	监测点联系人		联系电话	
	监测点类型	□国家级原良种场　□省级原良种场　□遗传育种中心 □引育种中心　□苗种场　□成虾养殖场		
	养殖品种		养殖方式	
	养殖面积		采样日期	年 月 日
发病情况	有无临床症状	□有　　　　□无		
	发病概况	发病面积		
		死亡情况		
		经济损失		

参 考 文 献

［1］ SC/T 7023—2021 草鱼出血病监测技术规范
［2］ SC/T 1102—2008 虾类性状测定

ICS 65.150
CCS B 50

中华人民共和国水产行业标准

SC/T 7028—2022

水产养殖动物细菌耐药性
调查规范　通则

Specification for monitoring of antimicrobial resistance in bacteria from
aquatic animals—General principle

2022-11-11 发布
2023-03-01 实施

中华人民共和国农业农村部 发布

前　　言

本文件按照 GB/T 1.1—2020《标准化工作导则　第 1 部分：标准化文件的结构和起草规则》的规定起草。

请注意本文件的某些内容可能涉及专利。本文件的发布机构不承担识别专利的责任。

本文件由农业农村部渔业渔政管理局提出。

本文件由全国水产标准化技术委员会（SAC/TC 156）归口。

本文件起草单位：全国水产技术推广总站、中国水产科学研究院珠江水产研究所。

本文件主要起草人：刘忠松、邓玉婷、陈艳、陈学洲、姜兰、冯东岳、宋晨光。

水产养殖动物细菌耐药性调查规范　通则

1　范围

本文件界定了水产养殖动物细菌耐药性调查规范的术语和定义,确立了水产养殖动物细菌耐药性调查流程,规定了细菌耐药性调查中样品采集、信息采集、细菌分离鉴定、菌株保存、药物敏感性试验、结果判定和结果记录与统计的要求,描述了上述各步骤相应追溯或证实的方法。

本文件适用于水产养殖动物细菌对渔用抗菌药物的耐药性调查。

2　规范性引用文件

下列文件中的内容通过文中的规范性引用而构成本文件必不可少的条款。其中,注日期的引用文件,仅该日期对应的版本适用于本文件;不注日期的引用文件,其最新版本(包括所有的修改单)适用于本文件。

GB/T 6682　分析实验室用水规格和试验方法

SC/T 7019　水生动物病原菌实验室保存规范

3　术语和定义

下列术语和定义适用于本文件。

3.1

采样点　sample site

同一水域、同一品种、相同环境及养殖条件的养殖场为一个采样点。

3.2

最小抑菌浓度　minimal inhibitory concentration，MIC

在采用稀释法测定药物敏感性的试验中,能抑制细菌生长的最低抗菌药物浓度。

3.3

折点　breakpoint

用于区分菌株为敏感、中介和耐药的 MIC 值。

3.4

敏感　susceptible

抗菌药物对菌株的 MIC 值等于或低于敏感折点,即菌株对该药物表现为敏感。

3.5

中介　intermediate

抗菌药物对菌株的 MIC 值在高于敏感折点且低于耐药折点的范围内,即菌株对该药物表现为中介。

3.6

耐药　resistant

抗菌药物对菌株的 MIC 值等于或高于耐药折点,即菌株对该药物表现为耐药。

4　耐药性调查流程

细菌耐药性调查按以下流程进行:

a)　样品采集;

b)　信息采集;

c)　细菌分离鉴定;

d) 菌株保存；

e) 药物敏感性试验(微量肉汤稀释法)；

f) 结果判定；

g) 结果记录与统计。

5 耐药性调查的实施

5.1 样品采集

5.1.1 采样对象

水产养殖动物,每尾(个)动物个体为一个样品。

5.1.2 采样频次

每个采样点每年至少3次,每次间隔2个月或以上。

5.1.3 采样数量

每个采样点每次采集不少于10个样品,全年不少于30个样品。

5.1.4 样品采集、保存及运输

样品采集后分别放置于清洁、干燥、密封的容器中,且存放温度为0 ℃~10 ℃,应在12 h内进行细菌分离。每个样品分别加贴采样标签,注明采样地、采样编号、采样人和采样日期。

5.2 信息采集

采样人员记录养殖场基本信息和样品来源信息。按附录A的要求填写采样记录表。

5.3 细菌分离鉴定

根据不同细菌分别选择适宜的培养基、培养条件和鉴定方法。对样品进行细菌分离培养,采用生理生化反应和分子生物学等方法对分离菌株进行菌种鉴定。每个样品分离菌株1株~2株,每个采样点每年分离菌株不少于30株。

5.4 菌株保存

分离的菌株若不能及时进行药物敏感性试验,应置于0 ℃~4 ℃冰箱中保存,时间不超过48 h；或按照SC/T 7019的规定,采用甘油保存法或真空冷冻干燥法,置于—20 ℃或—80 ℃冰箱中保存。

5.5 药物敏感性试验

采用微量肉汤稀释法对分离菌株进行药物敏感性测定。具体操作方法和步骤按附录B的规定进行。

5.6 结果判定

根据不同抗菌药物对受试菌的MIC值结果,将菌株判定为敏感、中介或耐药。不同细菌的耐药性判定参考值见附录C。

5.7 结果记录与统计

将每一受试菌的菌株编号、菌种名称、对各种药物的MIC结果以及判定结果记录于药物敏感性试验结果记录表中,见附录D。按照公式(1)、公式(2)、公式(3)分别计算分离菌株的敏感率、中介率及耐药率。

$$敏感率＝(敏感菌株数/受试菌株总数)×100\% \quad\cdots\cdots\cdots\cdots\cdots\cdots\cdots (1)$$

$$中介率＝(中介菌株数/受试菌株总数)×100\% \quad\cdots\cdots\cdots\cdots\cdots\cdots\cdots (2)$$

$$耐药率＝(耐药菌株数/受试菌株总数)×100\% \quad\cdots\cdots\cdots\cdots\cdots\cdots\cdots (3)$$

附　录　A

（规范性）

采样记录表

采集养殖场基本信息和样品来源信息等按表 A.1 的要求填写。

表 A.1　采样记录表

一、养殖场基本信息		
场名：	联系人：	电话：
地址：		
主要养殖品种：	养殖面积：□ ≤10 亩　□ 11 亩～100 亩　□ ＞100 亩	
养殖模式：	养殖年限：□ 1 年～2 年　□ 3 年～5 年　□ 5 年以上	
二、样品来源信息		
动物品种：	样品数量：	
样品规格：平均体重　　　　；平均体长		
采样部位：		
发病情况：		
使用抗菌药物情况：		
其他情况（疑似病因判定）：		
采样人（签名）：_____ 采样时间：___年___月___日		

附 录 B

（规范性）

药物敏感性试验（微量肉汤稀释法）

B.1 试剂和材料

B.1.1 抗菌药物

B.1.1.1 标准品

氟苯尼考、盐酸多西环素、磺胺间甲氧嘧啶、磺胺甲噁唑、甲氧苄啶和恩诺沙星等。

B.1.1.2 抗菌药物储备液的制备

B.1.1.2.1 抗菌药物粉剂的称量

抗菌药物粉剂应在分析天平上称量，并且根据公式（B.1）计算制备储备液的粉剂剂量。

$$重量（mg）＝浓度（\mu g/mL）\times 容量（mL）\div 含量（\%）\times 0.001 \qquad\qquad （B.1）$$

B.1.1.2.2 溶剂与稀释剂

各药物的溶剂与稀释剂见表 B.1。试验用水应符合 GB/T 6682 中三级水的要求。

表 B.1 抗菌药物储备液所用的溶剂和稀释剂

药物名称	储备液浓度 $\mu g/mL$	溶剂	稀释剂
氟苯尼考	320	95% 乙醇	水
磺胺间甲氧嘧啶	20 480	1/2 体积的水和最小浓度为 2.5 mol/L NaOH 至溶解[c]	水
磺胺甲噁唑[a]	12 160	1/2 体积的水和最小浓度为 2.5 mol/L NaOH 至溶解[c]	水
甲氧苄啶[a]	640	0.05 mol/L 乳酸或盐酸，终体积的 10%	水[c]
恩诺沙星[b]	80	1/2 体积的水，后逐滴加入 1 mol/L NaOH 至最终溶解	水
盐酸多西环素	160	水	水

[a] 复方药物，先单独配制与储存，做药物敏感性试验时，再按 1∶1 等体积混合使用。

[b] 恩诺沙星为盐类时，溶剂为水。

[c] 药物如有析出，稍微温热使其溶解。

B.1.1.2.3 溶剂与稀释剂

将称取的抗菌药物溶解于无菌水或溶剂中，应使用容量瓶定容，并采用 0.22 μm 微孔滤膜过滤除菌。制备完的药液，置于 4 ℃冰箱中保存，4 周内使用。

B.1.2 水解酪蛋白（Mueller-Hinton，MH）肉汤培养基

按产品说明用干粉培养基配制 MH 肉汤，试验用水应符合 GB/T 6682 中三级水的要求。针对需要复杂营养的细菌，应在 MH 肉汤里添加适宜其生长的物质。

B.1.3 质控菌株

大肠埃希氏菌（Escherichia coli）ATCC 25922。

B.1.4 96 孔板

宜选用规格 10.7 mm ×10.0 mm×16.9 mm、聚苯乙烯材质、U 型孔底、带盖、每孔可容纳 500 μL 液体的无菌 96 孔板。

B.2 仪器设备

恒温培养箱、恒温摇床、高压灭菌锅、分析天平、电热鼓风干燥箱、冰箱、移液器、超净工作台等。

B.3 抗菌药物稀释

取灭菌 MH 肉汤，在无菌 96 孔板的第 1 孔加入 160 μL，在第 2 孔至第 10 孔中分别加入 100 μL。在第 1 孔中加入抗菌药储备液 40 μL，吹打混匀；取第 1 孔中的含药肉汤 100 μL 至第 2 孔中吹打混匀；吸取

第 2 孔中的 100 μL 含药肉汤至第 3 孔中吹打混匀。重复上述操作，将药物进行 2 倍倍比稀释，当第 10 孔稀释完后弃去吸出的含药肉汤 100 μL，使含有药物的 MH 肉汤每一孔均为 100 μL。

B.4 细菌 MIC 值测定

B.4.1 菌悬液制备

根据不同细菌分别选择适宜的培养基和培养条件，将纯化的受试菌株接种于适宜的培养基中，取对数生长期的培养物，用比浊仪或麦氏比浊管测定校正菌液浊度为 0.25～1 麦氏浊度标准，再用 MH 肉汤稀释 200 倍，制备成用于接种的菌悬液（菌悬液浓度为 4.0×10^5 CFU/mL ～1.6×10^6 CFU/mL）。

B.4.2 对照设立

配制的菌悬液应在 15 min 内加入已稀释好抗菌药物的 96 孔板第 1 孔至第 10 孔中，每孔各 100 μL。设不含抗菌药物的菌悬液作为阳性对照，设不含药物和菌悬液的 MH 肉汤作为空白对照。每一受试菌株单独使用一块 96 孔板。接种后，每孔抗菌药物的终浓度见表 B.2。接种后菌液的终浓度为 2.0×10^5 CFU/mL ～8.0×10^5 CFU/mL。

表 B.2 抗菌药物在 96 孔板中各孔的终浓度

药物名称	行列数	药物浓度，μg/mL											
		1	2	3	4	5	6	7	8	9	10	11	12
氟苯尼考	A	32	16	8	4	2	1	0.5	0.25	0.125	0.06	阳性对照	空白对照
盐酸多西环素	B	16	8	4	2	1	0.5	0.25	0.125	0.06	0.03	阳性对照	空白对照
磺胺间甲氧嘧啶	C	2 048	1 024	512	256	128	64	32	16	8	4	阳性对照	空白对照
磺胺甲噁唑/甲氧苄啶	D	608/32	304/16	152/8	76/4	38/2	19/1	9.5/0.5	4.3/0.25	2.4/0.12	1.2/0.06	阳性对照	空白对照
恩诺沙星	E	8	4	2	1	0.5	0.25	0.125	0.0625	0.03	0.015	阳性对照	空白对照

注："阳性对照"为不含药液的菌悬液；"空白对照"为不含药液和不含菌悬液 MH 肉汤。

B.4.3 孵育

加样完毕后，盖好板盖。将 96 孔板置于恒温培养箱中孵育，重叠放置不应超过 4 块 96 孔板。不同细菌分别选择适宜的培养条件。

B.4.4 MIC 值判读

空白对照孔不得有细菌生长，阳性对照孔有明显的浑浊才可判读。没有细菌生长的孔所对应的最低浓度为 MIC 值。如存在一个跳孔现象时，应读最高的 MIC 值，多于一个跳孔时应重测。

B.5 质量控制

测定每一批次受试菌前，应测定质控菌株大肠埃希氏菌 ATCC 25922 对试验药物的 MIC 值，对配制的药物及药物稀释过程进行质量控制，测定方法见 B.4。

不同抗菌药物的质控范围见表 B.3。如果质控菌株的结果明显偏离质控范围，应查找原因重新配制药物进行测定或从指定菌种保藏机构更换新的标准菌株。

表 B.3 大肠埃希氏菌 ATCC 25922 质控范围

药物类别	药物名称	MIC 质控范围，μg/mL
酰胺醇类	氟苯尼考	4～16
四环素类	多西环素	0.5～2
磺胺类	磺胺甲噁唑/甲氧苄啶	0.6/0.03～4.8/0.25
	磺胺间甲氧嘧啶	8～32
喹诺酮类	恩诺沙星	0.008～0.03

附 录 C

（资料性）

细菌耐药性判定参考值

表 C.1 给出了细菌对不同抗菌药物的耐药性判定参考值。

表 C.1 细菌耐药性判定参考值

药物类别	药物名称	折点，μg/mL		
		敏感	中介	耐药
酰胺醇类	氟苯尼考	≤2	4	≥8
四环素类	盐酸多西环素	≤4	8	≥16
		≤1[a]	—[b]	≥2[a]
磺胺类	磺胺甲噁唑/甲氧苄啶	≤38/2	—	≥76/4
		≤9.5/0.5[a]	19/1～38/2[a]	≥76/4[a]
	磺胺间甲氧嘧啶	≤256	—	≥512
喹诺酮类	恩诺沙星	≤0.5	1～2	≥4
[a] 只适用于链球菌,除盐酸多西环素和磺胺甲噁唑/甲氧苄啶外,其他药物暂无判定参考值。				
[b] "—"表示无折点。				

附 录 D

（资料性）

药物敏感性试验结果记录表

表 D.1 给出了药物敏感性试验中受试菌对不同抗菌药物 MIC 值及判定结果的记录信息。

表 D.1 水产养殖动物细菌药物敏感性试验结果记录表

采样点名称								采样时间					
菌株编号	菌种名称	氟苯尼考		盐酸多西环素		磺胺间甲氧嘧啶		磺胺甲噁唑/甲氧苄啶		恩诺沙星			
		MIC 值 μg/mL	判定结果	MIC 值 μg/mL	判定结果	MIC 值 μg/mL	判定结果	MIC 值 μg/mL	判定结果	MIC 值 μg/mL	判定结果		
敏感率													
中介率													
耐药率													

ICS 65.150
CCS B 50

中华人民共和国水产行业标准

SC/T 7216—2022

代替 SC/T 7216—2012

鱼类病毒性神经坏死病诊断方法

Diagnostic methods for viral nervous necrosis of fish

2022-11-11 发布

2023-03-01 实施

中华人民共和国农业农村部 发布

前　　言

本文件按照 GB/T 1.1—2020《标准化工作导则　第 1 部分:标准化文件的结构和起草规则》的规定起草。

本文件代替 SC/T 7216—2012《鱼类病毒性神经坏死病(VNN)诊断技术规程》,与 SC/T 7216—2012 相比,除结构调整和编辑性改动外,主要技术变化如下:

a)　增加了"术语和定义"一章(见第 3 章);

b)　增加了"临床症状"一章,描述了鱼类病毒性神经坏死病的典型症状(见第 7 章);

c)　增加了"采样"一章,规范了采样对象、采样数量和采样部位(见第 8 章);

d)　简化了对病理检查方法的描述(见第 9 章,2012 年版的第 6 章);

e)　增加了一种病毒分离用的 GF-1 细胞系(见 10.2),增加了病毒分离结果的判定方法(见 10.3);

f)　删除了"免疫荧光"(见 2012 年版的 8.1)、"免疫组织化学"(见 2012 年版的 8.2)、"RT-PCR 方法"(见 2012 年版的 8.3);

g)　增加了"套式 RT-PCR 检测"一章(见第 11 章);

h)　将"实时荧光 RT-PCR 方法"更改为"RT-qPCR 检测",提供了新的引物、探针、反应体系和反应程序,修改了结果判定方法(见第 12 章,2012 年版的 8.4);

i)　将"结果综合判定"更改为"综合判定",更改了疑似病例、确诊病例的判定方法,增加了病毒携带者的判定方法(见第 13 章,2012 年版的第 9 章);

j)　删除了"病毒性神经坏死病临床症状和病理变化"(见 2012 年版的附录 B),增加了"鱼类病毒性神经坏死病(VNN)"(见附录 B);

k)　增加了鱼类病毒性神经坏死病组织病理特征示例(见附录 C);

l)　增加了鱼类神经坏死病毒扩增产物的参考序列(见附录 D)。

请注意本文件的某些内容可能涉及专利。本文件的发布机构不承担识别专利的责任。

本文件由农业农村部渔业渔政管理局提出。

本文件由全国水产标准化技术委员会(SAC/TC 156)归口。

本文件起草单位:中国水产科学研究院黄海水产研究所、全国水产技术推广总站、福建省淡水水产研究所、福建省水产技术推广总站。

本文件主要起草人:史成银、万晓媛、樊海平、于秀娟、梁艳、吴斌、杨冰、刘莉、李清、林楠、李苗苗、张惠芬、王仁宝、于子健。

本文件及其所代替文件的历次版本发布情况为:

——2012 年首次发布为 SC/T 7216—2012;

——本次为第一次修订。

鱼类病毒性神经坏死病诊断方法

1 范围

本文件界定了鱼类病毒性神经坏死病(viral nervous necrosis,VNN)诊断的术语和定义,给出了缩略语、试剂和材料、仪器和设备,描述了临床症状,规定了采样要求,以及组织病理检查、病毒分离、套式 RT-PCR 检测、RT-qPCR 检测和综合判定的方法。

本文件适用于鱼类病毒性神经坏死病的流行病学调查、诊断、检疫和监测。

2 规范性引用文件

下列文件中的内容通过文中的规范性引用而构成本文件必不可少的条款。其中,注日期的引用文件,仅该日期对应的版本适用于本文件;不注日期的引用文件,其最新版本(包括所有的修改单)适用于本文件。

SC/T 7011.1 水生动物疾病术语与命名规则 第 1 部分:水生动物疾病术语
SC/T 7011.2 水生动物疾病术语与命名规则 第 2 部分:水生动物疾病命名规则
SC/T 7103 水生动物产地检疫采样技术规范

3 术语和定义

SC/T 7011.1 和 SC/T 7011.2 界定的术语和定义适用于本文件。

4 缩略语

下列缩略语适用于本文件。

AMV:禽成髓细胞瘤病毒(avian myeloblastosis virus)

BFNNV:条斑星鲽神经坏死病毒(barfin flounder nervous necrosis virus)

BHQ1:淬灭剂(black hole quencher 1)

CPE:细胞病变效应(cytopathic effect)

Cq:定量循环(quantification cycle)

cDNA:互补 DNA(complementary DNA)

DEPC:焦碳酸二乙酯(diethyl pyrocarbonate)

DNA:脱氧核糖核酸(deoxyribonucleic acid)

dNTPs:脱氧核糖核苷三磷酸混合物(deoxy-ribonucleoside triphosphate mixture)

EDTA:乙二胺四乙酸(ethylenediaminetetraacetic acid)

E-11:从纹鳢细胞系-1(SSN-1)中克隆得到的 E-11 细胞系(E-11 cell line)

FAM:羧基荧光素(carboxyfluorescein)

GF-1:石斑鱼鳍细胞系(grouper fin cell line,GF-1)

NNV:神经坏死病毒(nervous necrosis virus)

PCR:聚合酶链式反应(polymerase chain reaction)

qPCR:实时荧光 PCR(quantitative real-time PCR)

RGNNV:赤点石斑鱼神经坏死病毒(red spotted grouper nervous necrosis virus)

RNA:核糖核酸(ribonucleic acid)

RT-PCR:逆转录 PCR(reverse transcription PCR)

RT-qPCR:实时荧光 RT-PCR(reverse transcription quantitative real-time PCR)

SJNNV:黄带拟鲹神经坏死病毒(striped jack nervous necrosis virus)

SSN-1:纹鳢细胞系-1(striped snakehead fish cell line,SSN-1)

Taq:水生栖热菌(*Thermus aquaticus*)

TPNNV:红鳍东方鲀神经坏死病毒(tiger puffer nervous necrosis virus)

VNN:病毒性神经坏死病(viral nervous necrosis)

5 试剂和材料

5.1 水:蒸馏水、去离子水或相当纯度的水;RNA 提取和 cDNA 合成应使用 DEPC 处理水。

5.2 70%乙醇:按附录 A 中 A.1 配制。

5.3 75%乙醇:按 A.2 配制。

5.4 异丙醇:分析纯。

5.5 水饱和酚。

5.6 氯仿/异戊醇:氯仿与异戊醇的体积比为 49:1。

5.7 Davidson's AFA 固定液:按 A.3 配制。

5.8 苏木精染色液:按 A.4 配制。

5.9 伊红染色液:按 A.5 配制。

5.10 细胞系:SSN-1、E-11 或 GF-1。

5.11 细胞培养液:按 A.6 配制,或使用其他等效商品化试剂。

5.12 鱼类神经坏死病毒参考株:由动物防疫主管部门指定单位提供。

5.13 RNA 提取变性液:按 A.7 配制,或使用其他等效商品化试剂。

5.14 乙酸钠缓冲液:按 A.8 配制。

5.15 AMV 逆转录酶、*Taq* DNA 聚合酶:−20 ℃保存。

5.16 5×逆转录酶缓冲液、10×*Taq* DNA 聚合酶缓冲液:−20 ℃保存。

5.17 RNA 酶抑制剂:−20 ℃保存。

5.18 dNTPs:含 dATP、dTTP、dCTP、dGTP 各 10 mmol/L 的混合物,−20 ℃保存。

5.19 琼脂糖:电泳级。

5.20 0.5×TBE 电泳缓冲液:按 A.9 配制。

5.21 电泳核酸染料:溴化乙锭或其他等效试剂。

5.22 随机引物:−20 ℃保存。

5.23 套式 RT-PCR 引物:用于扩增 NNV 的衣壳蛋白基因片段。引物 NNV1 和引物 NNV2 是第一轮 PCR 引物,目的产物大小约 610 bp;引物 NNV3 和引物 NNV4 是第二轮 PCR 引物,目的产物大小约 255 bp。序列如下:

    a) 引物 NNV1:5′-ACA-CTG-GAG-TTT-GAA-ATT-CA-3′;

    b) 引物 NNV2:5′-GTC-TTG-TTG-AAG-TTG-TCC-CA-3′;

    c) 引物 NNV3:5′-ATT-GTG-CCC-CGC-AAA-CAC-3′;

    d) 引物 NNV4:5′-GAC-ACG-TTG-ACC-ACA-TCA-GT-3′。

5.24 RT-qPCR 引物和探针:用于检测 NNV 的衣壳蛋白基因片段,为简并引物和探针。序列如下:

    a) 引物 RNA2 FOR:5′-CAA-CTG-ACA-RCG-AHC-ACA-C-3′;

    b) 引物 RNA2 REV:5′-CCC-ACC-AYT-TGG-CVA-C-3′;

    c) 探针 RNA2 probe:5′-6FAM-TYC-ARG-CRA-CTC-GTG-GTG-CVG-BHQ1-3′。

6 仪器和设备

6.1 光学显微镜。

6.2 组织研磨器。

6.3 高速冷冻离心机。

6.4 生化培养箱。

6.5 倒置相差显微镜。

6.6 紫外分光光度计。

6.7 PCR 仪。

6.8 水平电泳仪。

6.9 凝胶成像仪。

6.10 荧光定量 PCR 仪。

7 临床症状

病鱼食欲下降或厌食。行为不协调,多表现为螺旋式、涡旋状、向前窜动等异常游泳行为,或腹部朝上静止,或沉入水底。不同种类的鱼临床表现存在差异,如石斑鱼病鱼常表现为体色变黑,鳃盖张开,头部出血,鱼体出现畸形,或因鳔肿胀导致腹部膨大;鲆鲽鳎类病鱼会滞留在池塘底部,身体蜷曲,头和尾向上翘。

8 采样

8.1 对象

鱼类病毒性神经坏死病的易感宿主应符合附录 B 的规定。

8.2 数量

应符合 SC/T 7103 中的规定。

8.3 器官或组织

体长<1 cm 的鱼,取整条鱼。体长 1 cm～6 cm 的鱼,取包括脑和眼在内的整个头部。体长>6 cm 的鱼,采集脑和眼。对于只能用非致死性方式取样的亲鱼,可采集卵、性腺、卵巢液、精液和血液。

9 组织病理检查

9.1 样品处理和观察

活体解剖取脑和眼。迅速将组织切成厚度不超过 3 mm 的组织块,用 Davidson′s AFA 固定液(按 A.3 配制)固定 2 h 以上。根据组织块大小,固定时间宜适当调整或放置过夜。固定后,将样品转移至 70%乙醇中保存。对固定后的样品进行脱水、石蜡包埋、切片,用苏木精染色液、伊红染色液依次染色、封片,置于光学显微镜下观察组织病理变化。

卵、性腺、卵巢液、精液、血液等样品不宜用作组织病理检查。

鱼类病毒性神经坏死病组织病理特征示例见附录 C。

9.2 结果判定

样品视网膜和脑组织若呈现明显的空泡化或坏死病变,判定为具有典型的病毒性神经坏死病组织病理特征。

10 病毒分离

10.1 样品处理

NNV 的分离,无症状的鱼最多 15 尾为 1 个样品,有症状的鱼每 1 尾为 1 个样品。先用组织研磨器将样品匀浆成糊状,再按 1∶10 的最终稀释度将其重悬于含有 1 000 IU/mL 青霉素和 1 000 μg/mL 链霉素的细胞培养液(按 A.6 配制)中,于 15 ℃孵育 2 h～4 h 或 4 ℃孵育 6 h～24 h。4 ℃ 4 000 g 离心 15 min,收集上清液。

10.2 病毒接种与观察

10.2.1 在 2 块 24 孔细胞培养板上传代培养 SSN-1、E-11 或 GF-1 细胞约 24 h,形成单层细胞。用细胞培养液对 1∶10 的组织匀浆上清液再做 2 次 10 倍稀释,然后将 1∶10、1∶100 和 1∶1 000 三个稀释度的上清液分别接种到上述 2 块细胞培养板中。每个稀释度每块板至少接种 3 孔,每孔接种 100 μL。同时设置 3 孔阳性对照(接种鱼类神经坏死病毒参考株)和 3 孔空白对照(未接种病毒的细胞)。将上述 2 块细胞培养板分别置于(20±2)℃和(25±2)℃生化培养箱中培养。

SSN-1 和 E-11 细胞最适的培养温度为 25 ℃。GF-1 细胞分离 NNV 时最适的培养温度为 28 ℃。

10.2.2 每天用倒置相差显微镜观察细胞病变效应(CPE)是否出现,连续观察 10 d。

10.2.3 如果 10 d 内接种组织匀浆上清液的细胞培养物出现了 CPE,应对其进行套式 RT-PCR 检测(见第 11 章)或 RT-qPCR 检测(见第 12 章)。

SSN-1 或 E-11 的 CPE 特征为细胞变薄或变圆,有折光,呈颗粒状的细胞内有空泡,单层细胞部分或全部崩解。GF-1 的 CPE 特征为起初局部区域的培养细胞变圆,呈颗粒状、折光性增强,然后病变扩散到整个细胞单层,最后细胞变性并脱落。

10.2.4 如果 10 d 内接种组织匀浆上清液的细胞培养物未出现 CPE,需盲传一次。盲传时,将接种组织匀浆上清液的细胞培养物冻融一次后收集,4 ℃ 4 000 g 离心 15 min,收集上清液。取上清液 100 μL 接种到同种长满单层新鲜细胞的细胞培养板中,再培养观察 10 d。

10.2.5 盲传培养期间出现 CPE,或者盲传培养 10 d 后仍未出现 CPE,均应取细胞培养物进行套式 RT-PCR 检测(见第 11 章)或 RT-qPCR 检测(见第 12 章)。

10.3 结果判定

10.3.1 空白对照孔细胞形态正常,且阳性对照孔细胞出现 CPE,实验有效,否则实验无效,应重新进行实验。

10.3.2 首次接种细胞或盲传细胞出现典型 CPE,判定样品的病毒分离培养结果为阳性。

10.3.3 首次接种细胞和盲传细胞均未出现典型 CPE,判定样品的病毒分离培养结果为阴性。

11 套式 RT-PCR 检测

11.1 RNA 提取

11.1.1 样品处理

对于细胞培养样品,弃去细胞培养液,取 100 μL 细胞培养物,置于 2.0 mL 离心管中,加入 600 μL RNA 提取变性液(按 A.7 配制),然后用移液器抽吸 7 次～10 次。对于组织样品,取鱼脑和眼组织,用组织研磨器匀浆成糊状,然后取 20 mg～50 mg 组织匀浆液,置于 2.0 mL 离心管中,加入 600 μL RNA 提取变性液,混匀。

11.1.2 RNA 抽提

每管加入 60 μL 乙酸钠缓冲液(按 A.8 配制),混匀;加入 600 μL 水饱和酚,混匀;再加入 120 μL 氯仿/异戊醇(体积比为 49∶1),混匀后 0 ℃～4 ℃静置 15 min;4 ℃ 12 000 g 离心 15 min。取上层水相置于新的 1.5 mL 离心管中,加入等体积的 −20 ℃预冷的异丙醇,上下颠倒数次使管中液体混匀,−20 ℃静置 30 min 沉淀 RNA;4 ℃ 12 000 g 离心 10 min。弃上清液,用 1 mL 75%乙醇轻轻洗涤沉淀,室温静置 10 min～15 min;4 ℃ 7 500 g 离心 5 min。弃上清液,室温干燥沉淀 5 min。加入 20 μL～50 μL DEPC 处理水溶解沉淀,即为样品 RNA。提取的样品 RNA 可立即用于 cDNA 合成,或保存于 −80 ℃备用。

也可采用等效的商品化 RNA 提取试剂或 RNA 提取试剂盒。

11.2 RT-PCR 扩增

11.2.1 设置对照

在 RT-PCR 扩增过程中,应设立阳性对照、阴性对照和空白对照:

a) 阳性对照为从确定感染 NNV 的细胞悬液或病鱼脑、眼组织中提取的 RNA,或纯化的 NNV RNA,或 NNV 衣壳蛋白基因重组质粒的体外转录 RNA;

b) 阴性对照为从确定未感染 NNV 的正常细胞悬液或健康鱼脑、眼组织中提取的 RNA;

c) 空白对照为 DEPC 处理水。

11.2.2 cDNA 合成

在冰盒上配制 20 μL cDNA 合成反应体系。在 0.2 mL 离心管中加入:DEPC 处理水 6.5 μL,随机引物(25 μmol/L)2 μL,dNTPs(各 10 mmol/L)1 μL,模板 RNA(10 ng/μL~1 000 ng/μL)或空白对照 5 μL。混匀,短暂离心,65 ℃保温 5 min 后,冰上迅速冷却。然后在上述反应管中加入:5×逆转录酶缓冲液 4 μL,RNA 酶抑制剂(40 U/μL)0.5 μL,AMV 逆转录酶(200 U/μL)1 μL。缓慢混匀。按以下程序进行 cDNA 合成:30 ℃ 10 min,42 ℃ 45 min;95 ℃ 5 min 灭活逆转录酶,冰上冷却。合成的 cDNA 可立即用于 PCR 扩增,或保存于−20 ℃备用。

也可采用等效的商品化 cDNA 合成试剂盒,或在 11.2.3 中采用等效的商品化一步法 RT-PCR 试剂盒,省略 cDNA 合成步骤。

11.2.3 第一轮 PCR 扩增

在冰盒上配制 50 μL 第一轮 PCR 反应体系。在第一轮 PCR 反应管中加入:水 33 μL、10×Taq DNA 聚合酶缓冲液(不含 Mg^{2+})5 μL、dNTPs(各 10 mmol/L)1 μL、MgCl$_2$(25 mmol/L)3 μL、引物 NNV1(10 μmol/L)1 μL、引物 NNV2(10 μmol/L)1 μL、合成的 cDNA 5 μL、Taq DNA 聚合酶(5 U/μL)1 μL。混匀,置于 PCR 仪中。按以下程序进行第一轮 PCR 扩增:94 ℃ 2 min;94 ℃ 30 s,57 ℃ 30 s,72 ℃ 45 s,35 个循环;72 ℃ 10 min,4 ℃保存。

也可采用等效的商品化 PCR 试剂盒或一步法 RT-PCR 试剂盒。

11.2.4 第一次琼脂糖凝胶电泳

用 0.5×TBE 电泳缓冲液配制 1.5%的琼脂糖凝胶,加入适量的电泳核酸染料。分别取 5 μL PCR 扩增产物与 1 μL 6×载样缓冲液混匀后加入样品孔,使用适当的 DNA 分子量标准物作为电泳参照。置于水平电泳仪上 5 V/cm 电泳,当载样缓冲液中溴酚蓝指示剂色带迁移至琼脂糖凝胶的 2/3 处时停止电泳,用凝胶成像仪观察扩增结果。

样品的扩增产物在 610 bp 附近无特异性目的条带的情况下,应直接取扩增产物作为模板进行第二轮 PCR 扩增。在 610 bp 附近有特异性目的条带的情况下,可不进行第二轮 PCR 扩增,直接分离、回收目的条带,测序并对测序结果进行序列比对(见 11.3);也可将扩增产物稀释 100 倍~1 000 倍,作为模板进行第二轮 PCR 扩增。

11.2.5 第二轮 PCR 扩增

在冰盒上配制 50 μL 第二轮 PCR 反应体系。在第二轮 PCR 反应管中加入:水 33 μL、10×Taq DNA 聚合酶缓冲液(不含 Mg^{2+})5 μL、dNTPs(各 10 mmol/L)1 μL、MgCl$_2$(25 mmol/L)3 μL、引物 NNV3(10 μmol/L)1 μL、引物 NNV4(10 μmol/L)1 μL、第一轮 PCR 产物或其稀释液 5 μL、Taq DNA 聚合酶(5 U/μL)1 μL。混匀,置于 PCR 仪中。按以下程序进行第二轮 PCR 扩增:94 ℃ 2 min;94 ℃ 30 s,57 ℃ 30 s,72 ℃ 30 s,35 个循环;72 ℃ 10 min,4 ℃保存。

也可采用等效的商品化 PCR 试剂盒。

11.2.6 第二次琼脂糖凝胶电泳

按 11.2.4 操作,进行琼脂糖凝胶电泳并观察结果。

11.3 PCR 产物测序和序列比对

通过琼脂糖凝胶电泳,分离、回收第一轮和/或第二轮 PCR 扩增产物的特异性目的条带,测序并对测序结果进行序列比对。

11.4 结果判定

11.4.1 阳性对照第一轮 PCR 扩增在 610 bp 附近有特异性目的条带,和/或第二轮 PCR 扩增在 255 bp 附近有特异性目的条带,同时阴性对照和空白对照均无上述特异性目的条带,实验有效;否则实验无效,应重新进行实验。

11.4.2 样品的第一轮 PCR 扩增在 610 bp 附近有特异性目的条带,或第二轮 PCR 扩增在 255 bp 附近有特异性目的条带,且扩增产物序列符合鱼类神经坏死病毒的参考序列(见附录 D),判定套式 RT-PCR 检测结果为阳性。

11.4.3 样品的第一轮 PCR 扩增在 610 bp 附近无特异性目的条带且第二轮 PCR 扩增在 255 bp 附近无特异性目的条带,判定套式 RT-PCR 检测结果为阴性。

12 RT-qPCR 检测

12.1 RNA 提取

按 11.1 操作。

12.2 RT-qPCR 扩增

12.2.1 设置对照

按 11.2.1 操作。

12.2.2 cDNA 合成

按 11.2.2 操作。

也可采用等效的商品化一步法 RT-qPCR 试剂盒,省略 cDNA 合成步骤。

12.2.3 qPCR 扩增

在冰盒上配制 20 μL qPCR 反应体系。在 qPCR 反应管中加入:双蒸水 9.5 μL、$10\times Taq$ DNA 聚合酶缓冲液(不含 Mg^{2+})2 μL、dNTPs(各 10 mmol/L)1 μL、$MgCl_2$(25 mmol/L)1 μL、引物 RNA2 FOR(20 μmol/L)1 μL、引物 RNA2 REV(20 μmol/L)1 μL、探针 RNA2 probe(10 μmol/L)1.5 μL、合成的 cDNA 2 μL、Taq DNA 聚合酶(5 U/μL)1 μL。混匀,置于荧光定量 PCR 仪中。按以下程序进行 qPCR 扩增:95 ℃ 10 min;95 ℃ 10 s、58 ℃ 35 s,40 个循环。每次循环收集一次荧光信号。循环结束后,确定 Cq 值。

也可采用等效的商品化 qPCR 试剂盒或一步法 RT-qPCR 试剂盒。

12.3 结果判定

12.3.1 阳性对照 Cq 值<36 且有典型的 S 形扩增曲线,同时阴性对照和空白对照无 Cq 值或 Cq 值≥36 但无典型的 S 形扩增曲线,实验有效;否则实验无效,应重新进行实验。

12.3.2 样品的 Cq 值<36 且有典型的 S 形扩增曲线,判定 RT-qPCR 检测结果为阳性。

12.3.3 当 36≤样品的 Cq 值<40 时,Cq 值位于"灰区",应对样品再次检测。再次检测后 Cq 值仍处于灰区,但出现典型的 S 形扩增曲线,判定 RT-qPCR 检测结果为阳性,否则为阴性。

12.3.4 样品无 Cq 值或无典型的 S 形扩增曲线,判定 RT-qPCR 检测结果为阴性。

13 综合判定

13.1 疑似病例的判定

易感鱼类样品符合以下任何一项,判定为疑似病例:

a) 出现典型的临床症状;

b) 具有典型的组织病理特征;

c) 病毒分离培养结果为阳性。

13.2 确诊病例的判定

易感鱼类样品的套式 RT-PCR 和/或 RT-qPCR 检测结果为阳性,且符合以下任何一项,判定为确诊病例:

a) 出现典型的临床症状;

b) 具有典型的组织病理特征。

13.3 病毒携带者的判定

易感鱼类样品的套式 RT-PCR 和/或 RT-qPCR 检测结果为阳性,且符合以下任何一项,判定为病毒

携带者:

    a)   无典型的临床症状,且无典型的组织病理特征;

    b)   无典型的临床症状,且组织病理特征不明;

    c)   临床症状不明,且无典型的组织病理特征;

    d)   临床症状不明,且组织病理特征不明。

附　录　A

（规范性）

试剂及其配制

A.1　70%乙醇

| 无水乙醇 | 700.0 mL |
| 加水定容至 | 1 000.0 mL |

混匀，室温储存。

A.2　75%乙醇

| 无水乙醇 | 75.0 mL |
| 加 DEPC 处理水定容至 | 100.0 mL |

混匀，4 ℃储存。

A.3　Davidson′s AFA 固定液

95%乙醇	330.0 mL
100%福尔马林	220.0 mL
冰醋酸	115.0 mL
水	335.0 mL

混匀，室温密封储存。

A.4　苏木精染色液

温水（50 ℃～60 ℃）	1 000.0 mL
苏木素	1.0 g
碘酸钠	0.2 g
钾明矾	90.0 g
柠檬酸	1.0 g
水合三氯乙醛	50.0 g

按上述顺序混合，溶解后即可使用，室温储存。

A.5　伊红染色液

| 伊红 Y（水溶性） | 1.0 g |
| 水 | 99.0 mL |

溶解后置于棕色瓶中，室温储存。

A.6　细胞培养液

Leibovitz′sL15 培养基（含 Eagle′s）干粉，按说明书的要求配制。然后，加入 5%经 56 ℃ 30 min 处理灭活的胎牛血清，过滤除菌，4 ℃保存。在细胞培养板中使用时，加入过滤除菌的 4-羟乙基哌嗪乙磺酸[4-(2-hydroxyethyl)-1-piperazineethanesulfonic acid,HEPES]，使其在培养液中的终浓度为 20 mmol/L。

A.7　RNA 提取变性液（储存液）

| DEPC 处理水 | 293.0 mL |

0.75 mol/L 柠檬酸钠(pH 7.0)	17.6 mL
10% N-十二烷基肌氨酸(Sarkosyl)	26.4 mL
异硫氰酸胍	250.0 g

按上述顺序混合,加热至 60 ℃~65 ℃并持续搅拌,配制成储存液,室温下可保存 3 个月。

取 50 mL 储存液,加入 0.35 mL 2-巯基乙醇,即配成工作液,室温下可保存 1 个月。

A.8 乙酸钠缓冲液(2 mol/L,pH 4.0)

DEPC 处理水	90.0 mL
三水乙酸钠	27.2 g

完全溶解后,用冰醋酸调溶液的 pH 至 4.0,加 DEPC 处理水定容至 100 mL。

A.9 TBE 电泳缓冲液(5×浓缩液)

Tris	54.0 g
硼酸	27.5 g
0.5 mol/L EDTA(pH 8.0)	20.0 mL
水	800.0 mL

完全溶解后加水定容至 1 000 mL,室温保存。

使用前用水 10 倍稀释,即为 0.5×TBE 电泳缓冲液。

附　录　B

（规范性）

鱼类病毒性神经坏死病（VNN）

B.1　病原学

鱼类病毒性神经坏死病（viral nervous necrosis，VNN），也被称为病毒性脑病和视网膜病（viral encephalopathy and retinopathy，VER），是一种严重危害多种海、淡水鱼类的病毒病。VNN 能导致病鱼尤其是鱼苗的大量死亡，其典型的病理特征是病鱼中枢神经系统和视网膜出现空泡化损伤。VNN 的病原是鱼类神经坏死病毒（nervous necrosis virus，NNV），病毒粒子呈二十面体状，无囊膜，大小 20 nm～30 nm。病毒基因组由 2 段正义单链 RNA 分子组成，其中 RNA1（约 3.1 kb）编码病毒的 RNA 依赖性 RNA 聚合酶（RNA-dependent RNA polymerase，RdRp）以及另外 2 种非结构蛋白（B1 和 B2），RNA2（约 1.4 kb）编码病毒的衣壳蛋白（Capsid protein，CP）。NNV 隶属于野田村病毒科（Nodaviridae）乙型野田村病毒属（*Betanodavirus*），分为 4 个病毒种，即黄带拟鲹神经坏死病毒（striped jack nervous necrosis virus，SJNNV）、红鳍东方鲀神经坏死病毒（tiger puffer nervous necrosis virus，TPNNV）、条斑星鲽神经坏死病毒（barfin flounder nervous necrosis virus，BFNNV）和赤点石斑鱼神经坏死病毒（red spotted grouper nervous necrosis virus，RGNNV）。在我国流行的 NNV 种类主要是 RGNNV。4 种 NNV 在培养细胞中最适的增殖温度不同：RGNNV 为 25 ℃～30 ℃，SJNNV 为 20 ℃～25 ℃，TPNNV 为 20 ℃，BFNNV 为 15 ℃～20 ℃。NNV 在水环境中有很强的抵抗力，在低温海水中能长时间保持活性。脱离水环境后，病毒会迅速失活。在 21 ℃的干燥环境下，超过 99% 的病毒在 7 d 内失活。常用消毒剂如次氯酸钠、碘、过氧化氢、苯扎氯铵等均能有效灭活 NNV，但福尔马林对 NNV 的灭活效果很差。还可使用臭氧处理来避免或降低鱼卵表面的 NNV 污染，紫外照射可有效消毒被病毒污染的水体。

B.2　易感宿主

NNV 的宿主十分广泛。截至目前，已知有 70 余种鱼类可被 NNV 感染，主要为海水鱼类。NNV 的易感宿主包括驼背鲈（*Chromileptes altivelis*）、半滑舌鳎（*Cynoglossus semilaevis*）、多个品种的石斑鱼（*Epinephelus* spp.）、大西洋鳕（*Gadus morhua*）、庸鲽（*Hippoglossus hippoglossus*）、花鲈（*Lateolabrax japonicus*）、尖吻鲈（*Lates calcarifer*）、红鳍笛鲷（*Lutjanus erythropterus*）、条石鲷（*Oplegnathus fasciatus*）、斑石鲷（*O. punctatus*）、尼罗罗非鱼（*Oreochromis niloticus*）、牙鲆（*Paralichthys olivaceus*）、黄带拟鲹（*Pseudocaranx dentex*）、军曹鱼（*Rachycentron canadum*）、眼斑拟石首鱼（*Sciaenops ocellatus*）、大菱鲆（*Scophthalmus maximus*）、高体鰤（*Seriola dumerili*）、褐蓝子鱼（*Siganus fuscescens*）、鲶（*Silurus asotus*）、鳎（*Solea solea*）、红鳍东方鲀（*Takifugu rubripes*）、卵形鲳鲹（*Trachinotus ovatus*）、条斑星鲽（*Verasper moseri*）等。

B.3　易感阶段

NNV 能感染宿主鱼的各个生命阶段，包括受精卵、仔鱼、稚鱼、幼鱼和成鱼等，在亲鱼的性腺中亦可检测到病毒。NNV 对仔鱼和稚鱼的危害最大，感染鱼死亡率通常高达 80%～100%。存活鱼可被 NNV 持续感染而不发病，成为 NNV 终身携带者。

B.4　传播方式

NNV 能通过水平方式和垂直方式传播。在养殖场病毒通过水体、饵料、养殖工具等进行水平传播，可能为该病主要的传播方式。

附 录 C
（资料性）
鱼类病毒性神经坏死病组织病理特征

图 C.1 给出了病鱼脑组织病理特征示例，图 C.2 给出了病鱼眼组织病理特征示例。

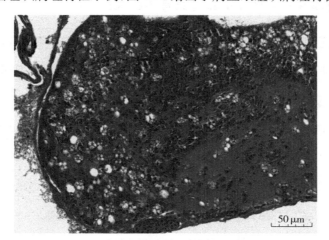

图 C.1 病鱼脑组织病理特征示例（苏木精-伊红染色）

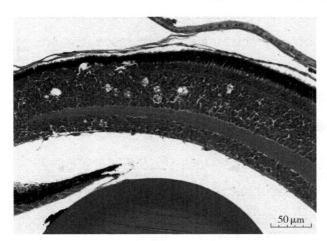

图 C.2 病鱼眼组织病理特征示例（苏木精-伊红染色）

附　录　D

（资料性）

鱼类神经坏死病毒扩增产物的参考序列

D.1　RGNNV 扩增产物的参考序列（GenBank 登录号：NC_008041）

```
  1  ACACTGGAGTTTGAAATTCAGCCAATGTGCCCCGCAAACACGGGCGGTGGTTACGTTGCT
            NNV1                            NNV3
 61  GGCTTCCTGCCTGATCCAACTGACAACGATCACACCTTCGACGCGCTTCAAGCAACTCGT
                           RNA2 FOR                      RNA2 probe
121  GGTGCAGTCGTTGCCAAATGGTGGGAAAGCAGAACAGTCCGACCTCAGTACACCCGCACG
            RNA2 REV
181  CTCCTCTGGACCTCGTCGGGAAAGGAGCAGCGTCTCACGTCACCTGGTCGGCTGATACTC
241  CTGTGTGTCGGCAACAACACTGATGTGGTCAACGTGTCAGTGCTGTGTCGCTGGAGTGTT
                           NNV4
301  CGACTGAGCGTTCCATCTCTTGAGACACCTGAAGAGACCACCGCTCCCATCATGACACAA
361  GGTTCCCTGTACAACGATTCCCTTTCCACAAATGACTTCAAGTCCATCCTCCTAGGATCC
421  ACACCACTGGACATTGCCCCTGATGGAGCAGTCTTCCAGCTGGACCGTCCGCTGTCCATT
481  GACTACAGCCTTGGAACTGGAGATGTTGACCGTGCTGTTTATTGGCACCTCAAGAAGTTT
541  GCTGGAAATGCTGGCACACCTGCAGGCTGGTTTCGCTGGGGCATCTGGGACAACTTCAAC
                                                        NNV2
601  AAGAC
```

注：下划线处为各检测引物和探针的位置。

D.2　SJNNV 扩增产物的参考序列（GenBank 登录号：NC_003449）

```
  1  ACACTGGAGTTCGAAATTCAGCCAATGTGCCCCGCAAACACGGGCGGTGGTTACGTTGCT
            NNV1                            NNV3
 61  GGCTTCCTGCCTGATCCAACTGACAACGACCACACCTTCGATGCGCTCCAAGCAACTCGT
                           RNA2 FOR                      RNA2 probe
121  GGTGCAGTCGTCGCCAAATGGTGGGAAAGTCGAACAGTCCGGCCCCAGTATACTCGAACG
            RNA2 REV
181  CTTCTCTGGACCTCAACCGGGAAGGAGCAGCGATTGACATCACCTGGCCGGCTGGTACTC
241  CTGTGTGTTGGCAGCAACACTGATGTTGTCAACGTGTCAGTCATGTGTCGCTGGAGCGTT
                           NNV4
301  CGCCTTAGTGTCCCGTCCCTTGAGACACCTGAGGACACCACCGCTCCAATTACTACCCAG
361  GCGCCACTCCACAACGATTCCATTAACAACGGTTACACTGGATTTCGTTCCATTCTCTTG
421  GGCGCGACCCAACTCGACCTCGCTCCTGCAAACGCTGTCTTTGTCACTGACAAACCGTTG
481  CCCATTGATTACAATCTTGGAGTGGGCGACGTCGACCGGGCCGTGTACTGGCACCTGCGG
541  AAGAAAGCTGGAGACACTCAGGTACCTGCTGGGTACTTTGACTGGGGACTGTGGGATGAC
                                                        NNV2
601  TTTAACAAGAC
```

注：下划线处为各检测引物和探针的位置。

D.3　BFNNV 扩增产物的参考序列（GenBank 登录号：NC_013459）

```
  1  ACACTGGAGTTCGAAATTCAGCCAATGTGCCCCGCAAACACGGGCGGTGGTTACGTGGCT
            NNV1                        NNV3
 61  GGCTTCCTGCCTGATCCAACTGACAGCGACCACACCTTCGACGCAATTCAAGCGACTCGT
                    RNA2 FOR                        RNA2 probe
121  GGTGCGGTCGTTGCCAAATGGTGGGAAAGCAGAACAATCCGACCCCAGTATGCCCGCGCA
            RNA2 REV
181  CTCCTCTGGACCTCGGTCGGGAAGGAGCAGCGTTTGACATCCCCGGGCCGGTTGATACTC
241  CTGTGTGTCGGCAACAACACTGACGTCGTCAACGTGTCAGTGCTATGTCGCTGGAGTGTG
                        NNV4
301  CGTCTCAGTGTTCCATCTCTCGAGACACCTGAAGATACATTCGCTCCAATCCTAACCTTG
361  GGACCACTCTACAACGACTCCCTTGCAGCCAATGATTTCAAATCAATACTTCTTGGCTCT
421  ACCCAGCTTGACATCGCCCCTGAAGGAGCCGTCTATTCATTAGATCGGCCGCTGTCCATT
481  GACTACAGTCTGGGCACTGGTGATGTCGACCGTGCCGTTTACTGGCATGTGAAGAAAGTT
541  GCTGGCAATGTGGGAACACCTGCGGGGTGGTTCCATTGGGGGCTATGGGATAATTTCAAC
                                                    NNV2
601  AAAAC
```

注：下划线处为各检测引物和探针的位置。

D.4　TPNNV 扩增产物的参考序列（GenBank 登录号：NC_013461）

```
  1  ACACTGGAGTTCGACATTCAGCCAATGTGCCCCGCAAACACGGGCGGCGGTTACGTTGCT
            NNV1                        NNV3
 61  GGCTTCCTGCCTGATCCAGCTGACAACGACCACACCTTCGACGCAATTCAAGCAACTCGT
                    RNA2 FOR                        RNA2 probe
121  GGTGCAGTCGTTGCCAAGTGGTGGGAAAGCAGAACAGTCCGGCCCCAATATGCTCGAACG
            RNA2 REV
181  CTTCTCTGGACCTCAACCGGCAAGGAGCAGCGTCTGACCTCTCCGGGCCGGCTGATACTC
241  CTGTGTGTCGGCAGCAACACTGATGTGGTCAACGTGTCGGTGCTGTGTCGCTGGAGTGTG
                        NNV4
301  CGCCTTAGTGTCCCTTCTTTGGAAACACCTGAGGAAACATTCGCTCCAATCACAAGCCAG
361  GGACCGCTGTACAACGATTCCATCACAACTGCCACTTCTGGGTTTCGTTCCATCCTCCTT
421  GGCTCTGGTCAGCTTGACATCGCTCCTCCAGGCACTGTCTATTCGATTGACAGACCACTG
481  TCTATCGATTACAACCTGGGAGTTGGTGACGTTGACCGTGCTGTGTACTGGCACCTGCTC
541  AAGAAGAAAGGTGATCCAAACAACCCTGCAGGCTTCTTGGATTGGGGATTGTGGGATGAT
                                                    NNV2
601  TTCAATAAAGT
```

注：下划线处为各检测引物和探针的位置。

————————————

ICS 65.150
CCS B 50

中华人民共和国水产行业标准

SC/T 7242—2022

罗氏沼虾白尾病诊断方法

Diagnostic methods for white tail disease of *Macrobrachium rosenbergii*

2022-11-11 发布

2023-03-01 实施

中华人民共和国农业农村部 发布

前　言

本文件按照 GB/T 1.1—2020《标准化工作导则　第 1 部分:标准化文件的结构和起草规则》的规定起草。

请注意本文件的某些内容可能涉及专利。本文件的发布机构不承担识别专利的责任。

本文件由农业农村部渔业渔政管理局提出。

本文件由全国水产标准化技术委员会(SAC/TC 156)归口。

本文件起草单位:浙江省淡水水产研究所。

本文件主要起草人:潘晓艺、沈锦玉、蔺凌云、姚嘉赟、袁雪梅、林锋、黄雷、尹文林。

罗氏沼虾白尾病诊断方法

1 范围

本文件界定了罗氏沼虾白尾病（white tail disease，WTD）诊断的术语和定义，给出了缩略语、试剂和材料、仪器和设备，描述了临床症状，规定了采样要求，以及组织病理检查、RNA 提取、套式 RT-PCR 检测、RT-qPCR 检测和综合判定的方法。

本文件适用于罗氏沼虾白尾病的流行病学调查、诊断、检疫和监测。

2 规范性引用文件

下列文件中的内容通过文中的规范性引用而构成本文件必不可少的条款。其中，注日期的引用文件，仅该日期对应的版本适用于本文件；不注日期的引用文件，其最新版本（包括所有的修改单）适用于本文件。

GB/T 28630.4 白斑综合征（WSD）诊断规程 第 4 部分：组织病理学诊断法

SC/T 7011.1 水生动物疾病术语与命名规则 第 1 部分：水生动物疾病术语

SC/T 7011.2 水生动物疾病术语与命名规则 第 2 部分：水生动物疾病命名规则

SC/T 7103 水生动物产地检疫采样技术规范

3 术语和定义

SC/T 7011.1 和 SC/T 7011.2 界定的以及下列术语和定义适用于本文件。

3.1

罗氏沼虾白尾病 white tail disease，WTD

病原为罗氏沼虾野田村病毒，主要发生于罗氏沼虾仔虾淡化阶段，症状表现为第二或第三腹节处肌肉不透明、坏死、分散的白浊斑点或不透明块，严重时全身肌肉呈乳白色。

3.2

罗氏沼虾野田村病毒 *macrobrachium rosenbergii* nodavirus，MrNV

罗氏沼虾白尾病的病原，属于野田村病毒科未定属，二十面体对称结构，无囊膜，直径约 27 nm，病毒基因组为双节段单链正链 RNA，可感染罗氏沼虾幼体和仔虾，引起肌肉白浊、全身乳白色等症状，造成大量死亡。

3.3

极小病毒 extra small virus，XSV

MrNV 的卫星病毒，无独立感染能力，需在 MrNV 的帮助下进行复制，呈二十面体对称结构，无囊膜，直径约 15 nm，病毒基因组为单链 RNA，分类地位未定。

4 缩略语

下列缩略语适用于本文件。

BHQ1：淬灭剂（black hole quencher 1）

bp：碱基对（base pair）

Cq：定量循环（quantification cycle）

DNA：脱氧核糖核酸（deoxyribonucleic acid）

dNTPs：脱氧核糖核苷三磷酸混合物（deoxy-ribonucleoside triphosphate mixture）

FAM：羧基荧光素（carboxyfluorescein）

M-MLV：莫洛尼鼠白血病病毒（Moloney murine leukemia virus）

PCR：聚合酶链式反应（polymerase chain reaction）

RT-PCR：逆转录 PCR（reverse transcription PCR）

RT-qPCR:实时荧光 RT-PCR(reverse transcription quantitative real-time PCR)

Taq:水生栖热菌(*Thermus aquaticus*)

5 试剂和材料

5.1 水:蒸馏水、去离子水或相当纯度的水;RNA 提取和 cDNA 合成应使用 DEPC 处理的水。

5.2 TRIzol™试剂:商品化试剂,4 ℃保存。

5.3 dNTPs(各 10 mmol/L):商品化试剂,−20 ℃保存。

5.4 dNTPs(各 2.5 mmol/L):商品化试剂,−20 ℃保存。

5.5 5×M-MLV 逆转录酶缓冲液:商品化试剂,−20 ℃保存。

5.6 M-MLV 逆转录酶(200 U/μL):商品化试剂,−20 ℃保存。

5.7 RNA 酶抑制剂(40 U/μL):商品化试剂,−20 ℃保存。

5.8 10×PCR 缓冲液(无 Mg^{2+}):商品化试剂,−20 ℃保存。

5.9 $MgCl_2$(25 mmol/L):商品化试剂,−20 ℃保存。

5.10 *Taq* DNA 聚合酶(5 U/μL):商品化试剂,−20 ℃保存。

5.11 琼脂糖:电泳级。

5.12 核酸染料:商品化试剂,4 ℃保存。

5.13 DNA Maker:商品化试剂,−20 ℃保存。

5.14 Hot-Start *Taq* DNA 聚合酶(5 U/μL):商品化试剂,−20 ℃保存。

5.15 MrNV 套式 PCR 引物:引物浓度为 10 μmol/L,−20 ℃保存。第一轮 PCR 引物分别是 MrNV423F1 和 MrNV423R1,扩增 MrNV 衣壳蛋白基因中的 423 bp 片段(见附录 A 中的 A.1);第二轮 PCR 引物分别是 MrNV205F2 和 MrNV205R2,从该片段中再扩增 205 bp 的片段。引物序列如下:

 a) MrNV423F1:5′-GCG-TTA-TAG-ATG-GCA-CAA-GG-3′;

 b) MrNV423R1:5′-AGC-TGT-GAA-AYT-TCC-ACT-GG-3′;

 c) MrNV205F2:5′-GAT-GAC-CCY-AAC-GTT-ATC-CT-3′;

 d) MrNV205R2:5′-GTG-TAG-TMA-CTT-GCA-AGA-GG-3′。

5.16 XSV 套式 PCR 引物:引物浓度为 10 μmol/L,−20 ℃保存。第一轮 PCR 引物分别是 XSV573F1 和 XSV573R1,扩增 XSV 衣壳蛋白基因中的 573 bp 片段(见 A.2);第二轮 PCR 引物分别是 XSV236F2 和 XSV236R2,从该片段中再扩增 236 bp 的片段。引物序列如下:

 a) XSV573F1:5′-TCT-AGC-TGC-TGA-CGT-TAA-ATG-C-3′;

 b) XSV573R1:5′-GGA-GTC-CCA-ATA-TGT-TAC-CAA-AG-3′;

 c) XSV236F2:5′-ACA-TTG-RCG-GTT-GGG-TCA-TA-3′;

 d) XSV236R2:5′-GTG-CCT-GTT-GCT-GAA-ATA-CC-3′。

5.17 MrNV 荧光定量 PCR 引物:引物浓度为 10 μmol/L,−20 ℃保存。扩增引物分别是 MrNV-Tq129F 和 MrNV-Tq129R,扩增 MrNV RNA1 中的 129 bp 片段(见 A.3);探针 MrNV-TqMAN。引物、探针序列如下:

 a) MrNV-Tq129F:5′-GAC-CCA-AAA-GTA-GCG-AAG-GA-3′;

 b) MrNV-Tq129R:5′-GGC-YTC-TCC-CTT-TAG-TGT-T-3′;

 c) MrNV-TqMAN:5′-6-FAM-AAG-CAA-CCG-CCT-TCA-ATG-CC-BHQ1-3′。

5.18 XSV 荧光定量 PCR 引物:引物浓度为 10 μmol/L,−20 ℃保存。其中,扩增引物分别是 XSV-Tq128F 和 XSV-Tq128R,扩增 XSV 衣壳蛋白基因中的 128 bp 片段(见 A.4);探针 XSV-TqMAN。引物、探针序列如下:

 a) XSV-Tq128F:5′-TCA-TAG-AGC-CGC-AGY-AGG-TA-3′;

 b) XSV-Tq128R:5′-CCA-ARG-CAC-GAA-CCA-CTG-GA-3′;

c) XSV-TqMAN:5′-6-FAM-ACG-GTA-TTT-CAG-CAA-CAG-GCA-CAC-TCA-BHQ1-3′。

5.19 阳性对照为确定感染 MrNV 和 XSV 的罗氏沼虾组织样品，−80 ℃保存。

5.20 阴性对照为确定未感染 MrNV 和 XSV 的罗氏沼虾组织样品，−80 ℃保存。

5.21 空白对照为水。

6 仪器和设备

6.1 PCR 仪。

6.2 荧光定量 PCR 仪。

6.3 水平电泳仪。

6.4 紫外观察仪或凝胶成像仪。

6.5 高速冷冻离心机。

6.6 水浴锅或金属浴。

6.7 普通冰箱。

6.8 −80 ℃超低温冰箱。

6.9 电炉或微波炉。

6.10 微量移液器。

7 临床症状

虾体不透明，尾部肌肉出现白浊现象，尤其在腹部。发病初期，第二或第三腹节出现肌肉白浊现象，并逐渐向前后扩散。严重时，尾部肌肉整体发白。初次出现症状后，第 5 d 死亡率达到高峰。特征见附录 B。

8 采样

8.1 对象

幼体、仔虾、稚虾和成虾，优先采集淡化后的仔虾。

8.2 数量

应符合 SC/T 7103 的规定。

8.3 器官或组织

幼体与仔虾取整虾；稚虾和成虾宜取鳃、心脏、腹肌、尾肌、附肢或血淋巴。避免取眼球、眼柄和肝胰腺等组织。非致死性方式取样的亲虾，可采集游泳足或鳃片。

9 组织病理检查

9.1 样品处理和观察

活体取样，迅速将整虾或切成厚度不超过 3 mm 的组织块，按 GB/T 28630.4 的方法进行组织固定、脱水、石蜡包埋、切片、苏木精染色和伊红染色、封片，并置于光学显微镜下观察。

9.2 结果判定

头胸部、腹部和尾部的横纹肌呈现急性玻璃样坏死、横纹透明变性、肌原纤维坏死和横纹溶解，肌细胞间的中度水肿和异常开放空间，以及肌细胞中出现大的椭圆形或不规则嗜碱性细胞质包涵体。组织病理特征见附录 B。同时出现肌肉病变和细胞质包涵体，判定为具有典型的罗氏沼虾白尾病组织病理特征。

10 RNA 提取

取样品 30 mg～50 mg 置于 1.5 mL 无 RNA 酶离心管中，加入 1 mL TRIzol™试剂，充分研磨后，室温 5 min，加入 0.2 mL 氯仿，振荡混匀 15 s，室温 5 min。于 4 ℃下 12 000 r/min 离心 10 min，取上层水

相,移至新离心管中。加入 0.5 mL 预冷的异丙醇,混匀,室温 10 min。于 4 ℃下 12 000 r/min 离心 10 min,弃上清液。加入 1 mL 预冷的无 RNA 酶 70％乙醇,振摇 1 min,再于 4 ℃下 12 000 r/min 离心 5 min,弃上清液,室温晾干沉淀。加入 30 μL～50 μL DEPC 处理的水溶解,测定 RNA 质量和浓度后,立即用于 RT-PCR 或保存于－80 ℃备用。同时设置阳性对照、阴性对照和空白对照。

也可采用等效的商品化 RNA 提取试剂或 RNA 提取试剂盒。

11 套式 RT-PCR 检测

11.1 cDNA 合成

在冰盒上配制 10 μL 反应体系,在 PCR 管中加入 1.0 μL 10 μmol/L 引物 MrNV423R1 和 1.0 μL 10 μmol/L 引物 XSV573R1,2.5 μL 无 RNA 酶水和 2 μL 总量为 100 ng～200 ng 的待测 RNA 模板。混匀离心后,70 ℃ 10 min,冰浴 2 min;加入 2 μL 5×M-MLV 逆转录酶缓冲液、0.5 μL RNA 酶抑制剂(40 U/μL)、0.5 μL 10 mmol/L dNTPs、0.5 μL M-MLV 逆转录酶(200 U/μL),42 ℃ 1 h,80 ℃ 5 min,冰浴中冷却。同时设置阳性对照、阴性对照和空白对照。合成的 cDNA 可立即用于 PCR 扩增,或保存于－20 ℃备用。

也可采用等效的商品化 cDNA 合成试剂盒,或在 11.2 中采用等效的商品化一步法 RT-PCR 试剂盒,省略 cDNA 合成步骤。

11.2 第一轮 PCR 扩增

按照表 1 的要求,加入除 Taq DNA 聚合酶以外的各项试剂,在冰盒上配制成预混物,保存于－20 ℃。临用前,加入相应体积的 Taq DNA 聚合酶,混匀,按 24 μL/反应分装到 PCR 管中,然后分别加入 1 μL 11.1 步骤合成的 cDNA。置于 PCR 仪中,按以下程序进行第一轮 PCR 扩增:95 ℃ 5 min;94 ℃ 30 s、55 ℃ 30 s、72 ℃ 40 s,35 个循环;72 ℃ 5 min,最后 4 ℃保存。

也可采用等效的商品化 PCR 试剂盒或一步法 RT-PCR 试剂盒。

表 1 第一轮 PCR 预混物所需试剂

试剂	加样量,μL	试剂终浓度
10×PCR 缓冲液(无 Mg^{2+})	2.5	1×PCR 缓冲液
MgCl$_2$(25 mmol/L)	2.0	2.0 mmol/L
dNTPs(各 2.5 mmol/L)	2.0	200 μmol/L
MrNV423F1 和 MrNV423R1 或 XSV573F1 和 XSV573R1	各 0.50	0.2 μmol/L
灭菌双蒸水	16.0	—
Taq DNA 聚合酶(5 U/μL)	0.5	2.5 U

11.3 第二轮 PCR 扩增

按照表 2 的要求,在冰盒上配制除 Taq DNA 聚合酶以外的预混物,保存于－20 ℃。临用前,加入相应体积的 Taq DNA 聚合酶,混匀,按 24 μL/反应分装到 PCR 管中。然后分别加入 1 μL 第一轮 PCR 反应产物为模板,加入前可根据第一轮 PCR 产物浓度,做 100 倍～1 000 倍稀释。置于 PCR 仪中,按以下程序进行第二轮 PCR 扩增:95 ℃ 5 min;94 ℃ 30 s、55 ℃ 30 s、72 ℃ 30 s,35 个循环;72 ℃ 5 min,最后 4 ℃保存。

也可采用等效的商品化 PCR 试剂盒。

表 2 第二轮 PCR 预混物所需试剂

试剂	加样量,μL	试剂终浓度
10×PCR 缓冲液(无 Mg^{2+})	2.5	1×PCR 缓冲液
MgCl$_2$(25 mmol/L)	2.0	2.0 mmol/L
dNTPs(各 2.5 mmol/L)	2.0	200 μmol/L
MrNV205F2 和 MrNV205R2 或 XSV236F2 和 XSV236R2	各 1.25	0.5 μmol/L
灭菌双蒸水	14.5	—
Taq DNA 聚合酶(5 U/μL)	0.5	2.5 U

11.4 琼脂糖凝胶电泳

配制 2%的琼脂糖凝胶,待凝胶冷却至 60 ℃左右,按比例加入核酸染料,摇匀,制备琼脂糖凝胶。将其放入水平电泳槽中,使电泳缓冲液刚好淹没胶面,将 5 μL PCR 扩增产物和 1 μL 6×载样缓冲液混匀后加入加样孔中,同时设立 DNA 分子量标准对照。5 V/cm 电压下电泳约 0.5 h,当载样缓冲液中的溴酚蓝指示剂色带迁移至琼脂糖凝胶 2/3 处时停止电泳,在紫外透射仪或凝胶成像仪下观察并拍照记录。

如果观察到预期大小扩增片段,对 PCR 扩增产物进行测序,并对测序结果进行序列比对。

11.5 结果判定

11.5.1 阳性对照 MrNV 第一轮 PCR 后在 423 bp 附近有特异性目的条带,和/或 MrNV 第二轮 PCR 后在 205 bp 附近有特异性目的条带,同时阴性对照和空白对照均无上述特异性目的条带,实验有效;阳性对照 XSV 第一轮 PCR 后在 573 bp 附近有特异性目的条带,和/或 XSV 第二轮 PCR 后在 236 bp 附近有特异性目的条带,同时阴性对照和空白对照均无上述特异性目的条带,实验有效。

11.5.2 检测样品 MrNV 第一轮 PCR 后在 423 bp 附近有特异性目的条带,和/或 MrNV 第二轮 PCR 后在 205 bp 附近有特异性目的条带,且 PCR 产物测序结果符合 A.1 的参考序列,判定 MrNV 套式 RT-PCR 检测结果为阳性。

11.5.3 检测样品 MrNV 第一轮 PCR 后在 423 bp 附近无特异性目的条带且 MrNV 第二轮 PCR 后在 205 bp 附近无特异性目的条带,判定 MrNV 套式 RT-PCR 检测结果为阴性。

11.5.4 检测样品 XSV 第一轮 PCR 后在 573 bp 附近有特异性目的条带,和/或 XSV 第二轮 PCR 后在 236 bp 附近有特异性目的条带,且 PCR 产物测序结果符合 A.2 的参考序列,判定 XSV 套式 RT-PCR 检测结果为阳性。

11.5.5 检测样品 XSV 第一轮 PCR 后在 573 bp 附近无特异性目的条带且 XSV 第二轮 PCR 后在 236 bp 附近无特异性目的条带,判定 XSV 套式 RT-PCR 检测结果为阴性。

11.5.6 XSV 检测结果作为 MrNV 感染情况的辅助参考,见附录 B。

12 RT-qPCR 检测

12.1 RNA 提取

按第 10 章操作。

12.2 反应体系

按照表 3 的要求,在冰盒上配制成 RT-qPCR 预混物。混匀后,按 20 μL/反应分装到 PCR 管中。然后,按空白对照、阴性对照、待检样品、阳性对照的次序分别加入 5 μL、总量为 10 ng～100 ng 的 RNA 模板。

也可采用等效的商品化一步法 RT-qPCR 试剂盒。

表 3 RT-qPCR 预混物所需试剂

试剂	加样量,μL	试剂终浓度
10×PCR 缓冲液(无 Mg^{2+})	2.5	1×PCR 缓冲液
$MgCl_2$(25 mmol/L)	2.0	2.0 mmol/L
dNTPs(各 10 mmol/L)	0.5	200 μmol/L
MrNV 荧光定量 PCR 引物探针组 或 XSV 荧光定量 PCR 引物探针组	各 0.5	0.2 μmol/L
M-MLV 逆转录酶(200 U/μL)	0.5	4 U/μL
RNA 酶抑制剂(40 U/μL)	0.5	0.8 U/μL
Hot-Start*Taq* DNA 聚合酶(5 U/μL)	0.5	2.5 U
灭菌双蒸水	12.0	—

12.3 反应条件

50 ℃ 20 min;95 ℃ 10 min;95 ℃ 10 s,62 ℃ 30 s,共 40 个循环。每次循环收集一次 FAM 荧光信

号。循环结束后，确定 Cq 值。

12.4 结果判定

12.4.1 阳性对照 Cq 值≤35 且有典型的 S 形扩增曲线，同时阴性对照和空白对照无 Cq 值或 Cq 值>35 但无典型的 S 形扩增曲线，实验有效；否则实验无效，应重新进行实验。

12.4.2 样品的 Cq 值≤35 且有典型的 S 形扩增曲线，判定 RT-qPCR 检测结果为阳性。

12.4.3 样品无 Cq 值或无典型的 S 形扩增曲线，判定 RT-qPCR 检测结果为阴性。

12.4.4 35<样品的 Cq 值<40 时，应重新检测。重新检测结果 Cq 值≤35 且有典型的 S 形扩增曲线，判定为 RT-qPCR 阳性；否则，判定为 RT-qPCR 阴性。

12.4.5 XSV 检测结果作为 MrNV 感染情况的辅助参考，见附录 B。

13 综合判定

13.1 疑似病例的判定

罗氏沼虾样品符合以下任何一项，判定为疑似病例：

a) 出现典型的临床症状；

b) 具有典型的组织病理特征。

13.2 确诊病例的判定

罗氏沼虾样品 MrNV 套式 RT-PCR 和/或 MrNV RT-qPCR 检测结果为阳性，且符合以下任何一项，判定为确诊病例：

a) 出现典型的临床症状；

b) 具有典型的组织病理特征。

13.3 病毒携带者的判定

罗氏沼虾样品 MrNV 套式 RT-PCR 和/或 MrNV RT-qPCR 检测结果为阳性，且符合以下任何一项，判定为病毒携带者：

a) 无典型的临床症状，且无典型的组织病理特征；

b) 无典型的临床症状，且组织病理特征不明；

c) 临床症状不明，且无典型的组织病理特征；

d) 临床症状不明，且组织病理特征不明。

附　录　A
（资料性）
MrNV、XSV 引物及探针在靶基因中的位置

A.1　MrNV 套式 RT-PCR 引物在靶基因中的位置（GenBank 登录号：AY222840）

GCGTTATAGATGGCACAAGGCTGCAGTTAGATATGTTCCTGCAGTACCCAATACTTTAGCTTGC
　　　　　MrNV423F1
CAACTTATTGGTTACATCGATACAGATCCACTAGATGACCCCAACGTTATCCTCGATGTCGATC
　　　　　　　　　　　　　　　　　　　　MrNV205F2
AGTTACTTAGGCAGGCTACGTCACAAGTGGGTGCGCGGCAGTGGAATTTCTCTGATACAACA
ACTATTCCATTGATTGTCAGGCGTGATGATCAATTGTACTATACTGGTCAAGATAAAGAGAACG
TTCGTTTCTCTCAACAGGGTGTATTTTACCTCTTGCAAGTGACTACACTACTTAATATTAGTGGT
　　　　　　　　　　　　　　　　　MrNV205R2
GAAGCCATTACAAATGATTTAATTTCAGGTTCACTATATTTAGATTGGGTCTGTGGATTTTCCAT
GCCACAAATTAATCCTACACCAGTGGAAGTTTCACAGCT
　　　　　　　　　　　MrNV423R1

A.2　XSV 套式 RT-PCR 引物在靶基因中的位置（GenBank 登录号：NC_043492）

TCTAGCTGCTGACGTTAAATGCAGCCGGGTGGTAATGCGTATTAATATTTCAACAACATGAATA
　　　XSV573F1
AGCGCATTAATAATAATCGGAGAACCATGAGATCACGTAGGGGACGTGGTAGGACAATGGGAT
CTAATCTCATTCCTTATGCCAACTCACCAGTCCCTATACCATATACACCACCCGTTACCCCAGTC
ACCGTCATTGGTAATCCTCGGAAAACTACTTGGATTGACATTGATCTTTCAAGTGAAGAGTCC
GGGATTTACACATTGACGGTTGGGTCATACCGTAATAGGATCACTAAACTTGGTCCATCTAAAC
　　　　　　XSV236F2
CTAACTTTATTATTGAGAAGGTCGCAGCATATGCTGCACCAGGAGATTATAAGGTTGTTCTCAA
TGACTTTAAAACTGGTATACAAGTCGTTGATGAAGGCTCTTATGCTCATAGAGCCGCAGCAGG
TATTCTTTATCCACCAGCTGCACAAATATTTTACGGTATTTCAGCAACAGGCACACTCAACACT
　　　　　　　　　　　　　　　　　　　XSV236R2
ATCACTACCACTGCTAAAGATCCAGTTCCAGTGGTTCGTGCTTTGGTAACATATTGGGACTCC
　　　　　　　　　　　　　　　　　　　　　XSV573R1

A.3　MrNV RT-qPCR 引物和探针在靶基因中的位置（GenBank 登录号：AY222839）

GACCCAAAAGTAGCGAAGGATCTGAGCAGCTACAAGGCTTGCCTGAGCAAGATGGAAGCAA
　　　MrNV-Tq129F
CCGCCTTCAATGCCACCGACAACCTACTTTCAAAGCCAAGGGTGGTAGCAACACTAAAGGGA
　　MrNV-TqMAN　　　　　　　　　　　　　　　　　　　　　　　MrNV-Tq129R
GAAGCC

A. 4 XSV RT-qPCR 引物和探针在靶基因中的位置(GenBank 登录号:NC＿043492)

TCATAGAGCCGCAGCAGGTATTCTTTATCCACCAGCTGCACAAATATTTTACGGTATTTCAGCAA
　　　XSV-Tq128F　　　　　　　　　　　　　　　　　　　　　　　　XSV-TqMAN
CAGGCACACTCAACACTATCACTACCACTGCTAAAGATCCAGTTCCAGTGGTTCGTGCTTTGG
　　　　　　　　　　　　　　　　　　　　　　　　　　　　　　XSV-Tq128R

附　录　B
（资料性）
罗氏沼虾白尾病（WTD）

B.1　疾病描述

罗氏沼虾白尾病（WTD）是由罗氏沼虾野田村病毒（MrNV）感染罗氏沼虾仔虾而引起的一种急性病毒性疾病。WTD 在罗氏沼虾苗种淡化过程中最易发生，死亡率最高可达 100%。自 2001 年在我国暴发以来，呈蔓延趋势，是危害我国罗氏沼虾最严重的疾病。该病也在印度、泰国、越南、缅甸、澳大利亚等国家，以及加勒比海和我国台湾等地区被报道。该病被世界动物卫生组织（OIE）列入水生动物疫病目录，并被我国列为二类动物疫病。

B.2　病原

该病主要病原为罗氏沼虾野田村病毒（MrNV），关联性病原为罗氏沼虾极小病毒（XSV）。

MrNV 属野田村病毒科（Nodaviridae）未定属，为二十面体、直径约 27 nm、无囊膜的病毒。其基因组由双节段单链正链 RNA 组成，长度分别为 3.2 kb（RNA1）和 1.2 kb（RNA2），RNA1 编码病毒的 RNA 依赖性 RNA 聚合酶（RdRp），RNA2 编码病毒的衣壳蛋白（CP-43）。MrNV 对氯仿、醚等有机溶剂不敏感。可单独感染引起罗氏沼虾虾苗发生 WTD，能够进行水平传播和垂直传播。

XSV 是一种直径约 15 nm 的二十面体无包膜颗粒，病毒核酸为单链 RNA，全长约 796 bp，编码 17 ku 的衣壳蛋白。XSV 需依赖 MrNV 才能完成病毒的繁殖，是 MrNV 的卫星病毒，可协助 MrNV 感染罗氏沼虾，加剧病情，但其不能单独感染罗氏沼虾，不作为判定 WTD 阳性的必需指标，可作为调查 MrNV 感染情况以及 WTD 病情的辅助参考。

B.3　易感宿主

易感宿主为罗氏沼虾，病原 MrNV 主要感染罗氏沼虾幼体、仔虾和稚虾，也可感染成虾。带毒罗氏沼虾虾苗淡化后第 3 d～第 20 d 极易发病死亡，成虾阶段可携带病毒，但不发病，并可进行病毒的垂直传播。

B.4　临床症状

发病虾苗先在第二或第三腹节处出现肌肉不透明、坏死、分散的白浊斑点或不透明块，而后逐渐向其他部位扩展，严重时伴有尾节和腹足退化，最后除头胸部外，全身肌肉呈乳白色，感染最严重的组织为头胸部、腹部和尾部的横纹肌，但其甲壳不出现白斑，发病育苗池中漂浮的蜕壳外观呈云母片状（见图 B.1）。首次出现病症后第 5 d～第 6 d 可造成 90% 以上的死亡率，对淡化阶段罗氏沼虾虾苗的危害性最大。

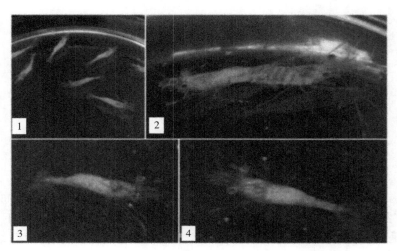

标引序号说明：
1——患 WTD 罗氏沼虾仔虾群体；
2——发病初期仔虾；
3——发病中期仔虾；
4——重症仔虾。

图 B.1 患白尾病罗氏沼虾仔虾临床症状

B.5 组织病理学

发病虾苗病变最严重的组织是头胸部、腹部和尾部的横纹肌。横纹肌纤维细胞质嗜碱性包涵体是 WTD 代表性病理特征之一。组织学特征还包括：横纹肌急性玻璃样坏死，表现为横纹透明变性、肌原纤维坏死和横纹溶解，还出现肌细胞间的中度水肿和异常开放空间，横纹肌病变出现肌肉凝固性坏死；腹部游泳足肌肉组织细胞内出现大小不等的包涵体；肝胰腺细胞间隙细胞出现大的椭圆形或不规则嗜碱性细胞质包涵体；心肌肿大，心肌横纹模糊，偶见细胞质嗜碱性包涵体；鳃组织细胞肿大，上皮细胞分泌黏液样物质（见图 B.2）。

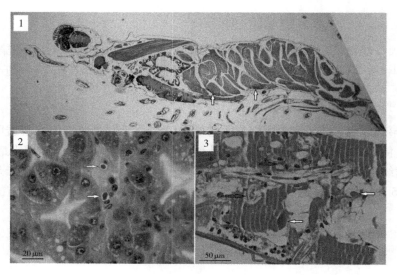

标引序号说明：
1——患 WTD 罗氏沼虾仔虾病理（箭头所示：玻璃样病变）；
2——发病仔虾肝胰腺（箭头所示：间隙细胞嗜碱性细胞质包涵体）；
3——腹部横纹肌病变（白色箭头所示：肌肉凝固性坏死，灰箭头所示：血细胞浸润、水肿）。

图 B.2 患白尾病罗氏沼虾仔虾组织病理学特征

ICS 65.150
CCS B 50

中华人民共和国水产行业标准

SC/T 9440—2022

海草床建设技术规范

Technical specification for seagrass bed construction

2022-11-11 发布

2023-03-01 实施

中华人民共和国农业农村部 发布

前　　言

本文件按照 GB/T 1.1—2020《标准化工作导则　第 1 部分:标准化文件的结构和起草规则》的规定起草。

请注意本文件的某些内容可能涉及专利。本文件的发布机构不承担识别专利的责任。

本文件由农业农村部渔业渔政管理局提出。

本文件由全国水产标准化技术委员会渔业资源分技术委员会(SAC/TC 156/SC 10)归口。

本文件起草单位:中国海洋大学、广西红树林研究中心、中国科学院海洋研究所、山东省渔业发展和资源养护总站、青岛农业大学、辽宁省海洋水产科学研究院、全国水产技术推广总站、辽宁渔港监督局、河北省水文工程地质勘查院、马山集团有限公司、威海虹润海洋科技有限公司。

本文件主要起草人:张沛东、张彦浩、李文涛、刘涛、邱广龙、周毅、张晓梅、涂忠、孙利元、董天威、董晓煜、郭栋、罗刚、李成久、左立明、王丽、王晓东、王培亮。

海草床建设技术规范

1 范围

本文件界定了海草床建设的术语和定义,规定了海草床建设的区域选划、本底调查、建设方法、监测与评价、维护与管理等方面的要求,描述了对应的证实方法。

本文件适用于鳗草(*Zostera marina*)、日本鳗草(*Zostera japonica*)、泰来草(*Thalassia hemprichii*)、海菖蒲(*Enhalus acoroides*)、卵叶喜盐草(*Halophila ovalis*)等海草床的建设与管理。

2 规范性引用文件

下列文件中的内容通过文中的规范性引用而构成本文件必不可少的条款。其中,注日期的引用文件,仅该日期对应的版本适用于本文件;不注日期的引用文件,其最新版本(包括所有的修改单)适用于本文件。

GB/T 12763.2　海洋调查规范　第2部分:海洋水文观测
GB/T 12763.6　海洋调查规范　第6部分:海洋生物调查
GB/T 12763.8　海洋调查规范　第8部分:海洋地质地球物理调查
GB/T 12763.9　海洋调查规范　第9部分:海洋生态调查指南
GB 17378.4　海洋监测规范　第4部分:海水分析
GB 17378.5　海洋监测规范　第5部分:沉积物分析
HY/T 083　海草床生态监测技术规程
HY/T 087—2005　近岸海洋生态健康评价指南
SC/T 9102.2　渔业生态环境监测规范　第2部分:海洋
SC/T 9417—2015　人工鱼礁资源养护效果评价技术规范

3 术语和定义

下列术语和定义适用于本文件。

3.1

海草床　seagrass bed
在近岸浅水区域沙质或泥质海底生长的高等植物海草群落。
[来源:HY/T 083—2005,3.1]

3.2

目标物种　objective species
用于海草床(3.1)建设的特定海草物种,如鳗草、日本鳗草、泰来草、海菖蒲、卵叶喜盐草等。

3.3

移植单元　transplanting unit
用于海草植株移植的植株集合体。
注:包括含有底质的草块或去除底质的植株束,单位为株/单元。

3.4

根状茎　rhizome of seagrass
海草水平生于海底表层以内或附着于礁石的部分。
注:包括茎节、节间和须根,能长出幼芽和根系,形成新植株。

3.5

茎枝　shoot of seagrass
海草直立生于海底表层以上或礁石以上的部分。

注:能长出侧枝。

3.6

　　实生苗　seedling of seagrass

　　由种子萌发长成的海草苗株。

3.7

　　生殖枝　reproductive shoot of seagrass

　　开花结果的海草分株。

4　区域选划

在符合目标物种基础生物学特性的前提下,按以下基本要求选划海草床建设区:

a)　水体盐度 20~35;

b)　底层海水透光率连续低于 10% 的天数<15 d;

c)　温带海草床建设海域水体温度连续超过 30 ℃的天数<15 d;

d)　海底表层为黏土质粉沙、粉沙质沙或细沙;

e)　海流流速≤1.0 m/s;

f)　水体氨盐含量≤1.0 mg/L;

g)　无水产养殖活动以及耙刺类、陷阱类、拖网类等影响海草生长存活的破坏性捕捞生产活动;

h)　亚热带海草床和热带海草床的建设不应对活珊瑚群落造成负面影响。

5　本底调查

本底调查内容与方法见表 1,根据调查结果进行海草床建设的区域选划。

表 1　本底调查内容和方法

项目		调查的主要内容	调查方法
水环境	水文	水深、水温、盐度、海流、透明度、透光率	按照 GB/T 12763.2 的规定执行,透光率按照 HY/T 083 的规定执行
	化学	悬浮物、酸碱度(pH)、无机氮(氨盐、硝酸盐、亚硝酸盐)、活性磷酸盐	样品采集和采样点布设按照 SC/T 9102.2 的规定执行;调查方法按照 GB 17378.4 的规定执行
海底环境	重要理化参数	有机碳、硫化物、粒度、底质类型等	样品采集和采样点布设按照 SC/T 9102.2 的规定执行;调查方法按照 GB 17378.5 的规定执行,粒度按照 GB/T 12763.8 的规定执行
生物环境	海草群落	海草种类、分布面积、植株密度、覆盖度、株高、生物量等	按照 HY/T 083 的规定执行
	浮游生物	浮游生物(包括浮游植物、浮游动物、鱼卵)的种类组成和数量分布等	采样点布设按照 SC/T 9102.2 的规定执行;调查方法按照 GB/T 12763.6 的规定执行
	大型底栖生物	种类组成、生物量、栖息密度、数量分布及群落结构等	采样点布设按照 SC/T 9102.2 的规定执行;调查方法按照 GB/T 12763.6 的规定执行
	游泳动物(包括仔、稚鱼)	种类组成、渔获尾数、渔获重量、优势种、栖息密度及多样性特征等	采样点布设按照 SC/T 9102.2 的规定执行;调查方法按照 GB/T 12763.6 的规定执行
人类活动	影响要素	海水养殖、海洋捕捞、入海污染及其他人类活动要素	按照 GB/T 12763.9 的规定执行

6　建设方法

6.1　目标物种的选择

　　宜按下列方法进行选择:

a)　优先选择本地海草床或周边海草床的优势种群;

b)　黄渤海海域宜选择鳗草、日本鳗草等本地海草种类进行植株移植和种子底播;

c) 南海海域宜选择泰来草、海菖蒲、日本鳗草等本地海草种类进行植株移植,宜选择卵叶喜盐草、日本鳗草等本地海草种类进行种子底播。

6.2 植株移植

6.2.1 适宜移植时间和移植密度

适宜移植时间和移植密度见表2。

表2 适宜移植时间和移植密度

建设海域	种类	适宜移植时间	移植密度 株/hm²
黄渤海	鳗草	5月至6月或9月至10月中旬	≥45 000
	日本鳗草	5月至6月	≥90 000
南海	海菖蒲	3月至6月	≥45 000
	泰来草		≥90 000
	日本鳗草	11月至翌年1月	≥90 000

6.2.2 移植单元

6.2.2.1 草块

直接在天然海草床内部植株密集区挖取圆柱体、长方体或其他不规则体的草块。鳗草和海菖蒲草块的采集面积为 0.16 m²～0.25 m²,日本鳗草和泰来草草块的采集面积为 0.06 m²～0.12 m²,草块之间的采集间距≥1 m。

6.2.2.2 植株束

按照以下步骤进行制作:

a) 按照 6.2.2.1 的要求采集草块;

b) 使用天然海水去除草块的底泥和其他杂物;

c) 选择茎节数≥2 的植株,当鳗草和海菖蒲的茎枝高度≥60 cm,可将叶片截断至茎枝高度的 50%;

d) 2 株～3 株植株组成 1 个植株束。

6.2.3 移植单元的运输和保存

移植单元应在采集后 2 d 内完成移植。在运输过程中,移植单元可直接置于泡沫箱或恒温箱,用海水淋湿的毛巾覆盖,温度控制在 4 ℃～20 ℃(可视需要加入冰袋或启动控温装置等)。在保存过程中,移植单元可直接置于塑料筐或网袋,固定在自然海域保存。

6.2.4 移植方法

6.2.4.1 草块法

在拟建海草床海底表层挖取与草块面积相等的移植空穴,将草块放入空穴后压实,海流流速较高时可用 U 型或 V 型等枚订固定。

6.2.4.2 根状茎法

直接将植株束的根状茎埋入海底表层 3 cm～5 cm 或辅以附件固定,宜采用以下方法进行操作:

a) 直插法:在拟建海草床海底表层挖取移植空穴,将植株束的根状茎放入空穴后,用底泥将根状茎掩埋、压实,适用于海流流速低,底质泥含量≥50%的海区。

b) 根状茎绑石法:用麻绳或棉绳等易降解材料将石块绑缚或系于植株束的根状茎上,然后在拟建海草床海底表层挖取移植空穴,将根状茎放入空穴后,用底泥将根状茎掩埋、压实。底质泥含量≥50%的海区,也可直接将其投掷于移植海区。

c) 枚订法:在拟建海草床海底表层挖取移植空穴,将植株束的根状茎放入空穴后,使用 U 型、V 型或 I 型等枚订,将根状茎固定于海底表层,然后用底泥将根状茎掩埋、压实。

d) 框架法:用麻绳或棉绳等易降解材料将植株束的根状茎绑缚于木制或竹制等材料的移植框架上,然后将其压入拟建海草床海底表层,并用底泥将根状茎掩埋、压实。可用于海流流速较高的海区。

6.3 种子底播

6.3.1 适宜底播时间和底播密度

适宜底播时间和底播密度见表3。

表3 适宜底播时间和底播密度

建设海域	种类	适宜底播时间	底播密度 粒/hm²
黄渤海	鳗草	9月至10月中旬	≥150 000
	日本鳗草	10月至11月	≥300 000
南海	卵叶喜盐草	11月至翌年1月	≥300 000
	日本鳗草		

6.3.2 种子采集

在海草种子成熟季节（种子散落始期至种子散落高峰期为宜，即10％的生殖枝种子成熟并散落至25％的生殖枝种子成熟并散落的时间范围），采集生殖枝，置于海水池中通氧暂养，或装入网袋（孔径＜种子短径）并固定在船只、木桩等设施上进行海区暂养。待种子脱落后，人工搓洗生殖枝去掉茎枝、叶片等杂质，收集种子。

6.3.3 种子运输与保存

种子短时间运输（≤24 h），可将种子放入网袋（孔径＜种子短径），直接置于泡沫箱或恒温箱，用海水淋湿的毛巾覆盖；长时间运输，需将种子放入盛有自然海水的可密封容器，置于泡沫箱或恒温箱；温度应控制在4 ℃～20 ℃（可视需要加入冰袋或启动控温装置等）。

种子短期保存（≤3个月），可将种子置于盛有天然海水的容器中于4 ℃～10 ℃冷藏避光保存，或将种子放入网袋（孔径＜种子短径），置于温盐条件与自然海水相近的室内避光海水池中保存；长期保存时，应将种子置于海水盐度为60、温度为4 ℃～10 ℃环境中冷藏避光保存，并在1年内使用。

6.3.4 底播方法

6.3.4.1 泥块底播法

使用质量比3：1的黏土和细沙，加水制成泥块，泥块厚度3 cm～5 cm，将种子置于泥块内，空气干燥2 d后形成播种单元，停潮时将播种单元投掷于底播海区，适用于海流流速较低的海区。

6.3.4.2 网袋底播法

将种子与质量比3：1的泥沙混合，装入棉制或麻制等易降解材料制成的网袋（孔径＜种子短径），网袋平铺时泥沙厚度3 cm～5 cm，停潮时将网袋投掷于底播海区或将网袋平铺在底播海区的海底表面，并用U型、V型或I型等枚订将网袋固定海底表面，可用于海流流速较高的海区。

6.3.4.3 人工埋播法

在拟建海草床海底表层挖取1 cm～3 cm深的底播空穴，将种子放入空穴后，用底泥将种子掩埋、压实，适用于海流流速较低的海区。

6.3.4.4 种苗法

将种子置于人工流水系统或沿岸人工海水池塘育苗，待实生苗生长至适宜的茎枝高度时，将实生苗移植于拟建海区。

7 监测与评价

7.1 监测

海草床建成后6个月内，每月对海草床的植株存活和扩繁情况以及种子留存和萌发情况进行全面观察，并在建成后5年内以1次/年的监测频率，于海草生长高峰季节按照表1规定的内容与方法对海草床的水环境、海底环境和生物环境进行监测，并参考附录A进行记录。

7.2 评价

水体化学、沉积物重要理化参数、浮游生物、大型底栖动物和游泳动物,按照 SC/T 9417—2015 中第 5 章规定进行评价;海草群落按照附录 B 的方法进行评价;海草床生态系统健康按照 HY/T 087—2005 中 5.2 的规定进行评价。

8 维护与管理

8.1 维护

按照以下要求进行长期维护:

a) 定期检查海草的扩繁和生长情况,对于发生大范围植株死亡现象,及时分析死亡原因,并采取补种和修复措施,无法补种或修复时,可另选适宜海区进行海草床建设;

b) 定期检查海草床内飘浮型大型海藻,必要时,应及时人工清除,或在海草床周边增设防护网,并定期清除防护网上的大型海藻;

c) 定期监测海草床的水质,清除建设区内对海域环境有危害的垃圾废弃物;

d) 建立海草床维护档案,并参考附录 C 中的表 C.1 进行记录。

8.2 管理

8.2.1 档案和信息管理

海草床建设完毕,建设单位应及时对目标物种的种类、建设方法、规模、面积、海草床平面布局图、海草床边角和中心位置的经纬度等材料建立完善的文件档案,并参考附录 C 中表 C.2 进行档案登记,并将档案资料进行信息化处理和保存。

8.2.2 日常管理

按照以下要求进行日常管理:

a) 建设单位宜在海草床建设区设立标识物,在近岸陆地显著位置设立标志碑,注明海草床建设、保护和管理等信息;

b) 具备条件的建设单位宜在海草床建设区设立视频监测系统,实现对海草床建设区的实时观测与监控;

c) 建设单位宜定期开展海草床巡护和监测,提升管理效果;

d) 建设单位宜定期开展海草床维护知识培训,加强保护宣传,提高公众保护意识。

附　录　A

（资料性）

海草床监测与评价记录表

海草床监测与评价记录表见表 A.1。

表 A.1　海草床监测与评价记录表

采样日期＿＿＿＿年＿＿＿月＿＿＿日　　　　　　分析日期＿＿＿＿年＿＿＿月＿＿＿日

海域＿＿＿＿＿＿＿＿＿　　　　　　经度＿＿＿°＿＿＿＇＿＿＿″　纬度＿＿＿°＿＿＿＇＿＿＿″

海草种类＿＿＿＿＿＿　分布面积＿＿＿＿hm²　分布水深＿＿＿m　水温＿＿＿℃　盐度＿＿＿

样方编号	盖度 %	植株密度 株/m²	花序数量 个/m²	佛焰苞数量 个/m²	种子数量 粒/m²	茎枝高度 cm	生物量,g/m²	
							茎枝	根状茎
Σ盖度,%								
Σ植株密度,株/m²								
Σ种子数量,粒/m²								
Σ茎枝高度,cm								
Σ茎枝生物量,g/m²								
Σ根状茎生物量,g/m²								
Σ总生物量,g/m²								

填表人＿＿＿＿＿＿＿＿＿＿　　　校对人＿＿＿＿＿＿＿＿＿＿　　　审核人＿＿＿＿＿＿＿＿＿＿

附 录 B

（规范性）

海草床建设效果评价方法

B.1 评价指标分类与权重

海草床建设效果评价包括 2 类指标,各类指标权重如下:

a) 栖息地指标:70;

b) 生物指标:30。

B.2 栖息地指标

B.2.1 评价指标及赋值

海草床栖息地评价指标与赋值见表 B.1。

表 B.1 海草床栖息地评价指标与赋值

海草床分布面积变化	≥10%	≥5%~<10%	<5%
赋值	70	50	30

B.2.2 指标计算

B.2.2.1 海草床分布面积变化率

海草床分布面积变化率按公式(B.1)计算。

$$SA = \frac{SA_0 - SA_{-1}}{SA_{-1}} \times 100 \quad \cdots\cdots\cdots\cdots\cdots\cdots\cdots\cdots\cdots\cdots\cdots\cdots\cdots\cdots\cdots\cdots \quad (B.1)$$

式中:

SA ——海草床分布面积变化率的数值,单位为百分号(%);

SA_0 ——评价时分布面积的数值,单位为公顷(hm²);

SA_{-1} ——上一次评价时分布面积的数值,单位为公顷(hm²)。

B.2.2.2 海草床栖息地评价指数

海草床栖息地评价指数按公式(B.2)计算。

$$SA_{INDX} = \frac{\sum\limits_{i}^{q} SA_i}{q} \quad \cdots\cdots\cdots\cdots\cdots\cdots\cdots\cdots\cdots\cdots\cdots\cdots\cdots\cdots\cdots \quad (B.2)$$

式中:

SA_{INDX} ——海草床栖息地评价指数;

SA_i ——第 i 个栖息地评价指标赋值(见表 B.1);

q ——栖息地评价指标总数。

B.3 生物指标

B.3.1 评价指标及赋值

海草床生物评价指标与赋值见表 B.2。

表 B.2 海草床生物评价指标与赋值

海草生物量变化	≥10%	≥5%~<10%	<5%
海草茎枝密度变化	≥10%	≥5%~<10%	<5%
赋值	30	20	10

B.3.2 指标计算

B.3.2.1 海草生物量

海草生物量指标按公式(B.3)计算。

$$\overline{B_0} = \frac{\sum_{i}^{n} B_i}{n} \quad\text{······················}\quad (B.3)$$

式中：

$\overline{B_0}$——评价时海草生物量的平均值，单位为克每平方米(g/m²)；

B_i——第 i 个样方生物量测定值，单位为克每平方米(g/m²)；

n——评价区域监测样方总数。

B.3.2.2 海草生物量变化率

海草生物量的变化按公式(B.4)计算。

$$V_1 = \frac{\overline{B_0} - \overline{B_{-1}}}{\overline{B_{-1}}} \times 100 \quad\text{·····················}\quad (B.4)$$

式中：

V_1——海草生物量变化率，单位为百分号(%)；

$\overline{B_0}$——评价时海草生物量的平均值，单位为克每平方米(g/m²)；

$\overline{B_{-1}}$——上一次评价时的海草生物量平均值，单位为克每平方米(g/m²)。

B.3.2.3 海草茎枝密度

海草茎枝密度按公式(B.5)计算。

$$\overline{D_0} = \frac{\sum_{i}^{n} D_i}{n} \quad\text{······················}\quad (B.5)$$

式中：

$\overline{D_0}$——评价时海草茎枝密度的平均值，单位为株每平方米(株/m²)；

D_i——第 i 个样方茎枝密度测定值，单位为株每平方米(株/m²)；

n——评价区域监测样方总数。

B.3.2.4 海草茎枝密度变化率

海草茎枝密度的变化按公式(B.6)计算。

$$V_2 = \frac{\overline{D_0} - \overline{D_{-1}}}{\overline{D_{-1}}} \times 100 \quad\text{·····················}\quad (B.6)$$

式中：

V_2——海草茎枝密度的变化率，单位为百分号(%)；

$\overline{D_0}$——评价时海草茎枝密度的平均值，单位为株每平方米(株/m²)；

$\overline{D_{-1}}$——上一次评价时的海草茎枝密度平均值，单位为株每平方米(株/m²)。

B.3.2.5 海草床生物指标评价指数

海草床生物指标评价指数按公式(B.7)计算。

$$B_{INDX} = \frac{\sum_{i}^{q} V_i}{q} \quad\text{······················}\quad (B.7)$$

式中：

B_{INDX}——海草床生物指标评价指数；

V_i　　——第 i 个生物评价指标赋值（见表 B.2）；

q　　——海草床生物评价指标总数。

B.4　海草床建设效果评价

B.4.1　评价指数

海草床建设效果评价指数按公式（B.8）计算。

$$CEH_{INDX} = SA_{INDX} + B_{INDX} \cdots\cdots\cdots\cdots\cdots\cdots\cdots\cdots\cdots\cdots\cdots\cdots\cdots\cdots \text{（B.8）}$$

式中：

CEH_{INDX}——海草床建设效果评价指数；

SA_{INDX}　　——海草床栖息地指标评价指数；

B_{INDX}　　——海草床生物指标评价指数。

B.4.2　分级标准

海草床建设效果评价分级标准按照表 B.3 的规定执行。

表 B.3　海草床建设效果评价分级标准

评价等级	1	2	3	4
评价指数	≥90	≥75～<90	≥60～<75	<60
分级描述	优	良	合格	差

附　录　C

（资料性）

海草床维护档案

C.1　维护档案

海草床维护档案见表C.1。

表C.1　海草床维护档案

监测单位＿＿＿＿＿＿＿＿＿＿＿＿＿＿＿＿　　　　填表日期＿＿＿＿＿年＿＿＿月＿＿＿日

第　　页

维护日期＿＿＿＿年＿＿＿月＿＿＿日　　　　天气＿＿＿＿＿＿＿＿　　　　维护海域＿＿＿＿＿＿＿＿

海草种类＿＿＿＿＿＿＿＿＿＿＿＿　　　　分布面积＿＿＿＿＿＿hm²　　　　分布水深＿＿＿＿＿＿m

样方编号	存活率 %	植株密度 株/m²	茎枝高度 cm	盖度 %	生物量 g/m²	
					茎枝	根状茎

水体营养盐 mg/L				透明度 m	温度 ℃	盐度
氨盐	硝酸盐	亚硝酸盐	磷酸盐			

是否具有大面积死亡现象	□无　　　□有 死亡原因＿＿＿＿＿＿＿＿＿＿＿＿＿＿＿＿＿＿＿＿＿＿＿＿＿ 补救措施＿＿＿＿＿＿＿＿＿＿＿＿＿＿＿＿＿＿＿＿＿＿＿＿＿
潜在威胁	□大型海藻　□人为破坏　□垃圾废弃物　□风暴　□其他＿＿＿＿＿
治理措施	
治理效果	

填表人＿＿＿＿＿＿＿＿　　　　校对人＿＿＿＿＿＿＿＿　　　　审核人＿＿＿＿＿＿＿＿

C.2 建设档案

海草床建设档案见表 C.2。

表 C.2 海草床建设档案

建设单位＿＿＿＿＿＿＿＿＿＿＿＿＿＿＿＿＿＿＿＿ 建设日期＿＿＿＿＿＿年＿＿＿＿月＿＿＿＿日

第＿＿＿页

建设海域＿＿＿＿＿＿＿＿＿＿		海草种类＿＿＿＿＿＿＿＿＿＿	建设区面积＿＿＿＿＿＿hm²
建设水深＿＿＿＿m		水温＿＿＿＿＿＿＿＿＿℃	盐度＿＿＿＿＿＿

建设方法	植株移植	移植数量		移植密度	
		移植方法	□草块法 □直插法 □根状茎绑石法 □枚订法 □框架法		
	种子底播	底播数量		底播密度	
		底播方法	□泥块底播法 □网袋底播法 □人工埋播法 □种苗法		

海草床平面布局	

海草床边角和中心位置坐标	编号	经度	纬度
	1		
	2		
	3		
	4		
	5		

海草床建设过程描述	

填表人＿＿＿＿＿＿＿＿＿ 校对人＿＿＿＿＿＿＿＿＿ 审核人＿＿＿＿＿＿＿＿＿

ICS 65.150
CCS B 50

中华人民共和国水产行业标准

SC/T 9442—2022

人工鱼礁投放质量评价技术规范

Technical specification for evaluation of artificial reef construction quality

2022-11-11 发布
2023-03-01 实施

中华人民共和国农业农村部 发布

前　　言

本文件按照 GB/T 1.1—2020《标准化工作导则　第 1 部分：标准化文件的结构和起草规则》的规定起草。

请注意本文件的某些内容可能涉及专利。本文件的发布机构不承担识别专利的责任。

本文件由农业农村部渔业渔政管理局提出。

本文件由全国水产标准化技术委员会渔业资源分技术委员会（SAC/TC 156/SC 10）归口。

本文件起草单位：上海海洋大学、全国水产技术推广总站、中国水产科学研究院南海水产研究所、浙江省海洋水产研究所。

本文件主要起草人：章守宇、赵静、林军、汪振华、王凯、赵旭、沈蔚、郭禹、陈丕茂、梁君、罗刚、马金。

人工鱼礁投放质量评价技术规范

1 范围

本文件界定了人工鱼礁投放质量评价的术语和定义,规定了评价内容、现场调查、数据处理、评价方法、质量等级划分、报告编写、资料和成果归档等方面的要求,描述了对应的证实方法。

本文件适用于以单位鱼礁为基本配置形式的人工鱼礁投放质量评价。

本文件不适用于台风、风暴潮、海啸以及其他海况剧烈波动事件发生后的质量评价。

2 规范性引用文件

下列文件中的内容通过文中的规范性引用而构成本文件必不可少的条款。其中,注日期的引用文件,仅该日期对应的版本适用于本文件;不注日期的引用文件,其最新版本(包括所有的修改单)适用于本文件。

GB/T 12763.1 海洋调查规范 第1部分:总则

GB/T 12763.10—2007 海洋调查规范 第10部分:海底地形地貌调查

SC/T 9416 人工鱼礁建设技术规范

3 术语和定义

SC/T 9416界定的以及下列术语和定义适用于本文件。

3.1

人工鱼礁 artificial reef

用于修复和优化海域生态环境,保护和增殖渔业资源,在海中设置的人工设施。

[来源:SC/T 9416—2014,3.1]

3.2

鱼礁单体 reef monocase

建造人工鱼礁的单个构件。

[来源:SC/T 9416—2014,3.5]

3.3

单位鱼礁 unit reef

由一个或者多个鱼礁单体有序组成的鱼礁集合。

[来源:SC/T 9416—2014,3.6]

3.4

礁体间距 distance between two reef monocases

单位鱼礁内部相邻鱼礁单体间的最短距离之平均值。

[来源:SC/T 9416—2014,3.10]

3.5

外围面积 peripheral area

单位鱼礁的外缘所构成的与海底平行的最大平面面积。

3.6

重心位置 gravity center

单位鱼礁的平面几何重心位置。

3.7

约束聚类 constrained algorithm cluster

识别鱼礁投放质量评价中特定的约束条件(单位鱼礁数量与设计方案保持一致),将各数据对象的集合分成相似的对象类过程。

3.8

投放质量　construction quality

实际投放状态的人工鱼礁在单位鱼礁层面上与设计方案的整体一致性程度。

4　评价内容

人工鱼礁投放质量应进行定量评估,内容包括人工鱼礁区各个单位鱼礁的平面几何重心位置、单位鱼礁的外围面积、单位鱼礁内部的鱼礁单体数量、单位鱼礁内部各礁体的间距之平均值与设计方案之间的误差。

5　现场调查

5.1　调查范围

整个人工鱼礁区及可能的外部鱼礁散落区,应覆盖所有投放的鱼礁单体。

5.2　调查时间

宜在人工鱼礁投放完成1周后尽早启动调查,在2个月内完成现场调查。

5.3　调查方法

通过侧扫声呐系统等声学仪器和信标机(精准度优于0.3 m)走航调查、辅以水下调查(如潜水调查等)。调查时海况条件不超过5级海况,走航路线覆盖整个人工鱼礁区,在水深小于30 m时,侧扫和定位精度应优于0.3 m。技术设计、仪器检验、测前准备、海上测量按照GB/T 12763.10—2007第7章的规定执行。按照附录A对现场调查情况进行记录。

6　数据处理

6.1　数据提取

基于声学仪器及人工调查获得的水下声呐图像信息,结合ArcGIS等工具的矢量化功能,提取每个鱼礁单体在水下的空间位置、鱼礁单体之间的相互距离与方位等空间关系。

6.2　误差指标

6.2.1　单位鱼礁重心位置误差

6.2.1.1　单位鱼礁平面几何重心位置偏移按照公式(1)计算。

$$\Delta d = \sqrt{(x_0 - x)^2 + (y_0 - y)^2} \quad \cdots\cdots\cdots\cdots\cdots\cdots\cdots\cdots\cdots\cdots (1)$$

式中:

Δd　——重心偏移的绝对值,单位为米(m);

(x, y)　——实测单位鱼礁的重心,单位为米(m);

(x_0, y_0)　——单位鱼礁设计重心,单位为米(m)。

6.2.1.2　单位鱼礁重心偏移的相对比率按照公式(2)计算。

$$\delta_w = \Delta d / L \times 100 \quad \cdots\cdots\cdots\cdots\cdots\cdots\cdots\cdots\cdots\cdots\cdots\cdots (2)$$

式中:

δ_w　——单位鱼礁重心偏移的相对比率,单位为百分号(%);

Δd　——重心偏移的绝对值,单位为米(m);

L　——设计的单位鱼礁对角线长度(非对称结构为对角线长度的平均值)的一半,单位为米(m)。

6.2.2　单位鱼礁外围面积误差

单位鱼礁外围面积与设计方案之间的相对误差按照公式(3)计算。

$$\delta_p = (S - S_0) / S_0 \times 100 \quad \cdots\cdots\cdots\cdots\cdots\cdots\cdots\cdots\cdots\cdots (3)$$

式中:

δ_p——外围面积的相对误差,单位为百分号(%);

S　——实测单位鱼礁外围面积,单位为平方米(m^2);

S_0——单位鱼礁设计外围面积,单位为平方米(m^2)。

6.2.3 单位鱼礁内单体数量误差

单位鱼礁内鱼礁数量与设计方案之间的相对误差按照公式(4)计算。

$$\delta_N = (N - N_0)/N_0 \times 100 \quad\quad\quad\quad (4)$$

式中:

δ_N——单位鱼礁内鱼礁数量的相对误差,单位为百分号(%);

N　——实测单位鱼礁中的单体数量,单位为个;

N_0——设计单位鱼礁中的单体数量,单位为个。

6.2.4 单位鱼礁内礁体间距误差

单位鱼礁礁体间距与设计方案之间的相对误差按照公式(5)计算。

$$\delta_l = (\sum_{i=1}^{n} l_i/n - l_0)/a \times 100 \quad\quad\quad\quad (5)$$

式中:

δ_l——礁体间距的相对误差,单位为百分号(%);

l_i　——礁体间距的实测值,单位为米(m);

n　——礁体间距的个数,单位为个;

l_0　——礁体间距的设计值,单位为米(m);

a　——单位鱼礁的边长(非对称结构为对角线长度的平均值),单位为米(m)。

6.3 误差值数据处理

将人工鱼礁投放误差的各指标转换为逆向指标。对单位鱼礁的重心位置、外围面积、单体数量及礁体间距的相对误差绝对值进行无量纲化处理,按照公式(6)归一化方法将实际数据转化为0~1范围内数值。

$$Y = 1 - e^{-X^2} \quad\quad\quad\quad (6)$$

式中:

Y——误差归一化后的转换值;

X——误差指标实测值。

7　评价方法

7.1　空间聚类

使用三角剖分算法(Delaunay算法)对鱼礁单体的实际投放状态进行空间约束聚类,处理步骤如下:

　　a)　添加假设实测单位鱼礁数量与设计方案中的单位鱼礁数量相一致的计算约束条件;

　　b)　删除三角网中不符合约束条件的边,形成相对稀疏的簇;

　　c)　整合邻近簇形成最终聚类结果;

　　d)　参考设计方案进行单位鱼礁配对。

7.2　指标的权重确定

利用层次分析法对人工鱼礁投放误差评价体系中的误差指标进行权重确定。具体步骤如下:

　　a)　根据各误差指标(6.2.1~6.2.4)构建判断矩阵;

　　b)　基于专家经验对判断矩阵中各误差指标(6.2.1~6.2.4)进行两两比较;

　　c)　利用方根法进行一致性检验,当一致性比率小于0.10时,认为判断矩阵符合要求;

　　d)　若一致性比率大于或等于0.10时,需专家进行二次判断,调整判断矩阵至一致性比率小于0.10。

7.3　综合质量评价

根据各误差因素的权重以及各误差值,按照公式(7)计算投礁海域鱼礁投放质量的总体误差。

$$E = \sum_{i=1}^{4} W_i E_i \quad \cdots\cdots\cdots\cdots\cdots\cdots\cdots\cdots\cdots\cdots\cdots\cdots\cdots\cdots\cdots\cdots \quad (7)$$

式中：

E ——总体误差；

W_i ——指标 i 的权重值；

E_i ——指标 i 的相应误差值。

8 质量等级划分

根据人工鱼礁的投放总体误差情况进行人工鱼礁投放质量分级，共分为 5 个等级，1 级～5 级分别代表了"好、较好、一般、较差、差"，其等级划分见表 1。

表 1 人工鱼礁投放质量等级划分

等级	等级解释	总体误差区间范围	误差区间解释	投放质量结果判断
1 级	好	[0.00～0.16]	鱼礁投放误差极小	礁体位置投放准确，礁体数量等指标与设计方案相同
2 级	较好	[0.17～0.44]	鱼礁投放误差较小	投放位置较准确，礁体数量缺失较少等，实际投放与设计方案基本相同
3 级	一般	[0.45～0.49]	鱼礁投放存在一定偏差但差异不大	礁体位置存在一定误差，礁体数量存在一定缺失等，实际投放与设计方案有一定差异
4 级	较差	[0.50～0.70]	鱼礁投放误差较大	存在较大的位移或礁体数量存在较大的缺失等，实际投放与设计方案差异较大
5 级	差	[0.71～1.00]	鱼礁投放误差极大	存在极大的位移或礁体数量存在极大的缺失等，实际投放与设计方案差异巨大

9 报告编写

参照附录 B 编写人工鱼礁投放质量评价报告。

10 资料和成果归档

现场调查原始资料及成果归档按照 GB/T 12763.1 的规定执行。

附　录　A

（规范性）

人工鱼礁投放质量评价现场调查记录表

人工鱼礁投放质量评价现场调查记录表见表 A.1。

表 A.1　人工鱼礁投放质量评价现场调查记录表

工程名称			
设计鱼礁投放范围 （经纬度）			
设计建设规模（m³）		设计礁区面积（m²）	
设计单位鱼礁数（个）		设计投放鱼礁单体数量（个）	
投放企业名称			
鱼礁投放时间			
调查时间		调查海况	
现场调查范围（经纬度）			
调查船（船舶号）		航速（kn）	
调查仪器			
误差要素			
现场调查人员	姓名	单位	职称
备注			

现场记录人：　　　　　　　校对人：　　　　　审核人：　　　　　　　　日期：

附　录　B

（资料性）

人工鱼礁投放质量评价报告

B.1　评价目的与意义

B.1.1　人工鱼礁项目建设目的和意义

B.1.2　人工鱼礁投放质量评价目的和意义

B.2　人工鱼礁建设工程概况

B.2.1　人工鱼礁建设时间与地点

B.2.2　人工鱼礁建设规模与数量

B.2.3　人工鱼礁布局与设计

B.2.4　人工鱼礁设计目的与要求

B.3　人工鱼礁实际分布

B.3.1　调查时间与范围

B.3.2　调查仪器与作业方法

B.3.3　人工鱼礁投放监测

B.3.4　人工鱼礁实际分布数据提取

B.4　评价方法与指标

B.4.1　误差评价指标

B.4.2　误差计算方法

B.4.3　数据处理方法

B.5　人工鱼礁投放质量评价结果

B.5.1　人工鱼礁实测分布与设计分布对比

B.5.2　误差指标结果

B.5.3　综合误差评价等级

B.6　结论

B.6.1　人工鱼礁投放质量等级评价

B.6.2　建议

————————————

附录

中华人民共和国农业农村部公告
第 576 号

《小麦土传病毒病防控技术规程》等 135 项标准业经专家审定通过,现批准发布为中华人民共和国农业行业标准,自 2022 年 10 月 1 日起实施。标准编号和名称见附件。该批标准文本由中国农业出版社出版,可于发布之日起 2 个月后在中国农产品质量安全网(http://www.aqsc.org)查阅。特此公告。

附件:《小麦土传病毒病防控技术规程》等 135 项农业行业标准目录

农业农村部
2022 年 7 月 11 日

附录

附件：

《小麦土传病毒病防控技术规程》等 135 项农业行业标准目录

序号	标准号	标准名称	代替标准号
1	NY/T 4071—2022	小麦土传病毒病防控技术规程	
2	NY/T 4072—2022	棉花枯萎病测报技术规范	
3	NY/T 4073—2022	结球甘蓝机械化生产技术规程	
4	NY/T 4074—2022	向日葵全程机械化生产技术规范	
5	NY/T 4075—2022	桑黄等级规格	
6	NY/T 886—2022	农林保水剂	NY/T 886—2016
7	NY/T 1978—2022	肥料 汞、砷、镉、铅、铬、镍含量的测定	NY/T 1978—2010
8	NY/T 4076—2022	有机肥料 钙、镁、硫含量的测定	
9	NY/T 4077—2022	有机肥料 氯、钠含量的测定	
10	NY/T 4078—2022	多杀霉素悬浮剂	
11	NY/T 4079—2022	多杀霉素原药	
12	NY/T 4080—2022	威百亩可溶液剂	
13	NY/T 4081—2022	噁唑酰草胺乳油	
14	NY/T 4082—2022	噁唑酰草胺原药	
15	NY/T 4083—2022	噻虫啉原药	
16	NY/T 4084—2022	噻虫啉悬浮剂	
17	NY/T 4085—2022	乙氧磺隆水分散粒剂	
18	NY/T 4086—2022	乙氧磺隆原药	
19	NY/T 4087—2022	咪鲜胺锰盐可湿性粉剂	
20	NY/T 4088—2022	咪鲜胺锰盐原药	
21	NY/T 4089—2022	吲哚丁酸原药	
22	NY/T 4090—2022	甲氧咪草烟原药	
23	NY/T 4091—2022	甲氧咪草烟可溶液剂	
24	NY/T 4092—2022	右旋苯醚氰菊酯原药	
25	NY/T 4093—2022	甲基碘磺隆钠盐原药	
26	NY/T 4094—2022	精甲霜灵原药	
27	NY/T 4095—2022	精甲霜灵种子处理乳剂	
28	NY/T 4096—2022	甲咪唑烟酸可溶液剂	
29	NY/T 4097—2022	甲咪唑烟酸原药	
30	NY/T 4098—2022	虫螨腈悬浮剂	
31	NY/T 4099—2022	虫螨腈原药	
32	NY/T 4100—2022	杀螺胺(杀螺胺乙醇胺盐)可湿性粉剂	
33	NY/T 4101—2022	杀螺胺(杀螺胺乙醇胺盐)原药	
34	NY/T 4102—2022	乙螨唑悬浮剂	
35	NY/T 4103—2022	乙螨唑原药	
36	NY/T 4104—2022	唑螨酯原药	
37	NY/T 4105—2022	唑螨酯悬浮剂	
38	NY/T 4106—2022	氟吡菌胺原药	
39	NY/T 4107—2022	氟噻草胺原药	

（续）

序号	标准号	标准名称	代替标准号
40	NY/T 4108—2022	嗪草酮可湿性粉剂	
41	NY/T 4109—2022	嗪草酮水分散粒剂	
42	NY/T 4110—2022	嗪草酮悬浮剂	
43	NY/T 4111—2022	嗪草酮原药	
44	NY/T 4112—2022	二嗪磷颗粒剂	
45	NY/T 4113—2022	二嗪磷乳油	
46	NY/T 4114—2022	二嗪磷原药	
47	NY/T 4115—2022	胺鲜酯(胺鲜酯柠檬酸盐)可溶液剂	
48	NY/T 4116—2022	胺鲜酯(胺鲜酯柠檬酸盐)原药	
49	NY/T 4117—2022	乳氟禾草灵乳油	
50	NY/T 4118—2022	乳氟禾草灵原药	
51	NY/T 4119—2022	农药产品中有效成分含量测定通用分析方法　高效液相色谱法	
52	NY/T 4120—2022	饲料原料　腐植酸钠	
53	NY/T 4121—2022	饲料原料　玉米胚芽粕	
54	NY/T 4122—2022	饲料原料　鸡蛋清粉	
55	NY/T 4123—2022	饲料原料　甜菜糖蜜	
56	NY/T 2218—2022	饲料原料　发酵豆粕	NY/T 2218—2012
57	NY/T 724—2022	饲料中拉沙洛西钠的测定　高效液相色谱法	NY/T 724—2003
58	NY/T 2896—2022	饲料中斑蝥黄的测定　高效液相色谱法	NY/T 2896—2016
59	NY/T 914—2022	饲料中氢化可的松的测定	NY/T 914—2004
60	NY/T 4124—2022	饲料中 T-2 和 HT-2 毒素的测定　液相色谱-串联质谱法	
61	NY/T 4125—2022	饲料中淀粉糊化度的测定	
62	NY/T 1459—2022	饲料中酸性洗涤纤维的测定	NY/T 1459—2007
63	SC/T 1078—2022	中华绒螯蟹配合饲料	SC/T 1078—2004
64	NY/T 4126—2022	对虾幼体配合饲料	
65	NY/T 4127—2022	克氏原螯虾配合饲料	
66	SC/T 1074—2022	团头鲂配合饲料	SC/T 1074—2004
67	NY/T 4128—2022	渔用膨化颗粒饲料通用技术规范	
68	NY/T 4129—2022	草地家畜最适采食强度测算方法	
69	NY/T 4130—2022	草原矿区排土场植被恢复生物笆技术要求	
70	NY/T 4131—2022	多浪羊	
71	NY/T 4132—2022	和田羊	
72	NY/T 4133—2022	哈萨克羊	
73	NY/T 4134—2022	塔什库尔干羊	
74	NY/T 4135—2022	巴尔楚克羊	
75	NY/T 4136—2022	车辆洗消中心生物安全技术	
76	NY/T 4137—2022	猪细小病毒病诊断技术	
77	NY/T 1247—2022	禽网状内皮组织增殖症诊断技术	NY/T 1247—2006
78	NY/T 573—2022	动物弓形虫病诊断技术	NY/T 573—2002
79	NY/T 4138—2022	蜜蜂孢子虫病诊断技术	
80	NY/T 4139—2022	兽医流行病学调查与监测抽样技术	
81	NY/T 4140—2022	口蹄疫紧急流行病学调查技术	

（续）

序号	标准号	标准名称	代替标准号
82	NY/T 4141—2022	动物源细菌耐药性监测样品采集技术规程	
83	NY/T 4142—2022	动物源细菌抗菌药物敏感性测试技术规程　微量肉汤稀释法	
84	NY/T 4143—2022	动物源细菌抗菌药物敏感性测试技术规程　琼脂稀释法	
85	NY/T 4144—2022	动物源细菌抗菌药物敏感性测试技术规程　纸片扩散法	
86	NY/T 4145—2022	动物源金黄色葡萄球菌分离与鉴定技术规程	
87	NY/T 4146—2022	动物源沙门氏菌分离与鉴定技术规程	
88	NY/T 4147—2022	动物源肠球菌分离与鉴定技术规程	
89	NY/T 4148—2022	动物源弯曲杆菌分离与鉴定技术规程	
90	NY/T 4149—2022	动物源大肠埃希菌分离与鉴定技术规程	
91	SC/T 1135.7—2022	稻渔综合种养技术规范　第7部分:稻鲤(山丘型)	
92	SC/T 1157—2022	胭脂鱼	
93	SC/T 1158—2022	香鱼	
94	SC/T 1159—2022	兰州鲇	
95	SC/T 1160—2022	黑尾近红鲌	
96	SC/T 1161—2022	黑尾近红鲌　亲鱼和苗种	
97	SC/T 1162—2022	斑鳠　亲鱼和苗种	
98	SC/T 1163—2022	水产新品种生长性能测试　龟鳖类	
99	SC/T 2110—2022	中国对虾良种选育技术规范	
100	SC/T 6104—2022	工厂化鱼菜共生设施设计规范	
101	SC/T 6105—2022	沿海渔港污染防治设施设备配备总体要求	
102	NY/T 4150—2022	农业遥感监测专题制图技术规范	
103	NY/T 4151—2022	农业遥感监测无人机影像预处理技术规范	
104	NY/T 4152—2022	农作物种质资源库建设规范　低温种质库	
105	NY/T 4153—2022	农田景观生物多样性保护导则	
106	NY/T 4154—2022	农产品产地环境污染应急监测技术规范	
107	NY/T 4155—2022	农用地土壤环境损害鉴定评估技术规范	
108	NY/T 1263—2022	农业环境损害事件损失评估技术准则	NY/T 1263—2007
109	NY/T 4156—2022	外来入侵杂草精准监测与变量施药技术规范	
110	NY/T 4157—2022	农作物秸秆产生和可收集系数测算技术导则	
111	NY/T 4158—2022	农作物秸秆资源台账数据调查与核算技术规范	
112	NY/T 4159—2022	生物炭	
113	NY/T 4160—2022	生物炭基肥料田间试验技术规范	
114	NY/T 4161—2022	生物质热裂解炭化工艺技术规程	
115	NY/T 4162.1—2022	稻田氮磷流失防控技术规范　第1部分:控水减排	
116	NY/T 4162.2—2022	稻田氮磷流失防控技术规范　第2部分:控源增汇	
117	NY/T 4163.1—2022	稻田氮磷流失综合防控技术指南　第1部分:北方单季稻	
118	NY/T 4163.2—2022	稻田氮磷流失综合防控技术指南　第2部分:双季稻	
119	NY/T 4163.3—2022	稻田氮磷流失综合防控技术指南　第3部分:水旱轮作	
120	NY/T 4164—2022	现代农业全产业链标准化技术导则	
121	NY/T 472—2022	绿色食品　兽药使用准则	NY/T 472—2013
122	NY/T 755—2022	绿色食品　渔药使用准则	NY/T 755—2013
123	NY/T 4165—2022	柑橘电商冷链物流技术规程	

（续）

序号	标准号	标准名称	代替标准号
124	NY/T 4166—2022	苹果电商冷链物流技术规程	
125	NY/T 4167—2022	荔枝冷链流通技术要求	
126	NY/T 4168—2022	果蔬预冷技术规范	
127	NY/T 4169—2022	农产品区域公用品牌建设指南	
128	NY/T 4170—2022	大豆市场信息监测要求	
129	NY/T 4171—2022	12316 平台管理要求	
130	NY/T 4172—2022	沼气工程安全生产监控技术规范	
131	NY/T 4173—2022	沼气工程技术参数试验方法	
132	NY/T 2596—2022	沼肥	NY/T 2596—2014
133	NY/T 860—2022	户用沼气池密封涂料	NY/T 860—2004
134	NY/T 667—2022	沼气工程规模分类	NY/T 667—2011
135	NY/T 4174—2022	食用农产品生物营养强化通则	

农 业 农 村 部
国家卫生健康委员会
国家市场监督管理总局
公 告
第 594 号

根据《中华人民共和国食品安全法》规定,经食品安全国家标准审评委员会审查通过,现发布《食品安全国家标准 食品中 41 种兽药最大残留限量》(GB 31650.1—2022)及 21 项兽药残留检测方法食品安全国家标准,自 2023 年 2 月 1 日起实施。标准编号和名称见附件,标准文本可在中国农产品质量安全网(http://www.aqsc.org)查阅下载。

附件:《食品安全国家标准 食品中 41 种兽药最大残留限量》(GB 31650.1—2022)及 21 项兽药残留检测方法食品安全国家标准目录

农业农村部

国家卫生健康委员会

国家市场监督管理总局

2022 年 9 月 20 日

附件：

《食品安全国家标准 食品中 41 种兽药最大残留限量》(GB 31650.1—2022) 及 21 项兽药残留检测方法食品安全国家标准目录

序号	标准号	标准名称	代替标准号
1	GB 31650.1—2022	食品安全国家标准 食品中 41 种兽药最大残留限量	
2	GB 31613.4—2022	食品安全国家标准 牛可食性组织中吡利霉素残留量的测定 液相色谱-串联质谱法	
3	GB 31613.5—2022	食品安全国家标准 鸡可食组织中抗球虫药物残留量的测定 液相色谱-串联质谱法	
4	GB 31613.6—2022	食品安全国家标准 猪和家禽可食性组织中维吉尼亚霉素 M₁ 残留量的测定 液相色谱-串联质谱法	
5	GB 31659.2—2022	食品安全国家标准 禽蛋、奶和奶粉中多西环素残留量的测定 液相色谱-串联质谱法	
6	GB 31659.3—2022	食品安全国家标准 奶和奶粉中头孢类药物残留量的测定 液相色谱-串联质谱法	GB/T 22989—2008
7	GB 31659.4—2022	食品安全国家标准 奶及奶粉中阿维菌素类药物残留量的测定 液相色谱-串联质谱法	GB/T 22968—2008
8	GB 31659.5—2022	食品安全国家标准 牛奶中利福昔明残留量的测定 液相色谱-串联质谱法	
9	GB 31659.6—2022	食品安全国家标准 牛奶中氯前列醇残留量的测定 液相色谱-串联质谱法	
10	GB 31656.14—2022	食品安全国家标准 水产品中 27 种性激素残留量的测定 液相色谱-串联质谱法	
11	GB 31656.15—2022	食品安全国家标准 水产品中甲苯咪唑及其代谢物残留量的测定 液相色谱-串联质谱法	
12	GB 31656.16—2022	食品安全国家标准 水产品中氯霉素、甲砜霉素、氟苯尼考和氟苯尼考胺残留量的测定 气相色谱法	
13	GB 31656.17—2022	食品安全国家标准 水产品中二硫氰基甲烷残留量的测定 气相色谱法	
14	GB 31657.3—2022	食品安全国家标准 蜂产品中头孢类药物残留量的测定 液相色谱-串联质谱法	GB/T 22942—2008
15	GB 31658.18—2022	食品安全国家标准 动物性食品中三氮脒残留量的测定 高效液相色谱法	
16	GB 31658.19—2022	食品安全国家标准 动物性食品中阿托品、东莨菪碱、山莨菪碱、利多卡因、普鲁卡因残留量的测定 液相色谱-串联质谱法	
17	GB 31658.20—2022	食品安全国家标准 动物性食品中酰胺醇类药物及其代谢物残留量的测定 液相色谱-串联质谱法	
18	GB 31658.21—2022	食品安全国家标准 动物性食品中左旋咪唑残留量的测定 液相色谱-串联质谱法	
19	GB 31658.22—2022	食品安全国家标准 动物性食品中 β-受体激动剂残留量的测定 液相色谱-串联质谱法	GB/T 22286—2008 GB/T 21313—2007
20	GB 31658.23—2022	食品安全国家标准 动物性食品中硝基咪唑类药物残留量的测定 液相色谱-串联质谱法	
21	GB 31658.24—2022	食品安全国家标准 动物性食品中赛杜霉素残留量的测定 液相色谱-串联质谱法	
22	GB 31658.25—2022	食品安全国家标准 动物性食品中 10 种利尿药残留量的测定 液相色谱-串联质谱法	

国家卫生健康委员会
农 业 农 村 部
国家市场监督管理总局
公　告
2022 年　第 6 号

　　根据《中华人民共和国食品安全法》规定,经食品安全国家标准审评委员会审查通过,现发布《食品安全国家标准　食品中 2,4-滴丁酸钠盐等 112 种农药最大残留限量》(GB 2763.1—2022)标准。

　　本标准自发布之日起 6 个月正式实施。标准文本可在中国农产品质量安全网(http://www.aqsc.org)查阅下载,文本内容由农业农村部负责解释。

　　特此公告。

国家卫生健康委员会

农业农村部

国家市场监督管理总局

2022 年 11 月 11 日

中华人民共和国农业农村部公告
第 618 号

《稻田油菜免耕飞播生产技术规程》等 160 项标准业经专家审定通过,现批准发布为中华人民共和国农业行业标准,自 2023 年 3 月 1 日起实施。标准编号和名称见附件。该批标准文本由中国农业出版社出版,可于发布之日起 2 个月后在中国农产品质量安全网(http://www.aqsc.org)查阅。

特此公告。

附件:《稻田油菜免耕飞播生产技术规程》等 160 项农业行业标准目录

农业农村部
2022 年 11 月 11 日

附录

附件：

《稻田油菜免耕飞播生产技术规程》等 160 项
农业行业标准目录

序号	标准号	标准名称	代替标准号
1	NY/T 4175—2022	稻田油菜免耕飞播生产技术规程	
2	NY/T 4176—2022	青稞栽培技术规程	
3	NY/T 594—2022	食用粳米	NY/T 594—2013
4	NY/T 595—2022	食用籼米	NY/T 595—2013
5	NY/T 832—2022	黑米	NY/T 832—2004
6	NY/T 4177—2022	旱作农业 术语与定义	
7	NY/T 4178—2022	大豆开花期光温敏感性鉴定技术规程	
8	NY/T 4179—2022	小麦茎基腐病测报技术规范	
9	NY/T 4180—2022	梨火疫病监测规范	
10	NY/T 4181—2022	草地贪夜蛾抗药性监测技术规程	
11	NY/T 4182—2022	农作物病虫害监测设备技术参数与性能要求	
12	NY/T 4183—2022	农药使用人员个体防护指南	
13	NY/T 4184—2022	蜜蜂中 57 种农药及其代谢物残留量的测定 液相色谱-质谱联用法和气相色谱-质谱联用法	
14	NY/T 4185—2022	易挥发化学农药对蚯蚓急性毒性试验准则	
15	NY/T 4186—2022	化学农药 鱼类早期生活阶段毒性试验准则	
16	NY/T 4187—2022	化学农药 鸟类繁殖试验准则	
17	NY/T 4188—2022	化学农药 大型溞繁殖试验准则	
18	NY/T 4189—2022	化学农药 两栖类动物变态发育试验准则	
19	NY/T 4190—2022	化学农药 蚯蚓田间试验准则	
20	NY/T 4191—2022	化学农药 土壤代谢试验准则	
21	NY/T 4192—2022	化学农药 水-沉积物系统代谢试验准则	
22	NY/T 4193—2022	化学农药 高效液相色谱法估算土壤吸附系数试验准则	
23	NY/T 4194.1—2022	化学农药 鸟类急性经口毒性试验准则 第 1 部分:序贯法	
24	NY/T 4194.2—2022	化学农药 鸟类急性经口毒性试验准则 第 2 部分:经典剂量效应法	
25	NY/T 4195.1—2022	农药登记环境影响试验生物试材培养 第 1 部分:蜜蜂	
26	NY/T 4195.2—2022	农药登记环境影响试验生物试材培养 第 2 部分:日本鹌鹑	
27	NY/T 4195.3—2022	农药登记环境影响试验生物试材培养 第 3 部分:斑马鱼	
28	NY/T 4195.4—2022	农药登记环境影响试验生物试材培养 第 4 部分:家蚕	
29	NY/T 4195.5—2022	农药登记环境影响试验生物试材培养 第 5 部分:大型溞	

（续）

序号	标准号	标准名称	代替标准号
30	NY/T 4195.6—2022	农药登记环境影响试验生物试材培养　第6部分:近头状尖胞藻	
31	NY/T 4195.7—2022	农药登记环境影响试验生物试材培养　第7部分:浮萍	
32	NY/T 4195.8—2022	农药登记环境影响试验生物试材培养　第8部分:赤子爱胜蚓	
33	NY/T 2882.9—2022	农药登记　环境风险评估指南　第9部分:混配制剂	
34	NY/T 4196.1—2022	农药登记环境风险评估标准场景　第1部分:场景构建方法	
35	NY/T 4196.2—2022	农药登记环境风险评估标准场景　第2部分:水稻田标准场景	
36	NY/T 4196.3—2022	农药登记环境风险评估标准场景　第3部分:旱作地下水标准场景	
37	NY/T 4197.1—2022	微生物农药　环境风险评估指南　第1部分:总则	
38	NY/T 4197.2—2022	微生物农药　环境风险评估指南　第2部分:鱼类	
39	NY/T 4197.3—2022	微生物农药　环境风险评估指南　第3部分:溞类	
40	NY/T 4197.4—2022	微生物农药　环境风险评估指南　第4部分:鸟类	
41	NY/T 4197.5—2022	微生物农药　环境风险评估指南　第5部分:蜜蜂	
42	NY/T 4197.6—2022	微生物农药　环境风险评估指南　第6部分:家蚕	
43	NY/T 4198—2022	肥料质量监督抽查　抽样规范	
44	NY/T 2634—2022	棉花品种真实性鉴定　SSR分子标记法	NY/T 2634—2014
45	NY/T 4199—2022	甜瓜品种真实性鉴定　SSR分子标记法	
46	NY/T 4200—2022	黄瓜品种真实性鉴定　SSR分子标记法	
47	NY/T 4201—2022	梨品种鉴定　SSR分子标记法	
48	NY/T 4202—2022	菜豆品种鉴定　SSR分子标记法	
49	NY/T 3060.9—2022	大麦品种抗病性鉴定技术规程　第9部分:抗云纹病	
50	NY/T 3060.10—2022	大麦品种抗病性鉴定技术规程　第10部分:抗黑穗病	
51	NY/T 4203—2022	塑料育苗穴盘	
52	NY/T 4204—2022	机械化种植水稻品种筛选方法	
53	NY/T 4205—2022	农作物品种数字化管理数据描述规范	
54	NY/T 1299—2022	农作物品种试验与信息化技术规程　大豆	NY/T 1299—2014
55	NY/T 1300—2022	农作物品种试验与信息化技术规程　水稻	NY/T 1300—2007
56	NY/T 4206—2022	茭白种质资源收集、保存与评价技术规程	
57	NY/T 4207—2022	植物品种特异性、一致性和稳定性测试指南　黄花蒿	
58	NY/T 4208—2022	植物品种特异性、一致性和稳定性测试指南　蟹爪兰属	
59	NY/T 4209—2022	植物品种特异性、一致性和稳定性测试指南　忍冬	
60	NY/T 4210—2022	植物品种特异性、一致性和稳定性测试指南　梨砧木	
61	NY/T 4211—2022	植物品种特异性、一致性和稳定性测试指南　量天尺属	
62	NY/T 4212—2022	植物品种特异性、一致性和稳定性测试指南　番石榴	
63	NY/T 4213—2022	植物品种特异性、一致性和稳定性测试指南　重齿当归	
64	NY/T 4214—2022	植物品种特异性、一致性和稳定性测试指南　广东万年青属	
65	NY/T 4215—2022	植物品种特异性、一致性和稳定性测试指南　麦冬	
66	NY/T 4216—2022	植物品种特异性、一致性和稳定性测试指南　拟石莲属	
67	NY/T 4217—2022	植物品种特异性、一致性和稳定性测试指南　蝉花	

（续）

序号	标准号	标准名称	代替标准号
68	NY/T 4218—2022	植物品种特异性、一致性和稳定性测试指南　兵豆属	
69	NY/T 4219—2022	植物品种特异性、一致性和稳定性测试指南　甘草属	
70	NY/T 4220—2022	植物品种特异性、一致性和稳定性测试指南　救荒野豌豆	
71	NY/T 4221—2022	植物品种特异性、一致性和稳定性测试指南　羊肚菌属	
72	NY/T 4222—2022	植物品种特异性、一致性和稳定性测试指南　刀豆	
73	NY/T 4223—2022	植物品种特异性、一致性和稳定性测试指南　腰果	
74	NY/T 4224—2022	浓缩天然胶乳　无氨保存离心胶乳　规格	
75	NY/T 459—2022	天然生胶　子午线轮胎橡胶	NY/T 459—2011
76	NY/T 4225—2022	天然生胶　脂肪酸含量的测定　气相色谱法	
77	NY/T 2667.18—2022	热带作物品种审定规范　第18部分：莲雾	
78	NY/T 2667.19—2022	热带作物品种审定规范　第19部分：草果	
79	NY/T 2668.18—2022	热带作物品种试验技术规程　第18部分：莲雾	
80	NY/T 2668.19—2022	热带作物品种试验技术规程　第19部分：草果	
81	NY/T 4226—2022	杨桃苗木繁育技术规程	
82	NY/T 4227—2022	油梨种苗繁育技术规程	
83	NY/T 4228—2022	荔枝高接换种技术规程	
84	NY/T 4229—2022	芒果种质资源保存技术规程	
85	NY/T 1808—2022	热带作物种质资源描述规范　芒果	NY/T 1808—2009
86	NY/T 4230—2022	香蕉套袋技术操作规程	
87	NY/T 4231—2022	香蕉采收及采后处理技术规程	
88	NY/T 4232—2022	甘蔗尾梢发酵饲料生产技术规程	
89	NY/T 4233—2022	火龙果　种苗	
90	NY/T 694—2022	罗汉果	NY/T 694—2003
91	NY/T 4234—2022	芒果品种鉴定　MNP标记法	
92	NY/T 4235—2022	香蕉枯萎病防控技术规范	
93	NY/T 4236—2022	菠萝水心病测报技术规范	
94	NY/T 4237—2022	菠萝等级规格	
95	NY/T 1436—2022	莲雾等级规格	NY/T 1436—2007
96	NY/T 4238—2022	菠萝良好农业规范	
97	NY/T 4239—2022	香蕉良好农业规范	
98	NY/T 4240—2022	西番莲良好农业规范	
99	NY/T 4241—2022	生咖啡和焙炒咖啡　整豆自由流动堆密度的测定（常规法）	
100	NY/T 4242—2022	鲁西牛	
101	NY/T 1335—2022	牛人工授精技术规程	NY/T 1335—2007
102	NY/T 4243—2022	畜禽养殖场温室气体排放核算方法	
103	SC/T 1164—2022	陆基推水集装箱式水产养殖技术规程　罗非鱼	
104	SC/T 1165—2022	陆基推水集装箱式水产养殖技术规程　草鱼	
105	SC/T 1166—2022	陆基推水集装箱式水产养殖技术规程　大口黑鲈	
106	SC/T 1167—2022	陆基推水集装箱式水产养殖技术规程　乌鳢	
107	SC/T 2049—2022	大黄鱼　亲鱼和苗种	SC/T 2049.1—2006、SC/T 2049.2—2006
108	SC/T 2113—2022	长蛸	

（续）

序号	标准号	标准名称	代替标准号
109	SC/T 2114—2022	近江牡蛎	
110	SC/T 2115—2022	日本白姑鱼	
111	SC/T 2116—2022	条石鲷	
112	SC/T 2117—2022	三疣梭子蟹良种选育技术规范	
113	SC/T 2118—2022	浅海筏式贝类养殖容量评估方法	
114	SC/T 2119—2022	坛紫菜苗种繁育技术规范	
115	SC/T 2120—2022	半滑舌鳎人工繁育技术规范	
116	SC/T 3003—2022	渔获物装卸技术规范	SC/T 3003—1988
117	SC/T 3013—2022	贝类净化技术规范	SC/T 3013—2002
118	SC/T 3014—2022	干条斑紫菜加工技术规程	SC/T 3014—2002
119	SC/T 3055—2022	藻类产品分类与名称	
120	SC/T 3056—2022	鲟鱼子酱加工技术规程	
121	SC/T 3057—2022	水产品及其制品中磷脂含量的测定　液相色谱法	
122	SC/T 3115—2022	冻章鱼	SC/T 3115—2006
123	SC/T 3122—2022	鱿鱼等级规格	SC/T 3122—2014
124	SC/T 3123—2022	养殖大黄鱼质量等级评定规则	
125	SC/T 3407—2022	食用琼胶	
126	SC/T 3503—2022	多烯鱼油制品	SC/T 3503—2000
127	SC/T 3507—2022	南极磷虾粉	
128	SC/T 5109—2022	观赏性水生动物养殖场条件　海洋甲壳动物	
129	SC/T 5713—2022	金鱼分级　虎头类	
130	SC/T 7015—2022	病死水生动物及病害水生动物产品无害化处理规范	SC/T 7015—2011
131	SC/T 7018—2022	水生动物疫病流行病学调查规范	SC/T 7018.1—2012
132	SC/T 7025—2022	鲤春病毒血症(SVC)监测技术规范	
133	SC/T 7026—2022	白斑综合征(WSD)监测技术规范	
134	SC/T 7027—2022	急性肝胰腺坏死病(AHPND)监测技术规范	
135	SC/T 7028—2022	水产养殖动物细菌耐药性调查规范　通则	
136	SC/T 7216—2022	鱼类病毒性神经坏死病诊断方法	SC/T 7216—2012
137	SC/T 7242—2022	罗氏沼虾白尾病诊断方法	
138	SC/T 9440—2022	海草床建设技术规范	
139	SC/T 9442—2022	人工鱼礁投放质量评价技术规范	
140	NY/T 4244—2022	农业行业标准审查技术规范	
141	NY/T 4245—2022	草莓生产全程质量控制技术规范	
142	NY/T 4246—2022	葡萄生产全程质量控制技术规范	
143	NY/T 4247—2022	设施西瓜生产全程质量控制技术规范	
144	NY/T 4248—2022	水稻生产全程质量控制技术规范	
145	NY/T 4249—2022	芹菜生产全程质量控制技术规范	
146	NY/T 4250—2022	干制果品包装标识技术要求	
147	NY/T 2900—2022	报废农业机械回收拆解技术规范	NY/T 2900—2016
148	NY/T 4251—2022	牧草全程机械化生产技术规范	
149	NY/T 4252—2022	标准化果园全程机械化生产技术规范	
150	NY/T 4253—2022	茶园全程机械化生产技术规范	

（续）

序号	标准号	标准名称	代替标准号
151	NY/T 4254—2022	生猪规模化养殖设施装备配置技术规范	
152	NY/T 4255—2022	规模化孵化场设施装备配置技术规范	
153	NY/T 1408.7—2022	农业机械化水平评价　第7部分:丘陵山区	
154	NY/T 4256—2022	丘陵山区农田宜机化改造技术规范	
155	NY/T 4257—2022	农业机械通用技术参数一般测定方法	
156	NY/T 4258—2022	植保无人飞机　作业质量	
157	NY/T 4259—2022	植保无人飞机　安全施药技术规程	
158	NY/T 4260—2022	植保无人飞机防治小麦病虫害作业规程	
159	NY/T 4261—2022	农业大数据安全管理指南	
160	NY/T 4262—2022	肉及肉制品中7种合成红色素的测定　液相色谱-串联质谱法	

中华人民共和国农业农村部公告

第 627 号

《饲料中环丙安嗪的测定》等 2 项标准业经专家审定通过,现批准发布为中华人民共和国国家标准,自 2023 年 3 月 1 日起实施。标准编号和名称见附件。该批标准文本由中国农业出版社出版,可于发布之日起 2 个月后在中国农产品质量安全网(http://www.aqsc.org)查阅。

特此公告。

附件:《饲料中环丙安嗪的测定》等 2 项国家标准目录

农业农村部

2022 年 12 月 19 日

附录

附件：

《饲料中环丙安嗪的测定》等 2 项国家标准目录

序号	标准号	标准名称	代替标准号
1	农业农村部公告第 627 号—1—2022	饲料中环丙氨嗪的测定	
2	农业农村部公告第 627 号—2—2022	饲料中二羟丙茶碱的测定　液相色谱-串联质谱法	

附录

486

中华人民共和国农业农村部公告
第 628 号

　　《转基因植物及其产品环境安全检测　抗病毒番木瓜　第 1 部分:抗病性》等 13 项标准业经专家审定通过,现批准发布为中华人民共和国国家标准,自 2023 年 3 月 1 日起实施。标准编号和名称见附件。该批标准文本由中国农业出版社出版,可于发布之日起 2 个月后在中国农产品质量安全网(http://www.aqsc.org)查阅。

　　特此公告。

　　附件:《转基因植物及其产品环境安全检测　抗病毒番木瓜　第 1 部分:抗病性》等 13 项国家标准目录

农业农村部

2022 年 12 月 19 日

附件:

《转基因植物及其产品环境安全检测　抗病毒番木瓜　第 1 部分:抗病性》
等 13 项国家标准目录

序号	标准号	标准名称	代替标准号
1	农业农村部公告第 628 号—1—2022	转基因植物及其产品环境安全检测　抗病毒番木瓜　第 1 部分:抗病性	
2	农业农村部公告第 628 号—2—2022	转基因植物及其产品环境安全检测　抗病毒番木瓜　第 2 部分:生存竞争能力	
3	农业农村部公告第 628 号—3—2022	转基因植物及其产品环境安全检测　抗病毒番木瓜　第 3 部分:外源基因漂移	
4	农业农村部公告第 628 号—4—2022	转基因植物及其产品环境安全检测　抗病毒番木瓜　第 4 部分:生物多样性影响	
5	农业农村部公告第 628 号—5—2022	转基因植物及其产品环境安全检测　抗虫棉花　第 1 部分:对靶标害虫的抗虫性	农业部 1943 号公告—3—2013
6	农业农村部公告第 628 号—6—2022	转基因植物环境安全检测　外源杀虫蛋白对非靶标生物影响　第 10 部分:大型蚤	
7	农业农村部公告第 628 号—7—2022	转基因植物及其产品成分检测　抗虫转 Bt 基因棉花外源 Bt 蛋白表达量 ELISA 检测方法	农业部 1943 号公告—4—2013
8	农业农村部公告第 628 号—8—2022	转基因植物及其产品成分检测　bar 和 pat 基因定性 PCR 方法	农业部 1782 号公告—6—2012
9	农业农村部公告第 628 号—9—2022	转基因植物及其产品成分检测　大豆常见转基因成分筛查	
10	农业农村部公告第 628 号—10—2022	转基因植物及其产品成分检测　油菜常见转基因成分筛查	
11	农业农村部公告第 628 号—11—2022	转基因植物及其产品成分检测　水稻常见转基因成分筛查	
12	农业农村部公告第 628 号—12—2022	转基因生物及其产品食用安全检测　大豆中寡糖含量的测定　液相色谱法	
13	农业农村部公告第 628 号—13—2022	转基因生物及其产品食用安全检测　抗营养因子　大豆中凝集素检测方法　液相色谱-串联质谱法	